不可思议的
生物学

必须知道的106个生物常识

顾祐瑞 著

北京时代华文书局

图书在版编目（CIP）数据

不可思议的生物学：必须知道的106个生物常识／顾祐瑞著.
— 北京：北京时代华文书局，2020.8
ISBN 978-7-5699-3858-6

Ⅰ. ①不⋯ Ⅱ. ①顾⋯ Ⅲ. ①生物学－青少年读物 Ⅳ. ①Q-49

中国版本图书馆CIP数据核字（2020）第150691号

北京市版权局著作权合同登记号 图字：01-2017-5271

不可思议的生物学：必须知道的106个生物常识
BUKESIYI DE SHENGWUXUE: BIXU ZHIDAO DE 106 GE SHENGWU CHANGSHI

著　　者｜顾祐瑞

出 版 人｜陈　涛
责任编辑｜邢　楠
执行编辑｜苗馨元
装帧设计｜程　慧　贾静洁　赵芝英
责任印制｜訾　敬

出版发行｜北京时代华文书局 http://www.bjsdsj.com.cn
　　　　　北京市东城区安定门外大街138号皇城国际大厦A座8楼
　　　　　邮编：100011　电话：010-64267955　64267677
印　　刷｜河北京平诚乾印刷有限公司　010-60247905
　　　　　（如发现印装质量问题，请与印刷厂联系调换）
开　　本｜710mm×1000mm　1/16　印　张｜19　字　数｜320千字
版　　次｜2022年4月第1版　印　次｜2022年4月第1次印刷
书　　号｜ISBN 978-7-5699-3858-6
定　　价｜54.80元

前言

　　生物学是探讨生命现象奥秘的学科，深深影响着医学、农学等相关学科的发展。本书编写的目的在于使读者了解生物学与生活的关系，使之具备基本的生物学知识，尤其在后基因时代，由于分子生物学的发展及生物医学的广泛应用，生物学对生活的影响与早些年相比，已不可同日而语。

　　本书在内容的编排上辅以精彩的插图及附表，能让读者轻松入门或得以重新学习，可以通过这些基础知识，了解目前的生物学新知。全书共分12章，包含：现代生物学、分子生物学与细胞、动物、植物、微生物与免疫、进化与遗传、生态学、生物多样性与环境变迁、生物与医学、生物与信息、现代生物技术、生物研究方法等内容。

目录

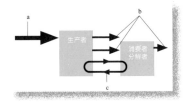

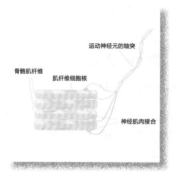

第七章

生态学

第八章

生物多样性与环境变迁

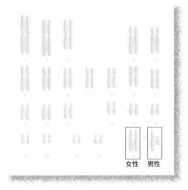
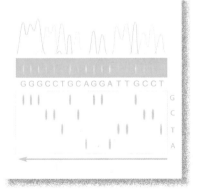

第十一章
现代生物技术

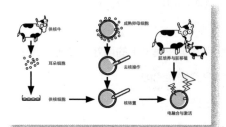

第十二章
生物学研究方法

第一章

现代生物学

现代生物学是生命科学的基础，广泛研究生命的所有方面。生活在生物圈中的生物，都有或近或远的亲缘关系，和环境之间有错综复杂的相互作用。生物学的研究对象是具有高度复杂性、多样性及统一性的生物界。

（一）现代生物学

生物学——"biology"一词源于拉丁文，"bio"意为生命，"logy"意为学问，合并为"研究生命的学问"，又称生命科学或生物科学，旨在广泛研究生命的所有方面，这包括生命起源、进化、构造、发育、功能、行为与环境的互动关系等。

生物学的领域极广，凡是分类、统计、化学、环工、量子力学、法律、伦理等学科，都是生物学所关心及探讨的范围。

生物学不断地快速发展，与其他学科的关联整合也越来越多。一大原因是分子生物学在近代突飞猛进，促使人类基因序列定序完成。为了解读大量的基因信息，促成了基因组学；为了探究基因和蛋白质的交互作用，促成了蛋白质组学。这些新的研究领域将帮助解决疾病、粮食、环境生态等问题，成为当今生物学的主要分支。近年来，分子生物学快速发展，已成为生命科学研究的焦点。

（二）分子生物学

分子生物学是从分子水平研究作为生命活动主要物质基础的生物大分子的结构与功能，从而阐明生命现象本质的科学。

20世纪30年代，由于生物化学家发现细胞内的许多分子参与了各种复杂的化学反应，因此分子生物学开始逐步建立。

从20世纪60年代开始，分子生物学从学术领域蜕变成生物制程研究，再逐渐发展成生物科技产业。原属自然的遗传物质被视为资源，并以专利等手段转变成商业资本。

重点研究领域如下：

1. 蛋白质（包括酶）的结构和功能；2. 核酸的结构和功能，包括遗传信息的传递；3. 生物膜的结构和功能；4. 生物调控的分子基础；5. 生物进化。

分子生物学革新了生物学，将传统的遗传学原理推进到物理化学可以解释的分子层面，同时也给达尔文的进化论提供了物理上的基础。

基因原来是基本结构相当单纯的DNA，上面的遗传密码经过RNA的转录，合成蛋白质，承担催化代谢反应的功能，这就是所谓分子生物的"中心教条"。DNA的变化造成基因的突变，就是进化的原动力，于是达尔文的进化论得到了完整的物理基础，促成了所谓"新达尔文主义"。

 小博士解说

分子生物学虽然没有找到新的物理原理，但是它统一了非生命科学和生命科学。在这之前，非生命科学的两个主要支柱——物理学和化学，只能和生物学沾上一点边，和生物学中最中心的遗传学几乎完全没有关系。但是，分子生物学的创立将物理学和化学成功地搬上生物学的殿堂，证明生物学也只是穿着时髦、骨子里没有差别的物理和化学。所以，分子生物学掀开了生物学的神秘面纱，将生物学和物理及化学统一起来。

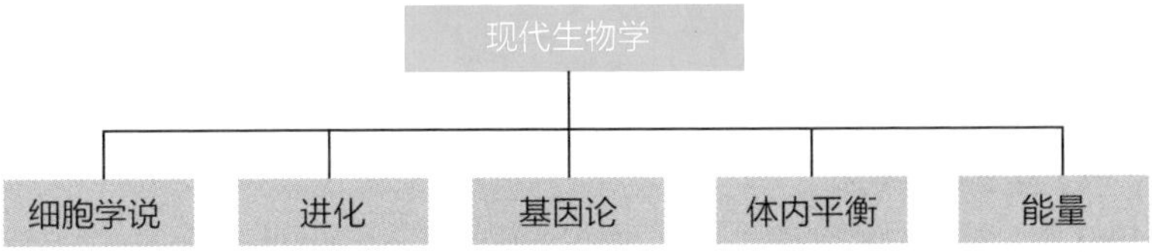

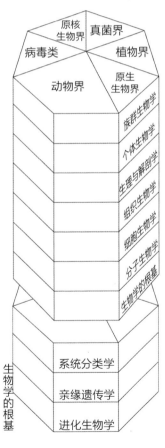

现代生物学

细胞学说 | 进化 | 基因论 | 体内平衡 | 能量

图1-1　现代生物学的五大基础，也是主要的研究方向

表1-1　生物学的主要分支

领域	学科
动物学领域	动物学、动物生理学、解剖学、胚胎学、神经生物学、发育生物学、昆虫学、行为学、组织学
植物学领域	植物学、植物病理学、藻类学、植物生理学
微生物和免疫学领域	微生物学、免疫学、病毒学
生物化学领域	生物化学、蛋白质力学、糖类生化学、脂质生化学、代谢生化学
进化和生态学领域	古生物学、进化论、进化生物学、分类学、系统分类学、生态学、生物分布学
生物技术学领域	生物技术学、基因工程、酶素工程学、生物工程、代谢工程学、基因组学
细胞和分子生物学领域	细胞学、分子生物学、遗传学
生物和物理学领域	生物物理学、结构生物学、生医光电学、医学工程
生物和医学领域	感染性疾病、毒理学、放射生物学、癌生物学
生物和信息领域	生物信息学、生物数学、仿生学、系统生物学
环境和生物学领域	大气生物学、生物地理学、海洋生物学、淡水生物学

整合的生物学
生态体系生物学
群落（社区）生物学

图1-2　生物学研究的领域

（一）生命是什么

1943 年，量子力学的创始人之一薛定谔在爱尔兰首府都柏林皇家学会发表了一系列的演讲。事后他的演讲稿集结成书，名为《生命是什么》。

该书印刷出版之后，立刻在学界引起极大的反响，成为20世纪生物学经典著作之一。书中提到生命体的两大特质"违反热力学定律的复杂结构"与"信息内涵巨大的遗传程序"。

生命具有复杂但有秩序的结构，由许多小的单元自行组合而成。小单元的产生依赖巨型结构扮演制造者的角色，同时制造小单元、修补巨型结构又需要持续不断地补充能量。从环境中引进能量（太阳或是食物）来维持生命体的复杂结构，这正是生命最重要的特性之一。

生命现象最重要的两项特性：

一是所有的生命体都具有复杂的结构。根据热力学第二定律，自然界所有的反应皆趋向无序混乱，但是生命现象却反其道而行，这种矛盾意味着生物体的复杂结构必须是一个开放系统，能不断从外界获得能量；

二是生命带有遗传程序。遗传程序决定了生命系统的结构，并在结构替换的过程中提供了细微变化的可能性。

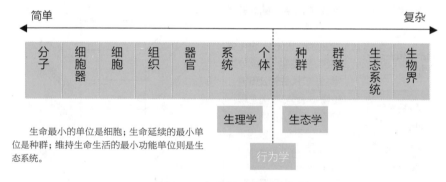

生命最小的单位是细胞；生命延续的最小单位是种群；维持生命生活的最小功能单位则是生态系统。

图1-3　生命世界的组成架构

（二）生物必须具备的性质与特征

1. 所有生物皆由细胞组成。细胞是组成生物的基本单位。仅由一个细胞所构成的生物称为单细胞生物，如变形虫、细菌等。但大多数的生物都是由多个，甚至成千至数兆个细胞所组成，这些生物被称为多细胞生物，如花、木、鱼、鸟等。

2. 生物体需要获取能量和消耗能量。生物需要获取能量以供应器官的发展，并维持其功能。如植物借吸收太阳能进行光合作用而茁壮，其他的生物再借着食用这些植物或动物，而获得该生物生存所需要的能量。

3. 生物体能进行繁殖行为。生物体以繁殖的方式来延续后代，并使自身的特征与功能经繁殖得以延续。

4. 生物体受基因的控制。生物体的后代由于继承上一代的基因，而显现出类似上一代的特征。基因决定我们的长相外观、性格特征、内部器官的结构与功能等。

5. 生物体因成长而改变体型。生物体为了生存，必须在其生命中的某段时期中不断成长，并且不断改变体型。如毛虫变蝴蝶、蝌蚪变青蛙等。

6. 生物体可以适应外来的刺激。适应外界环境的刺激是生物体生存的必要条件，如动物选择水泽地区聚居、树木因天冷而掉叶等。

7. 生物体可以进行不同的化学反应。生物体内进行的化学反应统称为新陈代谢；即使是构造简单如细菌的细胞也有进行上百种化学反应的能量。几乎所有生物体的化学变化都需要依靠酶的作用，酶是生物体内的催化剂，它可使生物体中的化学反应变快，有利于能量的转换。

8. 生物体须维持稳定的内在环境。生物体需有稳定的内部环境才得以生存。如果细胞液太咸、太酸或是毒性过高，细胞都会死亡，生物体也会受到影响。

图1-4　生物都有对刺激做出反应的能力

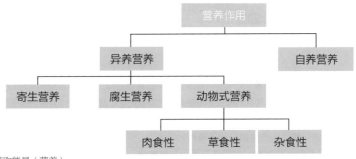

生物都需要获取能量（营养）。

自养营养：例如，绿色植物的光合作用，部分细菌的硝化作用等。

异养营养：从其他生物或有机物质中摄取营养，包括所有动物、真菌、非绿色植物及大部分的细菌，有动物式、腐生（以死去的生物或没有生命的有机物作为营养）及寄生在其他生物（寄主）的身上生活，摄取有机物营养三种形式。

动物式营养：进食生物以摄取有机物获取营养，可分草食性（以植物为食物）、肉食性（以动物为食物）及杂食性（同时以植物及动物为食物）三类。

图1-5　生物都需要获取能量（营养）

生物的分类

（一）分类的重要性

科学界认为地球上的生命是由几十亿年前最简单的单细胞生物，经由一连串的分支进化过程，变成现在各种各样的物种的。

读者或许以为分类学像收集邮票，没什么重要性，只要我们正确描述生物的特性，何必在乎它被摆在哪一个范畴。其实，分类是研究关系的理论，理论控制了心中的观念，而观念控制了行动，行动必然有后果。

分类学是涵盖下列工作项目的科学：发现、命名、描述及分类。我们每天都要用许多俗名来沟通，但只限用于某些地方和特定语言。不管是地理障碍或是语言隔阂，学名确保我们是在谈论同一个物种。在许多方面，生物多样性直接或间接地从分类学上得利。

分类学把我们的生活世界分门别类，并理出次序，协助我们了解多样性。

（二）生物的分类

自亚里士多德时代到 19 世纪中叶两千多年间，生物学家都将生物分成植物与动物两类。根据亚里士多德的说法，植物的定义是所有根植于土壤、没有非常固定的形状、可以将无机质转化为有机质（光合作用）的所有生物。动物是除植物外其他所有生物，能自由移动、形状固定，而且需要从其他生物获取有机质（异养）来维生。此为人类在只能以肉眼观察的情况下，对陆域生物所做的分类。

美国康奈尔大学的魏泰克于 1969 年提出五界分类系统，依细胞构造及代谢方式将所有的生物区分为五个界：原核生物界、原生生物界、真菌界、植物界、动物界。

五界分类系统确认了原核与真核两种基本的细胞形式，并将原核生物自真核生物中分出，形成包括细菌和蓝藻的原核生物界。其他四个界的生物都是由真核细胞组成的。

小博士解说

真菌界、植物界、动物界，都是多细胞的真核生物，各界以其结构特性和生活史来加以区分，而且这三个界的营养模式亦不相同（魏泰克最早以营养模式作为区分这三个界的标准）：

1.真菌：异养性，以吸收的方式来获取养分。许多真菌是分解者，分泌消化性酶，并吸收消化作用所产生的小分子有机物。

2.植物：自养性，利用光合作用获得养分。

3.动物：摄入食物并在特定腔室内消化食物以获得养分。

原生生物界则包含了所有不适合放入真菌界、植物界、动物界中的真核生物。大多数原生生物为单细胞生物，但也有少部分原生生物是简单的多细胞生物。多细胞的原生生物被认为是单细胞原生生物的后代。

近几年来，系统分类学者利用比较核酸和蛋白质来探究不同生物类群的关系，发现五界分类有许多缺失。不过，生物的分类工作仍在持续进行；对于各种不同生物的进化历史和构造的了解的持续增加，也使得新的生物分类法不断发展。

表1-2 绵羊在分类学上的位置

界（Kingdom）——动物界（Animalia）	科（Family）——牛科（Bovidae） 亚科（Subfamily）——羊亚科（Caprinae）
门（Phylum）——脊索动物门（Chordata）	属（Genus）——绵羊属（Ovis）
纲（Class）——哺乳纲（Mammalia） 亚纲（Infraclass）——真兽亚纲（Eutheria）	种（Species）——绵羊属（Ovis aries）
目（Order）——偶蹄目（Artiodactyla）	

生命形式可以分为三个类群：

1.真细菌类（细菌）：肉眼看不到；2.古细菌类：肉眼看不到；3.真核类
生物群：存在于日常环境中并且可以肉眼见到，如动物、植物、真菌等。

图1-6 生命形式

表1-3 地球上各界与各类生物的已知种类的大约数目

领域		
生物界与种类	各类的数目	各界的总数目
一、动物界		
脊索动物类	43,000	
节肢动物类	838,000	
软体动物类	107,250	
棘皮动物类	6000	
环节动物类	8500	
扁形动物类	12,700	1,043,900
线虫类	12,500	
腔肠动物类	5300	
苔藓动物类	3750	
海绵动物类	4800	
其他类	2100	
二、植物界		
显花植物类	286,000	
裸子植物类	640	
蕨类	10,000	328,320
苔藓类	23,000	
绿藻类	5280	
红褐藻类	3400	
三、真菌类		
真菌类	40,000	40,400
黏菌类	400	
四、原生生物类		
原生动物，植物鞭毛虫，硅藻类	30,000	30,000
五、原核类		
蓝藻	1400	3030
细菌类	1630	
六、病毒类		200
总　计		1,445,850

（一）生命出现的说法

生命出现于地球的方式有两种说法：第一种说法认为生物的形成发生于地球。美国学者米勒和尤里曾经模仿数十亿年前地球的大气环境，利用电极产生出类似氨基酸的物质。第二种说法认为地球上的生物来自外层空间。后者即所谓的"泛种论"。天文学家发现宇宙星系间（包括彗星）普遍存在有机物质，可能是星球爆炸所散布的，而地球上的生命可能来自带有生物体的有机物质。最近在南极发现来自火星的陨石，在显微镜下看到类似细菌形态的化石结构，更引起热烈辩论。甚至有人提出"我们都是火星人"的说法。

无论地球生命的起源是来自外层空间，还是发于地球，"生命如何开始"及"细胞的信息系统如何形成"这些问题仍旧一样——无论来自外层空间，或者是发于地球，生命的产生必须有两个要素：具有催化功能与复制功能的分子以及遗传密码系统。

在地球刚刚诞生的时期没有生命，约 38 亿年前才开始有简单的生物出现，一直到 20 亿年前，简单的生物必须生存于没有氧气，含有致命的紫外线、有毒的气体以及温度变化极大的环境中。

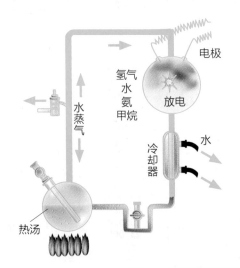

电极

氢气
水
氨
甲烷

放电

水蒸气

水

冷却器

热汤

模拟原始地球的环境条件，结果从无机物中找到有机物，即为有机物进化概念的开端。

图1-7　米勒和尤里的实验

（二）蓝藻

约在 35 亿年前，因为蓝藻的出现，才得以凭借光合作用产生氧气，并逐渐改变大气环境，降低大气中二氧化碳的浓度。蓝藻含有藻蓝素而呈蓝绿色，也因此得名。由化石推断，在35亿年前蓝藻已经生存于地球上。在所有藻类中，蓝藻是最原始、最简单的一群，没有细胞核，也没有其他细胞器，染色体与色素均

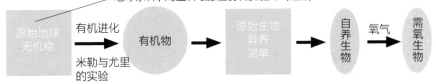

地球条件：高温、高能辐射、原始大气组成

原始地球无机物 ──有机进化／米勒与尤里的实验──→ 有机物 ──→ 原始生物异养简单 ──→ 自养生物 ──氧气──→ 需氧生物

原始生物大约出现在38亿年前；自养生物则有最早的蓝藻化石作为证据，约35亿年前出现；在氧气堆积到一定的量之后，才出现大量的需氧生物。
1.原始生物的异养：通过发酵作用得到能量。
2.光合作用：生物开始将光能储存在化合物中（葡萄糖）。
3.需氧生物的异养：通过呼吸作用，分解养分，产生能量。

图1-8　生物的起源

匀地分布于细胞质中，故与细菌同称为原核生物。蓝藻虽然为原核生物界的成员，但具有叶绿素，可进行光合作用放出氧气，有别于细菌。

蓝藻体外普遍具有一层黏滑的胶质鞘，这些胶质鞘可保护蓝藻在不良的环境中生长，可忍受高温、冰冻、缺氧、干涸及高盐度，因此从热带到极地，由海洋到山顶，85 ℃的温泉、零下2 ℃的雪泉、27%高盐度的湖沼、干燥的岩石上，都有其踪影。蓝藻也可内共生于地衣、原生动物、变形虫、水生蕨类、热带植物的根、海葵及许多其他的寄主内。

（三）氧气的出现

最早的光合作用可能是作用于硫化氢（$H_2S+CO_2\rightarrow$（CH_2O）$+S_2$），因为蓝藻的出现逐渐进化为$H_2O+CO_2\rightarrow$（CH_2O）$+O_2$。氧气的出现，明显地影响了大气环境；约有 10 亿年的时间，光合作用产生的氧气都耗用在氧化反应上。首先是海洋中的铁离子，转变成氧化铁沉积海底。15亿年至20亿年前，光合作用产生的氧气量超过氧化海洋中铁离子的量，氧气才开始在大气中累积。

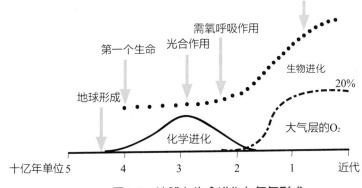

图1-9　地球上生命进化与氧气形成

🧑‍🔬 小博士解说

　　真核生物约在20亿年前出现。当时大气的氧气量约只有现在的1%。目前地球上的氧，大约有58%形成氧化铁，38%与岩石结合，只有4%进入大气。

 种的概念

（一）学名解构

种是生物分类系统的基本单位，同种即构造及生理相同的生物。自然情况下，个体都可自然交配，产生有生殖能力的下一代。不同种则彼此间通常不互相交配（有些可交配，但后代常不孕，如马和驴交配产生的骡）。

学名是种的名字，由两个拉丁文的词所组成，第一个词为属名，第二个字为种名。如智人的学名为*Homo sapiens*，云杉的学名为*Picea morrisonicola*。属名为名词，第一个字母必须大写，种名为形容词须小写。

为了形容亚种，动物的学名会有三名，每个亚种由三个拉丁化的词所组成，第三个词为亚种名。学名是拉丁化的名字，但不是拉丁文。

目前生物探索与命名的工作，重点区域在土壤、海洋与热带雨林冠层，重点生物为节肢动物、细菌、真菌、线虫以及藻类。其中，昆虫约占所有种的一半以上，但现在约只有1%的昆虫物种被命名，是最需要研究命名的生物类群。

（二）新种形成机制

成种作用即新种形成机制，须因隔离机制（地理隔离、生殖隔离）造成，尤其以生殖隔离更不可或缺。

异域成种作用：同种生物受到地理隔离成若干种群，累积更多突变（有利及有害变异），造成生殖隔离（不进行基因交换），进而朝不同方向进化，从而形成新种。

同域成种作用：同源或异源多倍体植物（植物约23.5万种，50％开花植物是多倍体，且多数是异源多倍体），几乎立即和原来的二倍体植物形成生殖隔离，这种成种作用，地理隔离非绝对需要。

（三）物种的概念

物种的概念有很多，包括表型种概念、生物种概念、认知种概念、生态种概念、亲缘种概念。但是，没有一个物种概念可以适用于所有的生物。不过，以表型种概念、生物种概念、亲缘种概念最为分类学家普遍运用。

生物种概念是目前最主流也是最广为应用的物种概念，但其弱点在于许多生物并不适用此物种概念。

亲缘种概念可以用来定义所有进化过程中的物种，而且符合目前系统分类学的潮流走向。但是，如果就目前的生物学做分类，亲缘种概念仍缺乏一个明确易行的定义与做法。而且亲缘种概念并不承认亚种的地位，如果全面采用亲缘种概念，世界的物种类将会暴增。

 小博士解说

现代分类学是将生物分门别类的科学，以种系发生史为基础。早期的分类系统并无理论基础，生物是根据外表上的相似来分类。提出种系发生史的生物学家从古生物学、比较解剖学、比较胚胎学和生物化学领域获得证据。

表1-4　物种的概念

表型种概念	物种是一群形态构造彼此类似，而且与其他群有显著差异的生物个体
生物种概念	物种是一群可以互相交配并产生可育后代的生物个体。共同的祖源与他种之间具有生殖隔离机制，以避免基因的有效交流
认知种概念	物种是一群具有一个共同且特定的交配对象认知概念的生物个体。同种生物之间，会互相认定为可繁殖的对象
生态种概念	物种是一群专化适应同一生态栖位的生物个体。同样形态的生物个体，可能因宿主不同或因竞争互斥而有资源上的区分
亲缘种概念	物种是在进化亲源分支树上，结点到结点之间的生物个体。换句话说，在现存生物中，如果某一群生物已走向分歧进化的不归路，就可以依此物种概念，将其分为不同物种

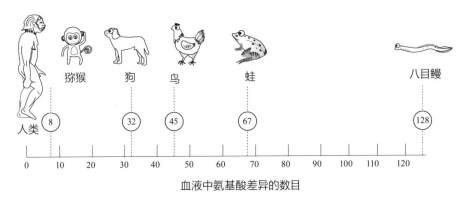

DNA或蛋白质等化学分子的相似性，可显示出生物间的亲缘关系。亲缘关系愈远，组成差异愈大。

图1-10　蛋白质与亲缘的关系

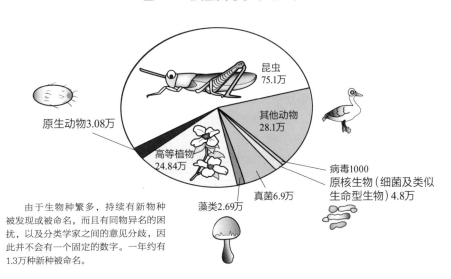

由于生物种繁多，持续有新物种被发现或被命名，而且有同物异名的困扰，以及分类学家之间的意见分歧，因此并不会有一个固定的数字。一年约有1.3万种新种被命名。

图1-11　地球上的物种比例图

（一）能量流动与物质循环

五个界的生物分别担当着生产者、消费者、分解者的角色。生态系统中的非生物环境则包括参与系统物质循环的多种无机元素和化合物、气候条件以及其他物理条件，如温度、日照、气压、降水等。植物、藻类及光合细菌能捕获太阳能，通过光合作用利用来自空气中的二氧化碳和水制造有机物，这些自养生物为生物系统提供了食物和能量，视为生产者。象、牛、马以及许多吃植物的昆虫等动物，都是以植物或植物的某些产物作为食物，如花蜜，所以它们是生态系统中的消费者。细菌和真菌分解已经死去的生物所遗留下来的有机物，因此细菌与真菌为复杂有机物的分解者。

生命所需要的基本化学物质、二氧化碳、水和各种无机物，从空气和土壤流向植物，循着食物链在生态系统中由一种生物传递给另一种生物，最后再回到空气和土壤。任何生态系统都需要不断得到来自外部的能量补给。如果断绝了能量输入，生态系统将会自行消亡。

（二）环境对生物的限制

在自然界中存在的大量的化学物质对植物的影响反而不如那些稀有或量少的元素。植物的生长和发育取决于那些处于最小量状态的必需的营养成分，此即为最小量法则。

生物不仅被某些元素的最小量限制，也被最大量限制，此即为最大忍耐度。例如，动物的生存受最低及最高温度需求的限制，忍耐的最小限度与忍耐的最大限度之间有一个最适宜生存范围。环境中会有很多阻止生物生长及散布的因子，如光、水、氧、温度、营养及生存空间。

（三）生物对水和温度的适应

植物解决水问题的方法，如沙漠中的植物以种子状态度过干旱季节，并在雨季快速生长，以完成生命周期，且沙漠植物的根系长得宽且深，以方便吸收水分；相对地，茎就长得矮小。举例来说，仙人掌的叶变态成针状以适应缺水环境，减少水分的散失，而其粗大的茎则用来储水。

动物解决缺水问题的方法，如：

1. 形态改变。昆虫的外壳、爬虫类的鳞片、鸟类的羽毛及哺乳类的皮毛都有隔绝温度及防止水分通透的功能。

2. 生理适应。如鼠类或羚羊排出的粪便极为干燥，目的是保存体内的水分。

3. 行为适应。有些生物白天躲在地洞中不外出活动，夜间才外出活动。

恒温动物可以维持体温的恒定；变温或外温动物的体温受外界环境温度的影响颇大，因体温无法自主调节或无缓冲的能力，因此称为冷血动物。有些生物会产生热蛋白以适应高温环境，如温泉中的细菌、澳大利亚产的金合欢树种子等。抗冻生物的细胞内不结冰，组织内随着水增多成胶质体（胞内油脂增加或溶质增加），使凝固点（冰点）下降，以抵御外界寒冷，胞外结冰反而会形成保护。

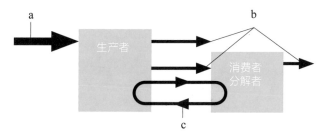

地形对于生物的影响大都属于间接性的，因为高度、坡度和坡向会影响其他的物理化学因素，进而影响生物的分布。如山区温度一般随高度递减，所以山区植物类型呈垂直分布。

图1-12　地形对生物的影响

表1-5　影响动植物分布的环境因素

环境因素		对生物的影响
气候因素	阳光	生物的新陈代谢、生长发育、生活规律、活动等都与光照强度相关
	水分	水以不同形态、量和持续时间对生物发挥作用
	气温	温度会影响生物的生长、发育、繁殖、形态、行为和分布 世界植物带几乎与气温等值线分布相符。如北半球森林分布的北界为最暖月七月10°C等温线
	风	植物花粉、种子、果实传播的动力，也是动物飞行和迁移的助力

影响动植物分布的环境因素非常多，主要可分成非生物环境因素和生物环境因素两大类。前者主要有气候、地形和土壤等因素。

（a）生产者捕捉、转换、利用并储存来自太阳的能量；（b）能量在生物体之间转移，并逐渐转化为热量释放出来；（c）物质在生产者、消费者、分解者及环境之间循环。

图1-13　生态系统中物质循环与能量流动

第二章

分子生物学与细胞

　　分子生物学探讨细胞层面的现象，从
细胞开始观察，可以了解生命的许多现象。
细胞的分子呈现生命的最小单位。科学家
相信，生命的关键在于新陈代谢。分子生
物学就是要了解生命的分子在细胞各部位
中如何自行排列、移动、彼此沟通并同步
运作。

生命的化学基础

（一）生命需要的25种元素

元素是具有相同核电荷数的一类原子的总称。原子是化学变化中的最小粒子，它包含质子、电子和中子。碳原子核中有6个质子，所以其原子序是6。每一种原子，质子的数目与电子的数目是相等的，但中子的数目则可能有变化。质子数和电子数都相同，但中子数不同的原子称为同位素，如碳元素就有3种同位素：碳12（^{12}C），碳13（^{13}C）和碳14（^{14}C）。

目前已知自然界存在的元素共有92种，其中有25种是生命所必需的。

表2-1　人体中存在的元素

符号	元素	占体重的质量百分比（%）
O	氧	65.0
C	碳	18.5
H	氢	9.5
N	氮	3.3
Ca	钙	1.5
P	磷	1.0
K	钾	0.4
S	硫	0.3
Na	钠	0.2
Cl	氯	0.2
Mg	镁	0.1

微量元素（少于0.01%）：硼（B），铬（Cr），钴（Co），铜（Cu），氟（F），碘（I），铁（Fe），锰（Mn），钼（Mo），硒（Se），硅（Si），锡（Sn），钒（V），锌（Zn）

（二）水是细胞中不可缺少的物质

水是细胞中不可缺少的物质，它具有以下的特性：

1. 水分子是极性分子，水分子之间会形成氢键。水分子的极性和它们之间氢键的形成使得水分子具有许多特性，因而液态水成为生命在地球上存在与发展的主要环境。

2. 液态水中的水分子具有内聚力。水的内聚力对生命极其重要，如参天大树，水分之所以能从地下深处的根运到叶中，就是因为被这种内聚力拉上去的。

3. 水分子之间的氢键使水能缓和温度间的变化。沿海的气候较内陆温和，冷热变化较小，原因就在于水分子间的氢键。同样地，它也使海洋的温度变化不大，适于海洋生物的存活。氢键也使水分不易蒸发，这使地球上能保持大量的液态水，利于生命的生存和发展。

不可思议的生物学：必须知道的106个生物常识

4. 冰比水轻。固态的密度小于液态的密度，这是水独一无二的特性。假若冰的密度大于水的密度就不会浮在水面，且在严冬过后，冰也很难全部融化，日久年深，不仅河流湖泊，连海洋都可能结成坚冰，地球上的生命就不可能存在了。

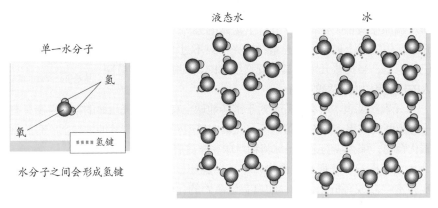

图2-1　水分子及液态、固态的水

5. 水是极好的溶剂。水在所有细胞内，在血液和植物的汁液内，都是生命所需要的良好溶剂。

6. 水能够电离。在生物体内的大部分水溶液中，水分子是不电离的，但有一些水分子则电离成氢离子（H^+）和氢氧根离子（OH^-）。凡是产生H^+的化合物就是酸，产生OH^-的化合物就是碱。细胞中pH值的微小变化都可能是有害的。

（三）化学反应使原子重组

生命现象的特点之一就是新陈代谢，新陈代谢包括无数的化学反应。这些化学反应使生物体内的众多物质产生变化。不过，化学反应并不能创造或破坏原子，它只能将原子重新组合。所以，化学反应是破坏已有的化学键，形成新的化学键。

$$2H_2+O_2 \longrightarrow 2H_2O$$
氢分子和氧分子化合反应成水

$$C_{40}H_{56}+O_2+4H \longrightarrow 2C_{20}H_{30}O$$
胡萝卜素转变为维生素A的化合反应

图2-2　两种化学反应

✂ 小博士解说

　　胡萝卜素是一种比较复杂的分子，由40个碳原子和56个氢原子组成，其转变为维生素A的反应过程，只是一个碳与碳之间双键（C=C）的破裂和新的C-H与C-O-H键的形成。

（一）碳是组成细胞中大分子的基础

地球上的生命皆含有多种元素，其中氢、碳、氮、氧、磷及硫原子等6种元素构成所有生物体的98%。除了氧、钙元素，生物学上最丰富的元素在地壳中只不过占了极少量而已，但是，当这些元素与其他元素结合时，却能产生数量惊人的构造和功能互异的分子。

碳原子的四面体模型

元素周期表中所有的元素对于维持地球上有生命和无生命的物质平衡具有十分重要的作用，其中，碳是所有元素中最重要的。如果除掉地球上所有的含碳化合物，那么我们这个星球将和月球一样贫瘠。

由于碳存在于所有生命物质中，1828年以前化学家们一直认为不可能在实验室中合成有机化合物，即具有生命力的化合物，又称碳化合物，除非加入"生命力"。然而，德国化学家维勒却在加热一种无机盐——氰酸铵时合成了尿素。尿素是一种存在于人体血液和尿液中的化合物，毫无疑问，它是有机物。维勒打破了有机化合物有"生命力"的学说。

碳是地球上生命的基石，它是每一个有机体都具有的成分，也是食物、燃料和衣服等的组成成分。目前已被确认的碳骨架化合物（有机化合物）超过600万种，而无机化合物大约只有25万种。

表2-2 有机物和无机物性质比较

性质	有机物	无机物
分子内成键特性	通常为共价键	通常为离子键
分子间作用力	通常较弱	通常较强
物理状态	气态、液态或低熔点固体	通常具有高熔点
在水中的溶解度	通常较小	通常较大
化学反应速率	一般较慢	一般较快
可燃性	一般可燃	一般不可燃

（二）碳的键结特性

有机化合物一般认为是包含碳的化合物，反之，无机化合物通常指包含碳以外元素的化合物。有机化合物和无机化合物最关键的区别是形成的键不同。有机化合物一般是共价化合物，非常稳定；无机化合物则一般是离子型化合物，易发生化学反应。

表2-3 打断共价键所需能量

键结	键能	键结	键能
C＝O	170	C—H	99
C＝N	147	C—O	84
C＝C	146	C—C	83
P＝O	120	S—H	81
O—H	110	C—N	70
H—H	104	C—S	62
P—O	100	N—O	53

有机物的数目如此之多，主要原因有两个：一是由于碳的成键特性，二是含碳的化合物存在异构物。碳的最高价态为4，能够形成正四面体结构，此外，碳的负电性居中，适合于形成共价化合物。负电性居中的特性，使得碳可以与负电性比它大的原子（如氧原子）成键，也可以与负电性比它小的原子（如氢原子）成键，当然也可以与其他的碳原子形成共价键。这两个原因使得碳能够形成长链和分支成三维四面体的结构。

（三）共价键

共价键是原子间相当稳定的键结，且为连接分子的最强键结。共价键断裂只有两种方式：一是均裂——两原子间的键结被对称性地打开，且产生一对自由基，其活性由电子的非成对旋转而来，此种模式在相同或相似的原子间较常见；二是异裂，即为键结被非对称性地打开，而产生一对离子。

 小博士解说

依共享电子对数目区分：
1.单键：两个结合原子各提供一个电子，以"-"表示，如H_2表示为：H-H或H：H。
2.双键：两个结合原子各提供二个电子，以"="表示，如O_2表示为：O=O。
3.三键：两个结合原子各提供三个电子，以"≡"表示，如N_2表示为：N≡N。

（一）含碳的化合物

除了一氧化碳、二氧化碳和碳酸盐等少数简单含碳化合物是无机物外，其余含碳化合物统称为有机化合物。像甲烷这样的分子仅由碳和氢两种元素组成，称为烃或碳氢化合物。由于碳和碳可以形成链，链又可以有分支，链的长度则由两个碳至数千个碳不等，所以链状的烃就多不胜数。

甲烷是天然气的主要成分，乙烷和丙烷则是液化石油气的主要成分，环己烷存在于汽油中，苯则为常用的有机溶剂。除去碳原子和氢原子，有机化合物还可以有别的原子，其中最常见的是氧和氮。而且参加化学反应的往往是这些原子组成的原子团，这类原子团称为官能团。

在组成细胞的分子中，最为重要的官能团有4种：羟基（-OH）、羰基（C=O）、羧基（-COOH）和氨基（-NH$_2$）。这4种功能团有一个共同特点，就是都有极性，因为其中的氧原子或氮原子都有很强的负电性，能够吸引电子。因此，所有含这些基团的化合物都是亲水的，且都是水溶性的。这是这些化合物在生物体内起到重要作用的原因。

在生命现象中具有重要作用的分子都是巨大的分子，称为大分子。生物大分子可分为4大类：蛋白质、核酸、多糖和脂质。这4类大分子中的前三类都是多聚体。

（二）异构体

具有相同的分子式但结构不同的化合物称为异构体。如果异构体的不同仅由于原子在空间位向的不同，则此类异构体称之为立体异构体，其余的则称为结构异构体。结构异构体化学键的种类或排列顺序必有部分不相同，因此也就可以产生不同的功能团。一般结构异构体的物理性质和化学性质都略有差异，像甲醚和乙醇因为具有的功能团不同，其化学性质常有很大的出入，因此这类异构物也被称为功能异构体。

（三）对映异构体

对映异构体是互为对映、无法完全重叠的两个立体异构体，又称为掌（手）性异构体，就像一个人的左右手，相似却又相反。对映异构体会使平面偏极光，唯一不同的是偏转角度相同，但偏转方向恰好相反。等量对映异构体形成的混合物，称为消旋，对平面偏极光的偏转角度为零。

氨基酸的碳原子均为不对称碳原子，即有四个不同的取代基：一个羧基，一个氨基，一个R基和一个氢原子键结到α碳原子上。所以这种不对称的α碳原子是一个对掌的中心。具有对掌中心的化合物有两种不同的异构物形式，除了在偏光仪下会导致平面偏极光有不同的旋转方向之外，它们的物理或化学性质都相同。

由于生物体内的许多分子本身就是对映异构体中的一种，所以一对对映异构体在生物体内（包括人体）往往会造成不同的效果。自然界中所发现的具有一个不对称中心的生物化合物，几乎都是以一种空间异构体的形式存在，不是左旋便是右旋。

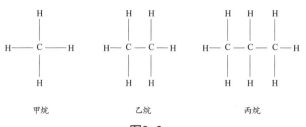

甲烷　　　　　　　乙烷　　　　　　　丙烷

图2-3

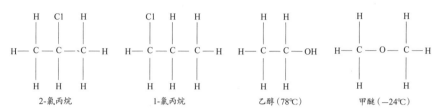

2-氯丙烷　　　　　　1-氯丙烷　　　　　乙醇（78℃）　　　　甲醚（-24℃）

　　1-氯丙烷和2-氯丙烷的分子式均为C_3H_7Cl。乙醇和甲醚的分子式均为C_2H_6O，前者的沸点为78℃，后者的沸点为-24℃；前者有氢基（-OH）为醇类，后者有醚链（-O-）为醚类。

图2-4　两类异构体

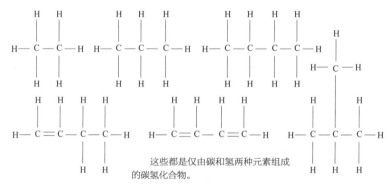

这些都是仅由碳和氢两种元素组成
的碳氢化合物。

图2-5　碳氢化合物

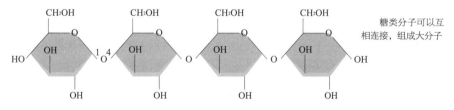

糖类分子可以互相连接，组成大分子

图2-6　糖类

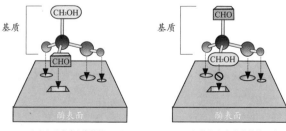

此甘油醛对映像构物可匹配　　　　　此甘油醛对映构物无法匹
酶表面上三个特殊性结合部位。　　　配于相同的结合部位。

图2-7　对映异构体

 **重要的小分子**

（一）磷酸和磷酸盐

生命体系中磷酸一般表现为离子形态，即磷酸盐。磷酸酐也很常见，如三磷酸腺苷（adenosine tiphosphate, ATP）和二磷酸腺苷（adenosine diphosphate, ADP）。ATP失去一个磷酸变为ADP，同时释放出能量，磷酸盐出现在许多新陈代谢的过程中，另外，磷酸也以二酯的形式出现在生命的基本物质——核酸中。

磷酸根以磷酸钙的形式存在于骨头和牙齿中，使它们坚固。每一个细胞中都存在磷酸根离子，它是细胞中主要的阴离子。

正磷酸盐（无机磷酸盐）要进行磷酸化，这个过程需要酶，在糖原磷酸化酶的催化下，形成糖的磷酸化衍生物——葡萄糖 -1- 磷酸。这一过程在能量上有利，这是由于形成的磷酸化糖带有电荷而不能扩散出细胞。而葡萄糖能够穿过细胞膜。磷酸根和磷酸脂在 ATP 的合成和分解中都非常重要。

（二）氮气

氮原子是许多生物分子的组成部分，如蛋白质和核酸。

氮气（N_2）是地球大气的主要成分，分子非常稳定，不易发生化学反应。将空气中的氮气转化为其他化合物的过程被称为固氮。在某些细菌中含有特殊的酶，其具有固氮的功能，可将氮气转化成氨以及硝酸根或亚硝酸根。

固氮菌有两种类型：自由生活型以及与植物共生型。这些细菌存在于许多植物的根瘤中，与植物有着密切的关系。理论上，固氮作用可能会消耗掉大气中所有的氮气，但在土壤中脱氮微生物的作用下，氮还可以返回到大气中。

（三）氧气

由于光合作用，氧气（O_2）可被源源不断地生产出来。O_2对地球上的绝大多数生命来说是必需品。生物体需要氧化碳水化合物以产生高能的ATP，而ATP是新陈代谢过程所需的物质。氧气借由与血红细胞中的血红蛋白和肌红蛋白结合，从肺转送到血液中。

在阳光或放电作用下，O_2转变为臭氧（O_3），O_3是O_2的同素异形体。在上层大气中，它是太阳紫外线辐射的重要吸收剂，为居住在地球上的生命提供重要的保护作用。O_3会与一些氟氯烃化物发生光化学反应，这些氟氯烃化物扩散到大气层上层后会消耗那里的臭氧。

地球大气的组成约有21%是氧气，并以O_2的形式存在。水生生物能在水中呼吸，是因为O_2可溶解于水。O_2在水中的溶解度大约是N_2的2倍，但其溶解度会随着温度的升高而降低，因此，当气温较高时，淡水鱼会感到呼吸困难。

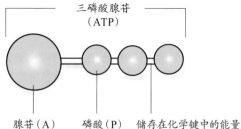

ATP分子将能量储存在磷酸化学键中，而这些磷酸又固定在嘌呤分子腺苷上面。

图2-8　ATP分子

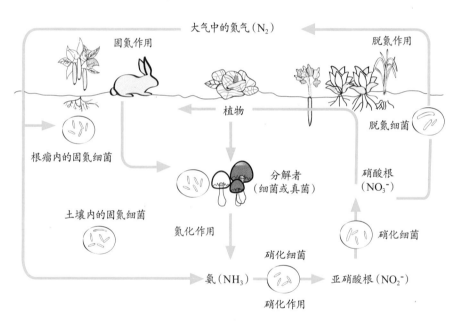

生物体在消化吸收氮素前，需用各种方法固氮，形成含氮的化合物，如存在于自然界氮循环中的氨、铵离子、亚硝酸根、硝酸根等。生物体吸收这些含氮化合物后，将合成生存、成长与繁衍所需的其他含氮化合物，如氨基酸、蛋白质和核酸。

图2-9　自然界的氮循环

（一）糖类

糖类即碳水化合物，从最简单的单糖到很大的多糖，糖类是一大类化合物。多糖即是糖的单体聚合而成的长链。葡萄糖和果糖是单糖，本身可作为细胞能量的来源，有时也会结合成大分子。

葡萄糖和果糖是异构体，它们之间的区别在于原子的排列不同，具体来说，仅在于羰基的位置不同。这种差别看似不大，但两者的性质却有很大差异，与其他分子发生反应的能力不同，甜度也不同，像果糖要比葡萄糖甜得多。

葡萄糖和果糖都是6个碳原子组成的，称为六碳糖。存在于生物体内的单糖还有3、4、5和7个碳原子组成的，其中五碳糖尤其重要，它们是组成核酸的主要成分。

两个葡萄糖经过脱水反应会形成被称为二糖的麦芽糖。这样的反应可以连续不断地在不同位置加上不同种类的单糖而结合成大分子，如纤维素、淀粉和肝糖原。

纤维素是植物细胞壁的主要成分，是支撑植物细胞的一个重要结构。淀粉由葡萄糖聚合而成，是植物细胞用来储存能量的大分子；肝糖原则在动物细胞内普遍存在。

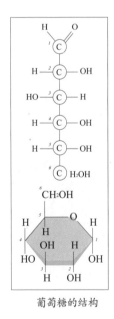

葡萄糖的结构

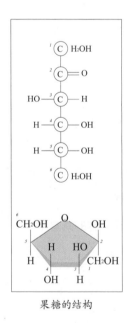

果糖的结构

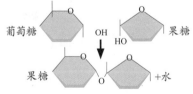

图2-10　葡萄糖和果糖的比较

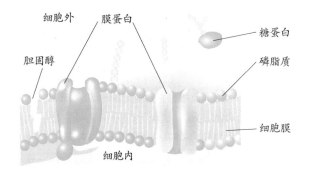

细胞外　膜蛋白　　　　　　　　　　　糖蛋白

胆固醇　　　　　　　　　　　　　　　磷脂质

　　　　　　　　　　　　　　　　　　细胞膜

　　　　　　　细胞内

　　　细胞膜的基本结构都是由两层磷脂质组成，有两大特性：厌水性的区域除了一些小分子（如H_2O、O_2、CO_2），大部分带电或带有极性的分子都不能自由进出，这样可以维持细胞内许多成分保持在高浓度的环境，若是双磷脂的结构无法侦测外界环境，而且结构比较软，所以细胞膜上还有许多蛋白质嵌入，可作为负责内外离子运输的通道。

图2-11　细胞膜的构造

（二）脂质

脂质不是大分子，因为它们的相对分子质量不如糖类、蛋白质和核酸那么大，而且它们也不是聚合物。有双键的脂肪酸称为不饱和脂肪酸，没有双键的则称为饱和脂肪酸。双键的存在使得碳键弯曲，占空间较大，所以含有双键的脂肪在常温下是液态。

脂肪酸是大多数脂质的构成单元，含有一个碳氢长链，所以又称为碳氢化合物。像棕榈酸是一个含有碳的脂肪酸，有两种化学性质同时存在于这一分子上，一端是非极性的碳氢长链，具有疏水性；另一端是酸（–COOH），可以解离成H^+与COO^-，具有亲水的特性。不同脂肪酸含有不同长度的碳氢长链或带有不同数目的双键，因而造成它们的形状不同。但几乎所有自然界的脂肪酸都含有偶数的碳原子。

类固醇是一类不同的脂质。它们的特点是碳键折成四个环——三个六碳环和一个五碳环。最常见的类固醇即为胆固醇；胆固醇是动物细胞膜的重要成分，也是动物体内合成其他类固醇的原料。像是动物的雌、雄性激素都是类固醇。

磷脂是细胞膜的结构单元，它是由两个脂肪酸、一个甘油和一个磷酸组合而成。

甘油的第一、第二个羟基与两个脂肪酸结合，而第三个羟基则与磷酸结合，所以磷脂含有一端亲水性的头部，和另一疏水性的碳氢长链尾端。当许多磷脂聚集在一起时，亲水的部分会互相聚集，疏水的部分也会自动排列在一起，如此便形成细胞膜的结构；细胞膜的外层为亲水性，而中间的内层则为疏水性的区域。

（一）核酸的构造

核酸是以核苷酸为单体所聚合而成的巨分子，包括脱氧核糖核酸（deoxyribonucleic acid, DNA）及核糖核酸（ribonucleic acid, RNA），它是生命的遗传物质，控制整个生命的过程，是全能的分子，其主要的功能为遗传信息的贮存、传递与表现。生命是复合有机分子的组合与表现，包括DNA、RNA、蛋白质、糖类、脂质等相互的调控与表现。其中，核酸的表现物质为蛋白质，而蛋白质除了执行特殊的功能之外，又可调节核酸的表达，环环相扣。

核苷酸是由磷酸根、五碳糖、碱基三大部分组成。其中磷酸根使得DNA有酸及带负电的特性，而磷酸根、五碳糖、碱基每个部分又有不同的组合。如五碳糖的部分，就有核糖及脱氧核糖两种选择，而这两种选择分别造就了RNA与DNA，也使得两个分子在结构与性质上有所差别。

除了一般常见的A、T、G、C、U这五种碱基，还有一些修饰过的碱基（大多在转运RNA（transfer RNA, tRNA）中发现）、不常见的嘌呤及嘧啶、甲基化的嘌呤。

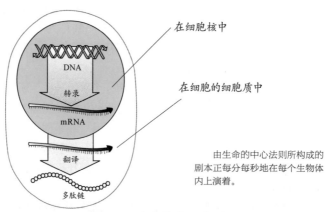

在细胞核中

在细胞的细胞质中

由生命的中心法则所构成的剧本正每分每秒地在每个生物体内上演着。

图2-12　生命的中心法则

（二）核酸的作用

DNA只带有遗传的信息，并不能实际参与生命现象的表现。一定要把遗传信息转录成信使RNA（messenger RNA, mRNA）后，内质网上面的核糖体才会制造蛋白质，并可能将其暂时放在高基氏体里面，直到这些细胞器制造出不同的蛋白质之后，再由细胞释出。

生命的特质都写在DNA上，而合成蛋白质的过程是DNA以碱基配对的方式将遗传信息传递给mRNA，此过程即称之为"转录作用"。

首先，RNA聚合酶将DNA双螺旋松开，DNA以其中一条碱基为模版，进行碱基配对，此时RNA聚合酶可把核苷酸组合形成核苷酸链，这便是mRNA。有所不同的是DNA模版为A-T，但是DNA所配对出来的RNA为A-U。

表2-4 碱基的种类

| | 嘌呤 | | 嘧啶 | | |
	腺嘌呤 (A)	鸟嘌呤 (G)	胞嘧啶 (C)	胸腺嘧啶 (T)	尿嘧啶 (U)
脱氧核苷(DNA)	脱氧腺苷	脱氧鸟苷	脱氧胞苷	脱氧胸苷	-
脱氧核苷酸(DNA)	脱氧腺苷酸	脱氧鸟苷酸	脱氧胞苷酸	脱氧胸苷酸	-
核苷(RNA)	腺苷	鸟苷	胞苷	-	尿苷
核苷酸(RNA)	腺苷酸	鸟苷酸	胞苷酸	-	尿苷酸

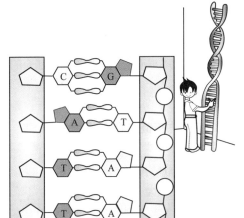

脱氧核苷酸，是由一个磷酸根、一个脱氧核糖分子以及四种碱基中的一种组合而成。碱基配对中间靠着氢键键结。配对规则：A–T，C–G。

双螺旋以楼梯来比喻：

1.扶手区：由一个核苷酸的糖分子与另一个核苷酸的磷酸根分子键结而成。

2.阶梯区：碱基间的配对形成。

图2-13 DNA的构造单元

经过转录出来的mRNA，出了核孔，会到细胞质中的核糖体上开始制作组合蛋白质，这个过程称之为翻译作用。蛋白质的合成场所为核糖体，它由一大一小两个次单位组成，主要组成为蛋白质和核糖体RNA（ribosomal RNA，rRNA），翻译作用发生的时候，核糖体以mRNA的碱基序列为信息，由转运RNA（tRNA）携带特定的氨基酸，依照mRNA的碱基序列组合为多肽链。

一条mRNA不是只有一个核糖体在进行翻译的工作，事实上是由很多核糖体同时依着这条mRNA序列执行合成相同蛋白质的"命令"，所以短时间内可制造许多条蛋白质。当多肽链合成后，将转换至内质网修饰，至高基氏体折叠成有功能的蛋白质。

（三）错误的修正

ATCG这些编码是互补的，不过10万个碱基配对就可能会出现一个错误，DNA配对错误的概率整体结果大约为十亿分之一。所以在 DNA 复制时需要有校对、修复机制。

在DNA合成过程中，DNA聚合酶会沿着DNA校对，一发现碱基配对错误，马上移走错的核苷酸，并进行修补。因此DNA本身就有防止错误的机制，但RNA 合成是不具有校对能力的。

（一）蛋白质的构造

细胞内约含90%的水，剩下的10%一半是蛋白质，蛋白质是细胞中最重要且含量最丰富的大分子。这个大分子是由不同小分子氨基酸（amino acid）聚合而成。组成蛋白质的20种氨基酸，其结构都是以碳原子为中心，一端接氨基（$-NH_2$），一端接羧基（$-COOH$）；一端是氢原子（H），另一端则接不同化学功能基的支链。

若某个蛋白质是由100个氨基酸组成，那么这个蛋白质就有20,100种不同可能的排列组合方式，而蛋白质的结构决定了它的功能。一个氨基酸的氨基与另一氨基酸的羧基，经脱水反应形成肽链（peptide bond）的共价结合。而这个肽链的羧基可以与一个氨基酸的氨基结合，依此类推而形成多肽。这种结合的氨基酸序列我们称为蛋白质的一级结构。

表2-5　自然界存在的20种主要氨基酸的构造因为支链的不同而有所差异

构造分类		氨基酸名
pH= 7.0时, 有些支链会带电荷	带正电荷	精氨酸、组氨酸、赖氨酸
	带负电荷	天冬氨酸、谷氨酸
支链为疏水性		丙氨酸、异亮氨酸、亮氨酸、硫氨酸、苯丙氨酸、色氨酸、酪氨酸、缬氨酸
其他特殊的氨基酸		半胱氨酸、甘氨酸、脯氨酸

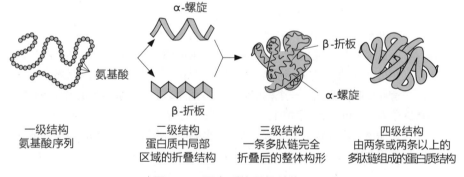

图2-14　蛋白质的四级结构

（二）蛋白质的四级结构

不同氨基酸有不同的支链，有些氨基酸的支链会互相以氢键连接，使一级构造的直线排列产生扭曲，从而形成蛋白质的二级结构。若一个大分子有很多不同的二级结构，这些二级结构彼此可以再经由厌水作用、离子键等方式结合，进一步扭曲折叠，形成三级结构。

一个长的肽链可以产生很复杂的三级结构，不同的蛋白质形成三级结构之后还可以彼此相互吸引结合，而形成四级结构，如血红蛋白是由四个珠蛋白（两个 α 珠蛋白链（α-globin）和两个 β 珠蛋白链（β-globin））结合而形成的四级结构。

不论是一级、二级、三级或四级结构，其目的都是为了形成一个稳定的结构并可以执行特殊的功能，由此可知蛋白质的结构与功能皆受组成氨基酸支链的影响。

（三）蛋白质的类型与功能

1. 酶：协助破坏或合成一些生命必需物质；

2. 结构性蛋白质：提供组织或细胞物理性的支撑；

3. 运送蛋白质：协助携带小分子；

4. 运动蛋白质：协助细胞或组织移动；

5. 储存蛋白质：负责储存细胞内一些小分子；

6. 信息传导蛋白质：将信息于细胞间传递；

7. 受器蛋白质：接受外来的刺激；

8. 基因调节蛋白质：与 DNA 结合，并调节基因的开关；

9. 功能特化的蛋白质。

（四）蛋白质的结构与进化

分析不同蛋白质的氨基酸组成与序列可推断蛋白质是否源自同一祖先（即同源蛋白），如肌红蛋白与血红蛋白的研究即是一例。

由于肌红蛋白的结构与血红素的 α 次单元或 β 次单元的结构均非常类似，且同样具有携氧的功能，因此它们极可能源自一个共同祖先（原始球蛋白）。而比较不同来源的细胞色素 c 的氨基酸序列时，证明蛋白质的结构研究对进化关系建立的重要性。

细胞色素 c 是线粒体电子传递链的成分之一，对细胞存活极为重要。在分析得自酵母菌到人类等 40 多种来源的细胞色素 c 时，发现虽然这些蛋白质的一级构造不尽相同，但有一些令人惊讶的相似处。

β乳球蛋白是牛乳主要蛋白之一，含量约10%，分子量约18.5kDa，LG 为脂质运载蛋白——lipocalin 成员之一，二级结构上由9个β折叠结构（β-sheet）及1个α螺旋结构（α-helix）所组成。中心为疏水性结构（calyx），可结合维生素A、维生素D、脂肪酸及固醇类。不似α乳白蛋白（α-lactalbumin）可耐热，LG 是牛乳中主要热敏感蛋白，在加热70~80℃之间其二级结构开始改变。

图2-15　β乳球蛋白β –Lactoglobulin（LG）

（一）细胞与能量

活细胞的主要特征是细胞内随时都在进行各种能量的转变，以供生物体的生长、运动、感应、维持生命、修补及繁殖等，细胞内各种化学反应的总称为新陈代谢。

能量可分成动能和势能两类，势能是指蕴含未放的潜能，必须转化为动能才能做功。细胞内的化学反应有两种能量变化，一种为放能反应，有能量的释放，这种反应通常是反应物与氧结合，或移除氢原子、电子等，是一种氧化作用；另一种为吸能反应，是一种还原作用，这是反应物中的氧原子被除去，或是加入氢原子或电子的结果。

细胞产生能量是在线粒体中进行有氧呼吸，此过程是在线粒体经一系列的氧化与磷酸化作用，将葡萄糖所含的化学能氧化后转变为 ATP 的化学能。细胞内做各种功所需的能量均依赖 ATP 的化学能。

任何化学反应在启动之前，必须获得外加能量，此外加能量称为活化能。细胞的化学反应与无生命物质的化学反应一样需要有活化能，不同的是细胞内反应均有酶参与，仅需少量的活化能即能进行。通常有一分子葡萄糖分解，可将 38 个 ADP 分子转变成 38 个 ATP 分子。

高地上的石块如滚向底部可产生巨大能量，但此能量必需先有人推动才能产生，此推动所需的能，就如同酶推动化学反应一般。

图2-16　活化能

（二）吸能反应和放能反应

化学反应可分为吸能反应和放能反应两大类，细胞中发生的化学反应当然也不例外。吸能反应是指反应产物分子中的能量比反应物分子中的能量多。发生这种反应时，周围环境中的能量被吸收，储藏在产物分子中，所吸收能量的多少等于产物与反应物之间的能量差。光合作用是生物界最重要的吸能反应。光合作用是植物和藻类的细胞利用含能较少的反应物（二氧化碳和水）合成含能较多的产物（糖）的过程。能量来源则是太阳光。放能反应与吸能反应相反，其产物分子中的化学能少于反应物分子中的化学能，在反应过程中向周围环境释放能量。

（三）ATP 是细胞中的能量货币

ATP（三磷酸腺苷）是一种核苷酸。其分子由核糖、1 个含氮碱基（腺嘌呤）和 3 个磷酸根组成。ATP 发生水解时，形成 ADP 并释放一个磷酸根，同时释放能量，而这些能量在细胞中就会被利用。肌肉收缩产生的运动、神经细胞的活动等生物体内的其他一切活动，利用的都是 ATP 水解时产生的能量。ATP 在细胞中易于再生，所以是生物体源源不断的能源。这种通过 ATP 水解合成而发生放能反应，所释放的能量又用于吸能反应的过程，被称为 ATP 循环。

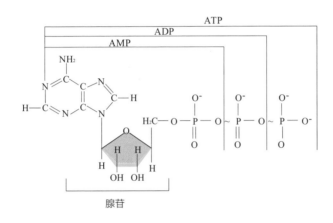

图2-17　ATP化学式的结构

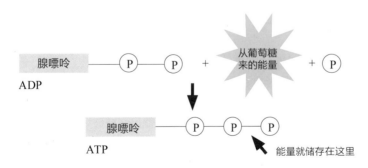

食物是肌肉活动所需能量的间接来源，在人体内经过一系列的化学反应后，食物被分解时所释放的能量，就会被用来制造ATP，并储存于肌肉细胞之中，当ATP被分解的时候，就能够提供能量作为肌肉活动之用了。

图2-18　能量货币——ATP

（一）酶降低反应的活化能

酶又称酵素，是一种生物催化剂，绝大多数的酶都是蛋白质。它能加速生物体内化学反应的进行，但反应前后并不会发生变化。酶分子是蛋白质，每种蛋白质都有特定的三维形状，而这种形状就决定了酶的选择性。酶只能识别一种或一类专一的基质，并催化专一的化学反应。所以细胞中发生的所有反应需要许多种不同的酶催化。

酶之所以能加速化学反应的进行，是因为它能减少反应的活化能。曲线A代表未催化，曲线B代表催化，催化的活化能（E'_A）比未催化的活化能（E_A）小。酶会与其基质结合，只有当基质与酶分子结合以后，才会快速变成产物。而酶分子中只有一个小的局部会与基质分子结合，这部分小的局部就称为酶的活性部位。

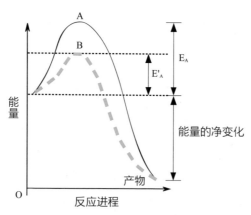

图2-19　酶能减少反应的活化能

（二）影响酶活性的因素

温度：温度对酶的影响很大，只有在最合适的温度下酶活性才最高。温度影响分子的运动，温度高则反应物分子的活性部位接触多。但温度太高，酶分子又会变性，其三维形状会发生变化，活性也就自然被破坏了。人体内大多数酶活性的最适温度为35~40℃。

pH值与盐的浓度：pH值和盐的浓度也影响酶活性。最适合的pH值为6~8，接近于中性。酸雨会使整个湖泊的pH值变低，影响整个水体中的生物。盐浓度太高会干扰酶分子中的某些化学键，从而破坏其蛋白质结构，使其活性降低。

化学物质：有些化学物质是酶的抑制剂。抑制剂的作用是停止酶的作用或使之减慢。抑制剂有两种类型：竞争性抑制剂和非竞争性抑制剂。抑制剂的作用可能是可逆的，也可能是不可逆的，这决定于抑制剂与酶分子之间形成的键是强还是弱。如果所形成的是共价键，那就是不可逆的；如果所形成的键较弱，如氢键，那就是可逆的。

（三）酶的抑制剂

酶受抑制是指酶催化活性的降低或完全丧失（失活）。毒害或抑制酶活性的物质叫作抑制剂，对抑制剂的研究可以协助了解基质的专一性。

某些杀虫剂和抗生素就是酶的抑制剂，如杀虫剂（马拉硫磷）与抗生素（青霉素）等。马拉硫磷是乙酰胆碱酯酶的抑制剂，在马拉硫磷的作用下，昆虫神经细胞对信号的传递被抑制，造成昆虫的死亡。青霉素则会抑制细菌合成细胞壁的酶，能够阻止病菌的增殖。

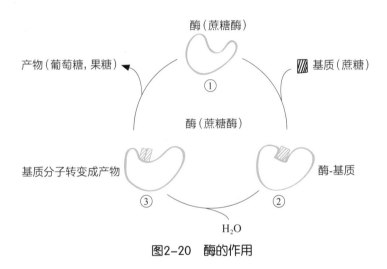

图2-20　酶的作用

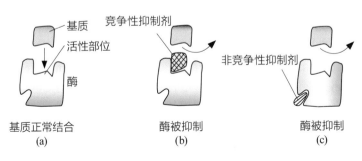

图2-21　酶受到抑制

（一）细胞学说

英国科学家胡克是生物史上第一个看到生物体基本构造的人，因为他的发现，引起了更多的生物学家对于生物体构造单位的兴趣和重视。施莱登和施旺共同发表细胞学说，其内容为"动物体和植物体都是由细胞及细胞的衍生物所组成"。这个学说提供了一种说法来解释生物体的基本构造及共通性，奠定了细胞学发展的基础。

动植物基本的生命现象由各个系统执行与维持，系统由各个特定功能的器官组成，各个器官由多种组织组成，组织由相同或类似的细胞集合而成，可以执行特定功能，最后，细胞是生物体的基本单位。

表2-6　细胞学说发展简史

年代	科学家	对细胞的贡献
1671	马尔比基	指出植物细胞内有空气和水
1685	格鲁	出版《鱼类解剖》
1781	丰塔纳	发现鱼类表皮细胞有核
1824	杜罗切特	提出细胞的假说
1831	布朗	发现兰科植物细胞核
1835	杜雅丁	发现细胞内的原生质
1838	施莱登	指出植物皆由细胞构成
1839	施旺	指出动物皆由细胞构成
1839	施莱登和施旺	发表"细胞学说"
1858	菲尔绍	细胞由亲代的细胞分裂产生

（二）细胞的概貌

支原体是最小的细胞，直径只有 100 nm，鸟类的卵细胞最大，是肉眼可见的细胞，鸵鸟蛋的蛋黄大概是目前世界上最大的动物细胞（鸡蛋的蛋黄也是一个细胞）。棉花和麻的纤维都是单个细胞，棉花纤维长 3~4 cm，麻纤维甚至可长达 10 cm。细胞的大小与其功能是相适应的。如神经细胞的细胞体，直径不过 0.1 mm，但从细胞伸出的神经纤维可长 1 m 以上。

一般来说，多细胞生物体积增加不是由于细胞体积增大，而是由于细胞数目的增多，参天大树和矮小灌木的细胞，在大小上并无显著差异。细胞的体积受到大自然规律的限制，最小的细胞必须能装下维持生命和繁殖所需的DNA、蛋白质和内部结构组件。最大的细胞必须有足够的表面积，以便从环境中获得足够的营养物质并排出废物。大细胞的表面积比小细胞的大，但是大细

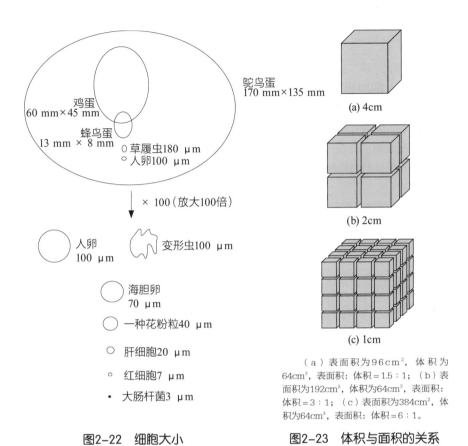

图2-22 细胞大小

（a）表面积为96cm²，体积为64cm³，表面积：体积=1.5：1；（b）表面积为192cm²，体积为64cm³，表面积：体积=3：1；（c）表面积为384cm²，体积为64cm³，表面积：体积=6：1。

图2-23 体积与面积的关系

胞的表面积与体积比却比小细胞的小。细胞靠表面接受外界信息并与外界交换物质，如果面积太小，这些任务就难以完成。

（三）细胞的构造

细胞的四大类细胞器形成一组工作团队，在大家协力工作下，产生了细胞的生命现象。在自然的情况下，只有活的细胞可以合成这四大类：糖类、脂质、蛋白质和核酸，其被视为最基础的分子。这些分子参与了细胞的代谢和细胞的反应，建构出细胞的结构和功能。细胞内所有分子所产生的化学反应的总和即生命现象。

✳ 小博士解说

现今的细胞学说包括三方面内容：（1）细胞是一切多细胞生物的基本结构单位，对单细胞生物来说，一个细胞就是一个个体；（2）多细胞生物的每个细胞为一个生命活动单位，执行特定的功能；（3）现存细胞借由分裂产生新细胞。

细胞学说将植物学和动物学连结在一起，验证了整个生物界在结构上的统一性，以及在进化上的共同起源，使生物学朝微观领域迈进。

（一）细胞膜

细胞膜由磷脂构成的双分子层组成。膜上有用来辨识的糖类（通常含 15 个糖基以下的寡糖分支），还有一些蛋白质分子：有些蛋白质分子用作运输，如提供疏水性通道；有些用作催化，如有些蛋白质排列在细胞膜上形成一条代谢途径；其有些具有特殊构形用作受体，可以接收化学信息，如激素。

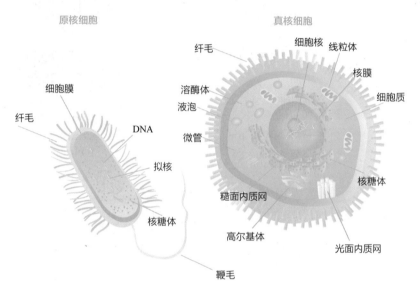

图2-24 真核细胞与原核细胞比较图示

（二）细胞质

细胞质是细胞膜以内、细胞核以外的所有部分。细胞质基本是所有在细胞内围绕在细胞器周围的胶质液体，是由各种大、小分子溶于水中而形成，许多化学反应在此进行。

内质网：是一种由膜折叠而成的扁平囊状结构，遍布在细胞质中，一端连接核膜，一端靠近细胞膜，用来协助细胞内物质的运输，又分糙面内质网和平滑内质网。

1. 糙面内质网。表面附着核糖体，其功能包括将蛋白质糖基化（即糖蛋白）以形成分泌性蛋白质（如消化酶）与合成磷脂质（膜的原料）。

2. 光面内质网。不具有核糖体，其功能包括合成脂质（如肾上腺素皮质细胞可以发现发达的光面内质网）、代谢糖体；对药物与有毒物质的解毒作用（如肝细胞内光面内质网含有促进肝糖、药物与部分有毒物质分解的酶）与储存及释放钙离子（肌肉细胞中的光面的质网可储存与释放钙离子，以调节肌肉收缩）等。

高尔基体：由膜围成的扁平囊状、大泡、小泡三种结构组成，含有许多酶，能修饰来自内质网的脂质或蛋白质，分类和包装成小泡后，分泌至细胞外。分泌旺盛的腺细胞常有较发达的高尔基体。

溶酶体：为单层膜胞器，内含有在内质网形成的水解酶，能分解蛋白质、脂质、糖类和核酸等大分子物质，然后以小泡的方式移至高尔基体内包装，运往细胞质中完成消化功能。

过氧化氢体：单层膜包围的特殊代谢胞器，只存在特定的细胞中，不同细胞内的过氧化氢体含有相同酶以进行特定代谢作用。

微管：由管蛋白构成，使细胞具有固定的形状，并能提供细胞内细胞器运动的轨道。

中间丝：中间丝包含许多由角蛋白组成的蛋白质，对强化细胞形状与固定细胞器特别重要。

线粒体：双膜构造，进行细胞呼吸的场所。膜上含有由线粒体本身的核糖体与 DNA 转译出的膜蛋白，膜间基质有许多不同的酶，可在氧气协助下，分解糖类、脂肪和其他物质，以产生能量分子 ATP 供生物体使用。

叶绿体：双膜构造，进行光合作用的场所，可将光能转换为化学能。

（三）细胞核

细胞核内含有大部分的基因（少部分基因存在于线粒体和叶绿体内），核外有核膜，为双层膜，由脂质与蛋白质共同构成，膜上有控制物质进出的核孔。

核中有由 DNA 和蛋白质共同组成的染色质（未浓缩缠绕的染色体形式）。而核仁则主要合成组成核糖体原料，合成后从核孔运输至细胞质组合成核糖体（由 mRNA 翻译成蛋白质的平台）。

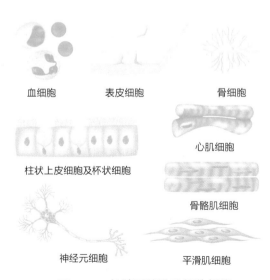

血细胞　　　表皮细胞　　　骨细胞

柱状上皮细胞及杯状细胞

心肌细胞

骨骼肌细胞

神经元细胞

平滑肌细胞

图2-25　各种形状及功能的细胞

（一）细胞周期

细胞的分裂过程有一定的程序，不但受到细胞内外的信息所调节，并且也受到严密的调控分子监视。从一次细胞分裂开始到下一次细胞分裂开始的过程，称为细胞周期。细胞周期分为四个时期：合成前期、合成期和细胞分裂前期、细胞分裂期。

细胞在合成前期不断生长使得体积由小变大，到一定程度即进入合成期；在合成期，细胞开始进行脱氧核糖核酸（DNA）的合成，将原本的染色体复制一份；当细胞进入细胞分裂前期，会继续生长，蛋白质也在此时期合成以准备进入下一个时期，之后，细胞会检查脱氧核糖核酸的复制是否完整，以准备做有丝分裂；进入细胞分裂期之后，细胞内的染色体会开始分裂，并由一个母细胞变成两个子细胞，子细胞内的染色体与母细胞完全一样，子细胞再开始进入下一个细胞周期。

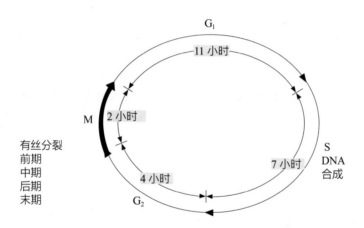

在开始时停留在G_0期，一旦接收到外界指令，进入G_1期，可决定细胞是否进行生长分裂，一旦条件适合，接下来会进行DNA合成（S期），开始制造细胞分裂所需材料，直到进入染色体有丝分裂之前，称G_2期，在M期时细胞会进行分裂。间期是细胞不分裂时期，包含G_1、S、G_2。

图2-26　人类白细胞的细胞周期

（二）有丝分裂

分裂期又称有丝分裂时期，因在分裂过程中有纺锤丝的出现所以称之为有丝分裂。动物的细胞在开始分裂时，中心体均分裂为二，各向细胞的两极移动，同时在中心体周围出现辐射状成星状体，在合成前期、合成期及细胞分裂前期已完成复制的染色质逐渐浓缩，最后形成的每一个染色体均包含两条染色单体，核仁、核膜分解，纺锤体出现于两中心体之间，染色体即排列于纺锤体的中央，有些纺锤丝则连于染色体的着丝点上，然后各个着丝点分裂为二，最后中央部位的细胞膜向内凹陷，将细胞划分为二。有丝分裂所需的时间受到细胞种类和环境影响而有不同，有的15分钟即可完成，有的则需数小时。

介于两次细胞分裂中间的阶段称为中间期，包含合成前期、合成期及细胞分裂前期。动植物细胞的细胞周期大约20小时，其中间期占的时间比较长，需18～19小时，此时最重要的变化为脱氧核糖核酸的复制。

身体内所有的细胞都处于细胞周期的某个时期，如完全分化的神经细胞或心肌细胞的合成前期变得非常长，这段延长的合成前期称为静止期，也就是说它们已经离开分裂周期。另一方面，如骨髓细胞或肠道黏膜则几乎持续地处于周期性的过程。

（三）减数分裂

减数分裂发生在有性生殖中，减数分裂会将染色体的数目由二倍体减为单倍体，再经由受精作用恢复成二倍体。减数分裂的过程与有丝分裂有些是相同的，都要进行一次复制，接着进行两次细胞分裂，被称为减数分裂 I 期与减数分裂 II期，最后产生4个子细胞，所含染色体为母细胞的一半。

表2-7　有丝分裂与减数分裂比较表

有丝分裂	减数分裂
1. 分裂一次	1. 分裂两次
2. 没有基因交换	2. 有基因交换
3. 产生两个细胞	3. 产生四个细胞
4. 两个细胞和母细胞的基因完全一样	4. 基因数减半，且彼此间有差异
5. 分裂后的细胞可以再继续进行有丝分裂	5. 无法再继续进行分裂

（一）神经传递物质

人体有各式各样的神经传递物质，通过这些化学物质的传递，可使我们感觉到高兴、悲伤、难过等情绪，也能使我们执行说话、举手、跳跃等动作，甚至影响我们的睡眠、记忆、注意力等。神经传递物质和疾病也有密切的关系，如人脑缺乏多巴胺就会产生帕金森病，但若是人脑内的多巴胺过多也会造成精神分裂症，因此所有的神经传递物质必须受到严密的调控，才能使人体达到平衡以及健康的状态。

许多神经传递物质是小分子的有机物，如乙酰胆碱、生物性氨类（肾上腺素、去甲肾上腺素、血清素、多巴胺）、多肽类（脑内啡）、气体（一氧化氮）。神经传递物质对于神经元的刺激是兴奋性还是抑制性，完全取决于受体的种类。

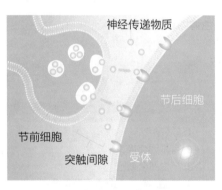

突触内含有常见的细胞器，如线粒体和突触小泡，其内有神经传递物质，如乙酰胆碱、肾上腺素或去甲肾上腺素等。神经元之间的信息传递主要靠化学反应完成。

脑内神经传递物质，主要分为三大类：多巴胺、血清素、肾上腺素，各自影响到情绪、性格、生长与运动表现等。

图2-27　突触和神经传递物质

（二）细胞的信息传递路径

细胞膜上有许多不同的受体，负责接收各种不同的信号，但有一类是负责将受体接收的信息转成内部的调节信息，使细胞核内知道外界的信息，这个过程叫信息传递路径。负责细胞生长控制的传递信息若出了问题，就有可能形成癌细胞。

Grb2（growth factor receptor-binding protein-2）蛋白质，是信息传递路径的起始点。首先细胞外的生长因子（GFs）与膜外的酪氨酸蛋白激酶（PTKs）结合，活化了酪氨酸酶（tyrosine kinases）而产生了自体磷酸化，因为在 PTKs

上的酪氨酸自体磷酸化部位与 Grb2蛋白的SH2结构域的高亲和力，接着产生了一个信号传递使正常 Ras 的调控因子 Grb2/Sem-5 的 SH2 domain 与 pTyr 结合。

Ras蛋白是一种小分子 G 蛋白质，由 *RAS* 基因（一种致癌基因）所产生，位于细胞膜内层，它的作用是将信息由细胞膜传到细胞核内。

（三）G 蛋白质

G 蛋白质（G protein）在神经信息传导的过程中，扮演着很重要的角色。

它和 Gs蛋白相关的受体所激发的信息传递，会使腺苷酸环化酶被活化，它被活化后，会使 ATP 被转变成环磷酸腺苷（cAMP）；当 cAMP 浓度上升时，会引起酶（protein kinase A, PKA）活化，再进一步磷酸化某些重要的酶。

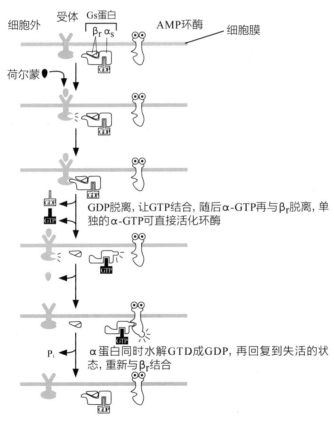

图2-28　G蛋白传送受体信号的过程

（一）呼吸作用机制

生物体吸收氧后把养料分解成 H_2O 与 CO_2 释放出去，同时把氧化作用所释出的能量经由氧化磷酸化的作用，储存在高能量的 ATP 分子上，这就是所谓的呼吸作用。呼吸作用提供的 ATP 是许多酶作用所需能量的来源。

有两种方式来简单测量呼吸作用，一是测量氧气的吸收，二是测量二氧化碳的释放。若同时测定两种气体的交换量，则可以将二氧化碳释放量除以氧气吸收量，这样得到呼吸熵（respiratory quotient, RQ）。

在氧气没有限制的情况下，由呼吸熵的大小，可以大概推测呼吸作用基质。如以脂质为呼吸基质，则 RQ < 1；以淀粉为基质，则RQ=1。RQ > 1 表示种子在进行某种程度的无氧呼吸。

植物种子比较特殊，由于种子含有各种成分，在发芽初期，种子内的氧气又经常不足，因此测定的 RQ 值是综合的表现，不一定能根据 RQ 值正确地推测呼吸作用实际所消耗的基质。

呼吸作用主要的生化途径为糖解作用以及柠檬酸循环；磷酸五碳糖路线（PPP）是另一个消耗葡萄糖的重要生化途径。糖解作用是在细胞质内将一个六碳的葡萄糖转化成两个三碳的丙酮酸。

磷酸五碳糖路线则是将含有磷酸根的葡萄糖（G-6-P）经由脱氢酶（G-6-P）DH 以及6-磷酸葡萄糖脱氢酶6-PG（6-phosphogluconate）DH 的作用，释出一个 CO_2，并形成两个还原型辅酶Ⅱ——NADPH，所剩下的五碳酸

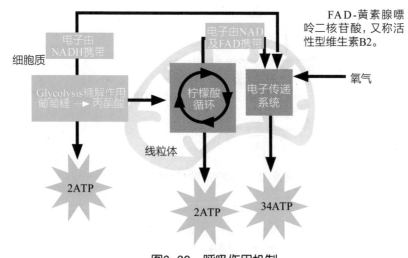

图2-29　呼吸作用机制

则进入各种合成、代谢路径。还原态的 NADPH 可以提供一些大分子，特别是脂肪酸合成所需的能量。五碳酸等中间产物则是核酸或木质素等的基本成分，对于新细胞的形成有所帮助，因此 PPP 对于成长中的分生组织是相当重要的。

（二）发酵作用

若是无氧呼吸（即发酵），则糖解作用会产生乙醇或乳酸，而每分子的葡萄糖只能产生两个 ATP。在有氧状态下，两个丙酮酸进入线粒体，转化成两个乙酰辅酶 A（Acetyl-CoA），然后经由柠檬酸循环完全氧化，化成 CO_2 及 H_2O 各两个。Acetyl-CoA 进入柠檬酸循环后经过一连串的氧化还原作用，先将碳键上的能量储存在还原态的还原型辅酶 Ⅰ（NADH），NADH 的能量经由线粒体内膜上一连串的电子传递链（由细胞色素）组成，转移给 ADP 形成 ATP，自己再氧化成烟酰胺腺嘌呤二核苷酸（NAD）；最后一个细胞色素氧化酶将电子及氢离子转给氧，形成水分子。

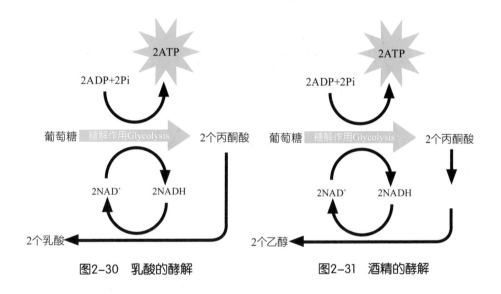

图2-30　乳酸的酵解　　　　　　图2-31　酒精的酵解

（一）叶绿素

光合作用是绿色植物在叶绿体内利用植物色素将光能转变为化学能，再利用此能量将二氧化碳与水，转变为葡萄糖与氧气的能量转换作用。

在高等绿色植物中，与光合作用有关的色素为叶绿素 a、叶绿素 b、类胡萝卜素及叶黄素等，其中叶绿素 a 为主要进行光反应的色素，又称主色素，其余色素则可吸收光能传递给叶绿素 a 进行光反应，因此叶绿素 b、类胡萝卜素及叶黄素等色素又称辅助色素。

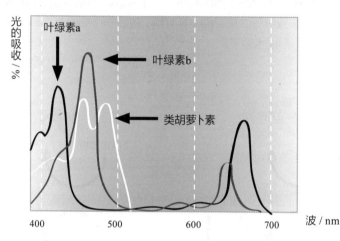

图2-32 叶绿素a、叶绿素b及类胡萝卜素的吸收光谱

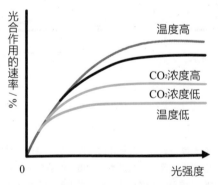

图2-33 环境因素对光合作用的综合影响

（二）光合作用的运行原理

光合作用包含光反应及暗反应，前者必须在有光的情形下，在叶绿体内进行，形成 ATP 及 NADPH（还原型辅酶II）。后者则无须光的存在，在基质中

进行，可借一系列酶所促进的反应，将CO_2转变为糖类。

光反应：当叶绿素吸收光能后，叶绿素分子便呈现激发态，很容易放出电子。当放出电子的同时，也促进水分子分解而产生氧、质子（H^+）及电子（e^-）。叶绿素接受水分子来的电子而恢复原来的基态，以便再吸收光能。由叶绿素放出的电子，经一连串的电子传递，即电子从高能介质向较低能的介质传递。利用电子传递过程所释出的能量，合成 ATP。最后电子便由氧化性辅酶 II（$NADP^+$）接受，形成还原性辅酶II（$NADPH^+$）和H^+。因为辅酶的还原作用是吸热反应，因此反应产物、还原性辅酶也是高能物质。光反应的结果，是将光能转化为可利用的化学能，储存于 ATP 和还原性辅酶II的分子中。光反应从叶绿素吸收光能，到电子传递释放能量，都是在叶绿体的囊状膜中进行。

暗反应：在叶绿体的基质中进行。经由酶的催化，一分子二氧化碳会与一分子五碳糖作用，而产生两分子甘油酸。光反应所产生的还原性辅酶II（NADPH）和 ATP，可协助甘油酸转化为三碳糖。大部分三碳糖再转化为五碳糖，以便再用于固定二氧化碳。少部分三碳糖则相结合而成为葡萄糖，此为光合作用的最终产物。

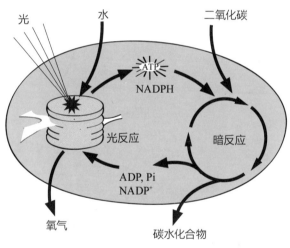

图2-34　光合作用

（三）细菌的光合作用

能够进行光合作用的细菌称为蓝藻，这种细菌体内有某种蛋白质可以吸收光，而光是一种电磁波，也是一种能量。所以当一个分子吸收光能之后，便成为光子，它可以激发电子，让电子从一个基态跳到激发态。当此电子由激发态回到基态时，能量就会释放出来。这是一个最基本的光合作用的机制。

细菌体内是利用硫化氢作为电子的接受者，所以光合作用刚出现时，地球上并没有氧，这个过程中没有氧的存在。

第三章

动物

　　动物的种类繁多，形态各异。从原始
的简单动物到高级的复杂动物，其构造与
功能趋于复杂。多细胞动物体内，由分化
的细胞组成组织乃至于器官，以完成循环、
神经控制、生殖、运动等功能。

动物的结构

（一）体腔

动物进化由简单趋向复杂，最简单的动物如海绵、水母，复杂的如人。

细胞只有结合在一起才能成为多细胞生物，而早期的多细胞生物大多为圆形；聚集在一起的细胞开始分化后才能产生不同的功能，使细胞间能协调运作。

在进化的过程中，适合环境的性状会被保存下来，不合适的则被淘汰。如多细胞生物从辐射对称的体型进化成扁平双层的体型后，开始有了内外的区隔，在外部的细胞作用为保护与感觉，防止外力的伤害，称外胚层；内层细胞作用为吞噬、消化和运动，称内胚层，这些都是早期多细胞生物的特征之一。

早期动物只有一个开口，此开口扮演着双重角色，一方面吞噬，一方面排泄，即口与肛门是同一处。之后，多细胞生物开始进化出猎食、神经及运动等功能，早期动物的体型也渐渐开始具备现今动物各种特征的雏形。

多细胞生物从双层细胞进化至三层细胞，是一个非常重要的步骤，外胚层与内胚层中间开始出现中胚层细胞，中胚层的出现使生物体型产生巨大变化。双层的多细胞生物因其消化道与外界相通，因此不具有体腔。而中胚层出现后，开始形成体腔，有此体腔后，多细胞生物的体躯具备较大的空间来发展，增加了变化的可能性。

（二）脊索

脊索动物以脊椎动物为主，常见的脊椎动物有五大类，分别为鱼类、两栖类、爬行类、鸟类及哺乳类。其由化石出现的时间依次排列，表明脊椎动物主要由水栖的鱼类演变到水陆两栖的两栖类，再演变到真正爬上了陆地的爬行类，再到飞上天的鸟类及会照顾胎儿的哺乳类。

鱼类： 有鳍，用鳃呼吸，生活在水中。根据骨骼特征大体分为软骨鱼及硬骨鱼两大类。

两栖类： 一般两栖类的幼体（如蝌蚪）生活在水中，用鳃呼吸；成体则生活于陆地，用肺呼吸。成体虽生活于陆地，但它们的皮肤薄而湿润，无法有效防止体内水分的散失，所以两栖类多生活在潮湿的地方。

爬行类： 所有的爬行类体表都有鳞片或骨板，这些覆盖在体表的构造，可以防止体内水分的散失，因此，爬行类能生活于干燥的陆地环境。

鸟类： 鸟类的前肢变形为翼，用以飞翔；身体表面覆有羽毛，有保温及协助飞翔的功能。鸟类在适应飞翔方面，尚有其他的特征，如骨骼中空、坚实而质轻，故能减轻体重。鸟类的肺延伸出许多气囊，这些气囊分布于颈部、胸部和腹部，甚至于骨中。气囊除协助呼吸外，也能减轻比重，有利于飞行。

哺乳类： 哺乳类的体表有毛，具有保温的作用。母体会分泌乳汁以喂哺幼儿。根据生殖的情形，哺乳动物可分为卵生动物、有袋动物和胎生动物三类。

表3-1 脊椎动物成体结构与胚层的关系

胚胎的胚层	脊椎动物成体结构
外胚层	皮肤的表皮, 口腔和直肠的表皮, 神经系统
中胚层	骨骼, 肌肉组织, 皮肤的真皮, 循环系统, 排泄系统, 生殖系统, 包括大多数的上皮轮廓, 呼吸和消化系统的外层
内胚层	消化道和呼吸道的上皮轮廓, 与这些系统有关的淋巴结, 膀胱的表皮轮廓

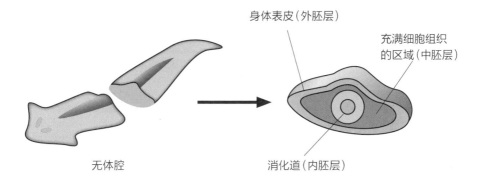

有些动物是无体腔的, 身体表皮与里面的器官之间没有空隙或腔室; 相反地, 在表皮与消化道之间, 是实心的中胚层细胞网络。

图3-1　无体腔动物

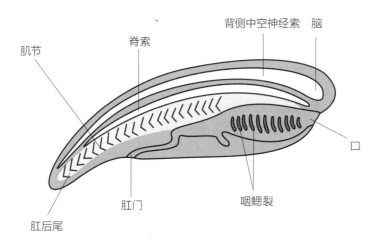

脊索动物在消化管的背侧有一脊索; 有管状的中央神经索, 纵走于脊索的背侧; 咽头壁有若干对鳃裂, 通于外界。

图3-2　脊索动物

 动物的分类

（一）动物的特征

动物最早源自前寒武纪的海洋中，以多细胞生物的形态直接摄取其他生物为生。动物最早群居于海洋，后迁至淡水，最后才登上陆地。动物均具有以下的特征：1. 动物是异营性的多细胞真核生物；2. 动物以肝糖源的形式储存碳水化合物；3. 动物细胞缺乏细胞壁，但细胞间有紧密连接、锚定连接及间隙连接；4. 特有的神经及肌肉组织；5. 生命历程中，大部分通过有性生殖。

表3-2　动物重要的分类特征

对称的形式	对称、辐射对称、两侧对称
头化现象	对称与动物向前移动有关，动物的向前移动造成其感觉构造和神经系统聚焦在身体的前端
消化道	完全、不完全
体腔	无体腔动物、假体腔、真体腔
身体分节	分节、不分节

（二）动物的进化

动物是单一进化系统，进化期间有四个重要分支点，原生动物的祖先可能是鞭毛虫等单细胞动物。

进化期间的四个重要分支点：

1. 侧生动物和真后生动物：多孔动物门，旧称为海绵动物门，无真正的组织分化，自成一支。

2. 辐射对称动物和两侧对称动物：根据个体的对称性分为两支。辐射对称的动物个体没有头、尾或左、右之分，只有顶端、底部或是口端、反口端之分，如刺胞动物门，又称腔肠动物门。辐射动物因只有外胚层及内胚层，也称为双胚层动物。其他均属两侧对称动物，两侧对称动物有背面、腹面、前端、后端及左、右之分，也开始具有头化现象。两侧对称动物除了内、外胚层外，还有中胚层，故又称为三胚层动物。

3. 无体腔动物和真体腔动物。三胚层动物的体壁和消化道之间，没有空腔或没有血管循环系统，被称为无体腔动物，如扁形动物。真体腔动物在其体腔发育过程中，体腔内壁若完全由中胚层覆盖，称为假体腔，如轮虫（轮形动物门），线虫（线虫动物门）等，称为假体腔动物，其体腔位于中胚层与内胚层之间。真体腔动物在充满体液的体腔中，完全由中胚层发育来的内皮作为衬囊，利用系膜得以支撑或悬挂内部器官。

4. 原口动物和后口动物。软体动物门、环节动物门和节肢动物门等代表原口动物，而棘皮动物门和脊索动物门则代表后口动物。

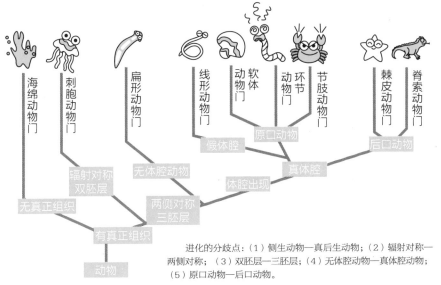

海绵动物门　刺胞动物门　扁形动物门　线形动物门　软体动物门　环节动物门　节肢动物门　棘皮动物门　脊索动物门

假体腔　原口动物　后口动物

辐射对称双胚层　无体腔动物　真体腔

无真正组织　两侧对称三胚层　体腔出现

有真正组织

动物

进化的分歧点：（1）侧生动物—真后生动物；（2）辐射对称—两侧对称；（3）双胚层—三胚层；（4）无体腔动物—真体腔动物；（5）原口动物—后口动物。

图3-3　动物的进化树

（三）分类方法

形态分类法：以形态学作为分类的基础，从宏观的角度判断物种间的类缘关系。

寄生虫分类法：用寄生虫与寄主间的关系，来判断属种间的亲疏关系。

数值分类法：以物种的计数形质、计量形质，也可加入基因序列分子形质等，经由统计方法，得到各种进化树，以分析物种间的亲缘关系。

分子生物分类法：将生物化学、遗传学、免疫学等引入分类学，即对某些物种在分子或接近分子的水平上进行分类。

免疫分类法：用免疫学的方法，即抗原与抗体的特异性血清反应，来分析免疫交叉物的结构和特性，借以比较物种间的亲疏关系。

表3-3　分子生物技术应用于动物系统分类

免疫学	若血缘关系近者，蛋白质抗体反应会较强，用免疫方法来研究动物的系统分类
巨分子	由单向到双向将不同电性及大小的蛋白质分子分离，经由组织染色或荧光法予以显现。由于电泳图常有种之特异性，且随亲缘关系远近成正比
蛋白质或核酸序列	比较不同种的同源DNA或RNA上碱基数的差异来表示突变的数目或遗传的距离
DNA杂合	把DNA纯化后，打断成500 bp的长度，放入100 ℃的环境中把两股分开。将其中一种生物的DNA（单股）标上同位素（探针），与另一种生物的单股混合，然后逐渐冷却愈合（混股），看愈合的比例来推算遗传距离
线粒体DNA（mtDNA）	高等动物的mtDNA为双股封闭的环状分子，约有16,000个碱基对，包含13个蛋白质基因，22个tRNA，两个rRNA基因和一个含D环区（D-loop）的控制区。mtDNA具有分子小，简单，进化快速，种间差异大，种群内稳定性高，母系遗传及遗传性状数目多等特点
聚合酶链式反应	可利用预先设计保存的引物，3~4小时在试管内可大量复制出上百万倍动物特定mtDNA片断

（一）神经系统的进化

动物与植物不一样的地方就在于动物具有神经系统，而植物没有。动物从多细胞生物开始就有神经系统，用以协调或传达细胞间的交互作用。

较原始的无脊椎动物，其身体呈辐射对称，神经元遍布整个身体，形成神经网，称为网状神经或是散漫神经。其神经并没有集中在一起形成神经节或是大脑等中枢神经系统以掌控整个神经网络。

大部分的两侧对称生物出现头部化（感觉器官聚集在头端）及中央化（出现中枢神经系统）两种特征。

相对地，较高等的脊椎动物，是利用神经细胞由突触释放出的神经传递物质，将神经冲动往下一个神经元传递，其传递是利用各种各样不同的化学物质。

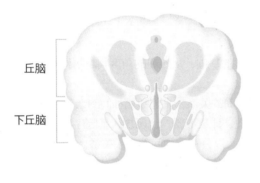

丘脑接收感官信息并将其传达至脑皮质。脑皮质也会将信息传到丘脑，随后由其将信息传到脑部的其他区域以及脊椎。下丘脑位于脑的底部，是由几个不同的区域组成。其大小犹如一粒豆子（大约是脑部重量的1/300），却负责了一些十分重要的行为功能。其重要的功能之一便是控制体温。下丘脑像温度计一样感应人体体温，然后送出需要调整体温的信息。例如，假如下丘脑侦测出你的体温太高，便会发出信息让你的皮肤扩张毛孔，这样能使血液更快地冷却下来。下丘脑也同时控制垂体。

图3-4　丘脑

（二）神经系统的构造与衔接

神经细胞具有非常长的神经纤维，称之为轴突，而在细胞本体周边像树状的突起短纤维，则称之树突。但有些神经细胞的树突也可以形成很长的神经纤维。神经元的构造主要就是由细胞本体、轴突以及树突三者构成的。

细胞本体负责将由树突接收的所有信息整合，借由另一端的轴突将信息再传送到下一个细胞。神经冲动的传导是具有方向性的，是身体里面的有线传递系统，其传递神经冲动的方式不像内分泌系统将化学物质释放出去，再通过血液运送到目的器官而产生作用；是靠着轴突末端的突触直接在它要作用的下一个细胞前面，由突触释放出化学物质，借以命令下一个目的细胞要加强还是抑制兴奋感。

（三）神经信息的传递

神经信息的传递是在接收化学信号后再转换为电位能，轴突细胞膜内带比较多的负电，以微电极测量细胞膜内外差大约为-70 mV，也就是膜内比膜外带更多的负电。

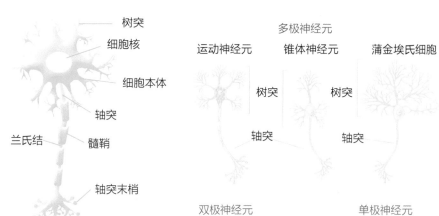

图3-5　神经元

神经元就是神经细胞，具有传导神经信号的功能。脊椎动物的神经元可分为感觉、运动、联络三大类，除细胞本体外，神经元还有特殊的树突与轴突两种结构，树突接受神经信息并经由轴突将神经信息传导至下一个神经元。轴突外面有髓鞘包裹，具有绝缘作用，其在传递时基本上不会受到旁边的影响，所以通常属于神经细胞非常集中的地区，因此在脑内其神经的轴突通常都有髓鞘包围起来，信号传递到下一个细胞的速度非常快。

神经外面的髓鞘是由许多旺氏细胞将其包裹形成的绝缘区，它离子的跳动、流动，神经冲动从此处跳到另一处，而兰氏结则在没有髓鞘包裹之处。

图3-6　神经元分类

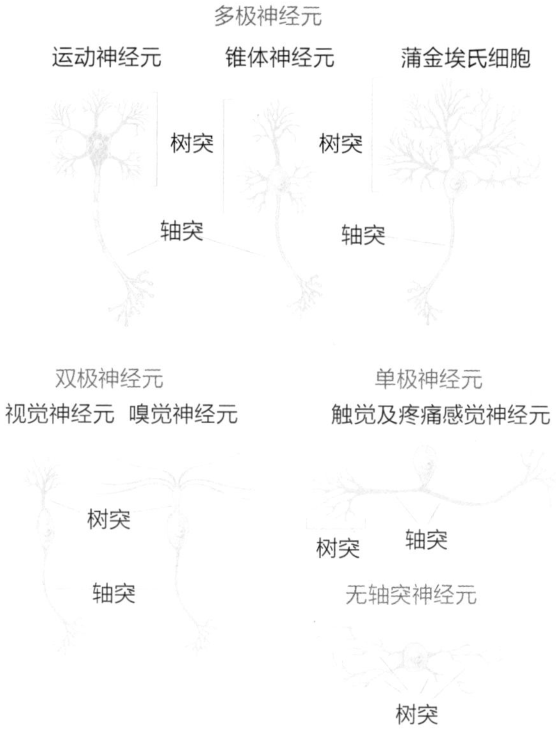

最大的神经元可高达100 μm，分类的方法是依据源自神经元细胞本体的突起数目。双极神经元的细胞本体展延出两个突起；多极神经元有许多源于细胞本体的突起，其中只有一个是轴突。

当神经细胞静止没受到刺激时，钠离子与钾离子通道均呈现关闭状态，使静止膜电位维持在-70 mV。一旦神经细胞受到刺激时，一些钠离子通道打开，钠离子随即流入细胞内，当膜外电位接近-20 mV 时，就到达发射点，一到阈值马上产生动作电位。动作电位当到达 +30mV 后，一定要马上降回来才可以完成一个循环，钠离子通道会关闭且无法活化，同时钾离子通道开启，使钾离子大量从细胞内往外冲，造成复极化作用。

神经细胞的轴突末端称为突触，而神经元与神经元接触之处称为突触间隙，神经元之间的信息传递主要靠化学反应完成。

当一神经冲动由该神经传导至轴突末梢时，引发轴突末梢内的突触小囊泡释放神经传递物质，引发下一个神经元的树突接收此化学信息，并开启其神经冲动。

小博士解说

一般常见的神经传递物质包括乙酰胆碱、去甲肾上腺素等，神经细胞之间便是通过这些神经传递物质来传达不同信息的。

动物的循环系统

（一）心脏循环系统的进化

早期的动物大多为开放性的循环系统，如鱼类。鱼类的心脏为一心房一心室，当心室开始收缩时，血液流到鳃进行气体交换，再将氧气送至各处细胞，缺点是心室的收缩力量不足，血液流动的速度缓慢，造成氧气运送效率不佳，这也是鱼类是冷血动物的原因之一。

在两栖类中，心脏慢慢开始进化为一心室两心房，心室将血液打至肺部进行气体交换，得到氧气的血液再流回心房从心室再度送出，只是心室并无分割，使得缺氧血与含氧血混合在一起，以致氧气的运用效率仍然不佳。到哺乳类时，心脏分为两心房两心室，缺氧血与含氧血可以完全分离，大大加强氧气的利用效率。心脏可视为两个小泵所组成，左右两边扮演不同的角色。静脉血经过右心房及右心室后被打出，至肺部进行气体交换，含有氧气的血液送回左心房及左心室后，再运送至全身。

（二）心跳

心脏外表有一条环绕心脏的冠状沟，形成心房与心室外观上的界沟，其后方膨大为冠状窦，负责收集心脏本身的静脉血液后汇入右心房。

心跳的律动是由右心房的窦房结来负责节律，传导通过房室结、希氏束将电刺激经由心房传到心室，最后引发心脏肌肉一致性的收缩，以维持正常的血压，供给身体所需的血液。

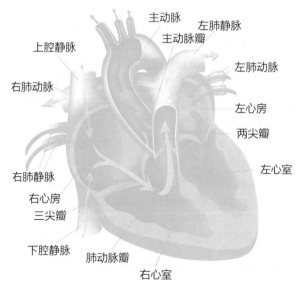

心脏的收缩是由右心房上窦房结（SA node）产生大约60次每分钟的微小电脉冲讯所控制。右心房接受上下腔静脉的含氧量低的静脉血。心脏收缩泵出右心室中的血液后舒张，会造成右心室（左心房和左心室一样）负压，使得右心房的血液通过三尖瓣流入右心室。然后这些血液在心脏收缩的时候被射到肺动脉，进入肺循环。肺动脉瓣会防止血液倒流。在肺内进行过气体交换后，含氧量高的血液会顺着肺静脉流到左心房。然后经过二尖瓣流入左心室。左心室内的血液会在心脏收缩时被射到主动脉，进入体循环。

图3-7 心脏

主动脉
左肺静脉
主动脉瓣
上腔静脉
左肺动脉
右肺动脉
左心房
两尖瓣
左心室
右肺静脉
右心房
三尖瓣
下腔静脉
肺动脉瓣
右心室

不可思议的生物学：必须知道的106个生物常识

（三）血液的组成

血液是心脏和血管系统中循环流动的液体，由血浆和血细胞组成，血浆约占全血的55％。其中水占91％~92％，蛋白质及其他物质占7％~9％，包括血浆蛋白（白蛋白、球蛋白、纤维蛋白原）、糖、脂肪、胆固醇、含氮代谢产物（如非蛋白氮、尿酸、肌酐）、各种无机盐离子（如钾、钠、钙等）、激素、酶，以及抗体、抗毒素、溶菌素等。

血浆白蛋白具有结合其他物质的能力，如可以结合正常的代谢产物，像是长链脂肪酸、类固醇、胆红素和很多外来的非生物物质，如药物和染料等，还能结合数种激素，因此它是重要的运输蛋白质。红细胞是血液中数量最多的一种血细胞，同时也是脊椎动物体内通过血液运送氧气的最主要的媒介。

白细胞是保护身体免于感染各种有害病毒的数种血细胞的统称。在血液循环和组织中数以百万计，能吞噬异物和产生抗体，以帮助机体防御有害病菌入侵。成熟型白细胞可分 5 种：中性粒细胞、嗜碱粒细胞、嗜酸粒细胞、单核细胞与淋巴细胞。血小板则是一种无核的细胞碎片，功能包括形状改变、黏附、聚集等，是骨髓中成熟巨核细胞胞质裂解脱落下来的碎片。

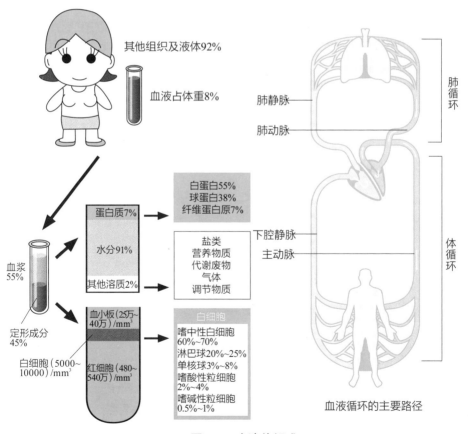

图3-8　血液的组成

（一）动物的生殖方式

动物的生殖方式包含无性生殖与有性生殖，无性生殖包括出芽生殖、分裂生殖，以及由未受精卵发育为成体的孤雌生殖等。

许多无脊椎动物以无性生殖的方式增加个体数。生命史上原始的生命生殖方式属于无性生殖，有性生殖是后期才产生的生殖方式。

无性生殖的优点在于只要单个生物个体即能完成生殖，可以在短时间内高效率地产生大量后代，迅速又准确，并且在合适的栖息环境中快速形成群集。因此无性生殖的成本是相对较低的，无须消耗高能量。然而，无性生殖的缺点则在于产生的遗传变异少，因此进化速率较慢。

有性生殖的生殖方式，需要产生雌、雄性个体，生殖时需要分别来自雌性、雄性亲代的单倍体配子，即卵子和精子，结合为两倍体合子，也就是受精卵，之后再开始其胚胎发育。有性生殖除了需要来自雌、雄性的配子之外，为了让配子完成受精，还需要有交配等生殖行为的配合，分为体外受精和体内受精两种形式。

哺乳动物的体外受精是精子和卵子在体外人工控制的环境中完成受精过程；体内受精则是雄体把精子释放在雌体的生殖道或者是其附近，精子再经由游泳的方式与卵子结合。

体内受精尤其需要雌雄相互协调，交配才能成功。构造上不可或缺的是精确的生殖系统——雄性交配器官与雌性储存容器和输送管道。

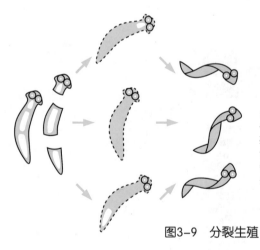

属于扁形动物的涡虫，可以经由身体断裂的裂片再生，成为不同个体（但遗传组成相同）。断裂生殖的动物再生能力非常强，将个体切成各类碎片，在特定的条件下，每一个断裂片都可以再生出所有失去的部分。

图3-9　分裂生殖

（二）动物的性别

决定动物性别的染色体可分为四大类型。其中，人类等哺乳动物的性别决定染色体基础属于 XY 型，即性染色体分为 X 与 Y 两种，XX 配对为雌性，而

XY 配对为雄性。

　　人类的胚胎在受精卵产生的初始时期是无性别的，具有 Y 染色体的受精卵其未分化的性腺受 TDF（睾丸决定因子）影响，因此发育为雄性性腺，不受 TDF 影响的 XX 配对受精卵则发育为雌性。

　　Y 染色体上有性别决定区（SRY），SRY 基因可以制造 TDF，TDF 会命令胚胎产生睾丸等雄性生殖器。因为初始时期是无性别的，而无性就是雌性，所以雄性的性征、系统都是在诱导阶段才发育出来的，否则就发育成为雌性。

　　有些动物如鳄鱼、乌龟等爬虫类，成体的性别决定于胚胎时期的孵化温度。这类动物的性腺发育为何种性型，由发育期的环境温度所控制，因此同一窝孵化的鳄鱼性别会是相同的。

　　对于这些靠温度决定性别的动物而言，它们体内同时有制造雄性与雌性的性腺基因，只是在发育初期，高温时孵化的是雌性，低温时孵化的是雄性，如果温室效应持续下去，届时很多爬虫类恐怕会只剩下单一性别，而无法繁衍下一代。

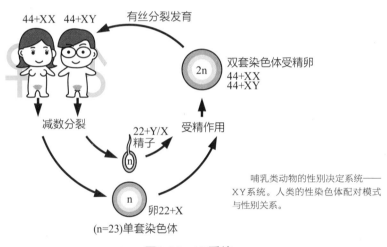

哺乳类动物的性别决定系统——XY 系统。人类的性染色体配对模式与性别关系。

图3-10　XY系统

图3-11　XY系统外之其他3种性别决定系统

动物的发育

（一）分化

多细胞动物是由一个受精卵发育而来，受精卵生长分裂使细胞数目不断增加，并开始进行细胞分化，使不同的细胞具备不同的结构与功能。

细胞分化所依循的规则是什么？如何决定分化成何种细胞？我们有两派学说来解释细胞分化的机制，一是抛弃说，在每一个细胞分化时，可以选择性地丢掉不需要的遗传密码信息。二是开关说，细胞分化时开启需要基因，其他不需要的基因关闭。如分化成肝细胞的细胞，负责肝细胞的遗传信息会被开启，主掌分化成其他细胞的遗传信息则关闭。

由于受精卵会分化成不同结构的细胞，可以推想当初存在于受精卵内的蛋白质等化学物质分布并不均匀，当受精卵分裂时，所形成的两个细胞内所具有的物质也不尽相同，受精卵第一次的细胞分裂便决定了细胞之后的分化情形与命运。

（二）胚胎

胚胎发育的第一阶段中，卵裂的特性为细胞周期短，而且继续不断地分裂，虽然细胞数目越分越多，但细胞体积却越分越小，这些卵裂后的细胞称分裂球。

经过五六次的卵裂后，形成外形如桑葚的实心细胞团，称为桑椹胚。人约受精后 24~36 小时完成第一次卵裂，40~60 小时完成第二次卵裂，3 天后分裂成约 6~12 个细胞，4 天后为 32 个细胞，此为桑葚胚。

桑葚胚再继续分裂的结果是中心形成空隙，再扩大为腔，称为囊胚腔，腔内被分裂球分泌的液体充满，此时的胚称为囊胚。囊胚形成时，其细胞也逐渐形成两部分，胚细胞或内细胞团，这些细胞起初数目较少，位于囊胚内的动物极一端，即胚极，以后靠近囊胚腔形成胚盘，为胚体发生的主要来源细胞。人类（灵长类）的内细胞团的部分细胞还腔化形成羊膜腔。

受精后的合子，一面卵裂而形成桑葚胚、囊胚，一面受生殖道肌肉的收缩及纤毛摆动的影响，渐移向子宫，然后与子宫壁接触，进行着床。

（三）变态

动物学里的变态，是指一种动物在某种环境下，改变形态的状况。如昆虫类的蝴蝶，其幼虫（毛毛虫）无翅、无生殖器，口器是咀嚼式，可吃植物的叶子，成虫蝴蝶则有翅、有生殖器，口器是刺虹吸式，可吸食花蜜。因此幼虫和成虫生活在两个截然不同的世界里。

完全变态时，幼虫的一些组织死亡，成虫的组织如翅、生殖系统则发育。昆虫在幼虫时，体内有一种阻止成虫器官发育的因子。有此因子，当昆虫蜕皮时，幼虫变幼虫；如无此因子，则幼虫变态为成虫。

这种因子是昆虫咽喉侧腺分泌的青春激素，也就是昆虫变态时受两种化学因子调控：青春激素与脱皮素。当两种因子都存在时，昆虫的幼虫会变成体形更大的幼虫，但当只有一种因子脱皮素存在时，昆虫的幼虫会变态为成虫。

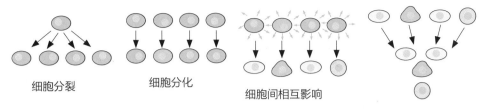

细胞分裂　　　细胞分化　　　细胞间相互影响

细胞与细胞之排列组合

　　在形成多细胞动物时，细胞会经过细胞分裂、细胞分化、细胞间相互影响以及细胞与细胞之排列组合等四个步骤。在发育的过程中，细胞主要依赖此细胞周围的环境来决定分化成何种形态的细胞。

图3-12　多细胞动物的发育

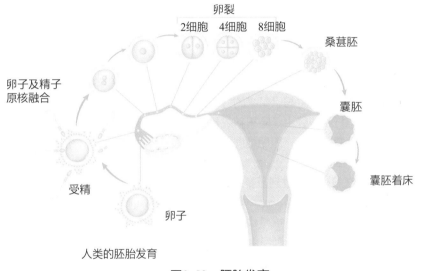

卵裂
2细胞　4细胞　8细胞

桑葚胚

卵子及精子
原核融合

囊胚

受精

囊胚着床

卵子

人类的胚胎发育

图3-13　胚胎发育

　　变态（生物），指的是昆虫在不同的发育时期，产生的形态、习性的变化，其具体分为四个时期：卵期、幼虫期、蛹期和成虫期。在个体发育中拥有四个时期的昆虫，称为完全变态昆虫；没有完全拥有四个时期的昆虫称为不完全变态昆虫。当蝴蝶变态时，其幼虫的某些细胞会死亡，体液则会被吸收变成成虫的新组织，成虫的器官就是由幼虫体内的成虫盘发育而成。

图3-14　变态

 动物的行为

（一）动物行为学

地球上的生命以多样的形式存在与繁衍，其中最大的类群为动物，行为是动物特有的表征。数世纪前，自然学家与哲学家就已针对动物行为中的"为何""如何""何时""何处"等议题进行过观察及思索解答。

"动物行为"泛指动物在生命史中表现出的所有活动，包括一切运动、摄食、繁殖、迁徙以及衍生出的社会行为等。

动物行为是动物对环境刺激的反应表现，在动物系群发生史中由进化塑造。传统的动物行为研究包含这些动物的表现及反应等易于观察描述的动作，但是近年来，动物行为研究者已逐渐深入探讨动物在研究者看不见的状况下的思考行为，包括比较心理学等概念与方法，皆被运用于动物行为研究上。

（二）先天行为

动物行为可略分为两大类：固定行为与学习行为。固定行为即本能行为，可经由遗传使后代产生与生俱来的行为，如反射、求偶行为、趋性与迁徙等。学习行为则指行为能经由经验累积或是学习而有所改变，且这类行为表现在不同的个体上具有差异性，即使是同一个体，在不同时期表现出来的某种特定行为反应也不尽相同。

当动物在第一次接收到重要刺激时，不必经由学习而可自然产生的行为反应，是该动物的本能行为，此类行为常是该物种的共同特征，经由进化塑成。例如，昆虫的趋旋光性，或是雄性园丁鸟装饰巢穴吸引雌性的行为等皆属于此范畴。动物的本能行为可以经由遗传传递至后代，使后代也具有相同行为。

本能即先天行为，常以固定动作模式表现。信号标志激发了先天的、本质上不会改变的固定动作模式，保障了行为表现的准确并不需演练。许多亲代和子代之间的交互作用即属于本能行为。

（三）印记

印记是经由本能与学习交互作用后所产生的行为，是一种较特殊的行为模式，它经由一次或多次的经验刺激，产生对特定主体的依附行为，印记建立对于动物个体生命史的行为表现具有长远影响。

印记与其他学习行为不同之处在于印记行为的产生具有关键期，而且是不可逆的；某动物个体在特定发育时期中，可以学习到某种特定行为，此关键期通常在出生或孵化后的短暂时间内。

自然界中的鸟类也普遍表现出印记行为，通常幼雏在孵化后数小时内，将眼前行动缓慢并发出鸣叫声的物体视为母亲，建立印记，因此视觉与听觉的暗示线索对建立印记行为是不可或缺的。

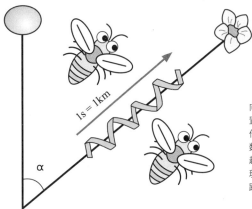

蜜蜂的摇摆舞，其直线摇摆方向与地心引力的夹角等于花朵所在位置与太阳的夹角，如此便可以让其他蜜蜂知道花朵定位，而摇摆的次数越多，时间越长，发出的嗡嗡声响越大，则代表蜜源越远，经由计算发现，蜜蜂直线摇摆近1秒代表1千米的距离。

图3-15 蜜蜂的摇摆舞

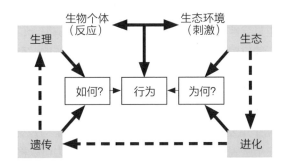

　　由生态学及进化机制的观点探测及观察动物不同行为，可以对动物为什么会有这些行为提供解答；而由遗传因素及动物生理的基础研究动物的不同行为，则可对动物为何能产生不同的行为理出头绪。

图3-16 动物行为研究

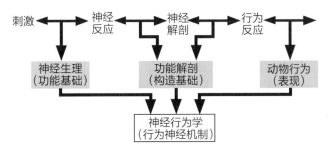

　　神经行为学者在实验室以各种不同的方法，模拟研究动物在自然界接受的、具有生物意义的外来刺激，进而分别从神经生理、功能解剖及动物行为三方面着手研究该种动物反应行为的神经生理机制。

图3-17 动物行为的神经生理机制研究

（一）小脑

小脑对于精确地执行计划中的、意志性的，且需涵盖多个协同关节的运动十分重要。对于初级运动皮质，小脑会提供一张运动的蓝图，根据此蓝图，所有参与运动的肌肉与其控制的关节才能在对的时机，以适当的收缩力道达到适当的运动。

小脑收到最高中枢的运动指令后，依据过去的经验对此运动指令可能产生的运动结果做出预测；同时此运动指令交付给低层运动中心执行，如执行后的结果与小脑的预测不符时，则小脑将对此误差进行修正。因此在小脑中"想要做的动作"与"真正被做出的动作"一直在作比较，而两者间的误差则通过小脑内部的神经回路修正。

（二）骨骼系统

骨骼系统由硬骨及相关的结缔组织所构成，这些组织包括软骨、肌腱及韧带。软骨比硬骨更具弹性，在胚胎及婴儿身上的软骨比例很大，软骨所在的位置是未来硬骨生长的位置，整个软骨架构也就是骨骼系统的模型。成年软骨提供了固定又有弹性的支持。

肌腱和韧带是强力的弹性纤维组织，肌腱衔接肌肉与硬骨，而韧带则能稳定硬骨和硬骨的接合。

骨骼执行了两个重要的机械功能：一是提供坚固的架构并支撑及保护其他身体组织；二是一个坚固的杠杆系统，经由附着肌肉的力可以移动。骨骼易受到几个类型的机械负荷，包括压力、张力、剪力、弯曲力及扭力，在骨骼内的力量分布称为机械应力，应力的性质和量决定伤害生物体组织的可能性。

骨骼的机械特征以它的材料构造及组织上的结构为基础，矿物质提供了骨骼的硬度及承压强度，胶原提供了弹性及张力强度，皮质骨比海绵骨要硬要强，海绵骨则有较大的冲击能力。

（三）骨骼肌

运动系统的肌肉属于横纹肌，由于绝大部分附着于骨，又称为骨骼肌。每块肌肉都是具有一定的形态、结构和功能的器官，有丰富的血管、淋巴分布，在神经支配下收缩或舒张，可进行随意运动。

肌肉具有一定的弹性，被拉长后，当拉力解除时可自动恢复到原来的状态。肌肉的弹性可以减缓外力对生物体的冲击。另外，肌肉内还有可以感受本身体位和状态的感受器，可将冲动传向中枢，反射性地保持肌肉的紧张度，以维持体姿和保障运动时的协调。

一块典型的肌肉，可分为中间部的肌腹和两端的肌腱。肌腹是肌肉的主体部分，是由横纹肌纤维组成的肌束聚集所构成，色红，柔软有收缩能力。肌腱呈索条或扁带状，由平行的胶原纤维束构成，色白，有光泽，但无收缩能力。肌腱附着于骨处，与骨膜牢固地编织在一起。

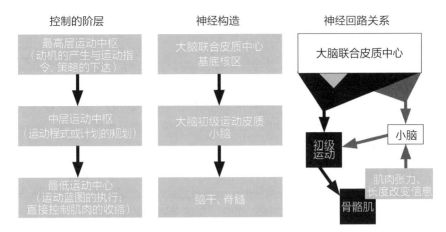

| 控制的阶层 | 神经构造 | 神经回路关系 |

脊椎动物运动的完成，在神经系统的控制上，可分3个层次。小脑除接受最高层次的运动指令外，也接受运动过程中，参与的肌肉与关节回传的运动进行状况（感觉）信息。

图3-18　运动的神经控制

表3-4　肌肉的种类及其特征的比较

项目	骨骼肌	心肌	平滑肌
位置	主要附着于骨骼	心脏	中空内脏的壁上（例如: 胃肠、膀胱、子宫、血管等）
神经控制	随意	不随意	不随意
支配神经	体运动神经	自主神经	自主神经
横纹	有	有	无
显微构造	多核、未分支的肌纤维	单核、具有间盘的分叉肌纤维	单核、梭形的肌纤维
肌节	有	有	无
横小管	有	有	无
钙的来源	肌浆网	肌浆网及细胞外液	肌浆网及细胞外液
线粒体	次多	最多	最少
肌纤维长度	100 μm~30 cm	50~100 μm	30~200 μm

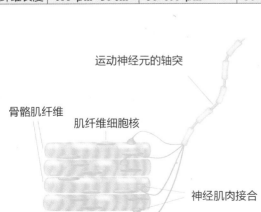

运动神经元的轴突

骨骼肌纤维

肌纤维细胞核

神经肌肉接合

每个运动单位由一个运动神经元及其所支配的肌纤维所构成。

图3-19　运动单元

五官的感觉系统当中，味觉与嗅觉属于化学感觉系统，也就是说负责味觉与嗅觉的接收器，是针对特殊的味道分子与气味分子产生反应，味觉与嗅觉之间也息息相关，品尝食物时，有 80% 的味道是由嗅觉提供的（分别从鼻孔与口腔后方进入鼻腔），剩下的 20% 才是味觉。因此，在感冒鼻塞时饮食无味，是嗅觉与味觉共通的结果。

（一）嗅觉

嗅觉的产生是借由分布在嗅觉细胞上的嗅觉受体，将接收到的外界刺激传递到脑部，大脑再将这些信息组合、处理，以感受到特定的气味。

就解剖学上而言，嗅觉黏膜位于鼻腔顶部两侧，这些神经上皮是一种柱状伪复层上皮，主要包含三种细胞：嗅觉感受细胞、支持细胞、分布在基底膜上的基底细胞，大约有一亿个嗅觉感受细胞分布在支持细胞之间。

这些特化的嗅觉细胞是一种双极的神经细胞，其中，含有嗅觉受器的一端上具有类似纤毛的构造以便于气味分子和嗅觉受器的结合，另一端则为传到大脑的嗅球。

嗅觉受体位于鼻腔上端的内皮层薄膜，能感受外来的气味。每一个嗅觉受体只能感受到几个气味，而1000个嗅觉受体可以侦测到几千种的气味。嗅觉受体属于 G 蛋白连接受体，它会打开离子管道传递嗅觉信息，最后则会传到几个脑神经部位。接着脑皮层会把每一种传送到的气味整理归档，将气味的记忆留存在脑海里。

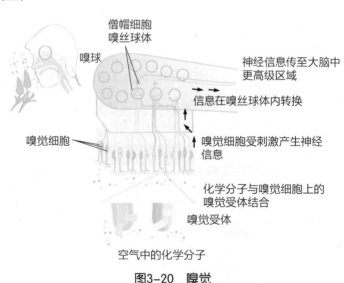

图3-20　嗅觉

（二）味觉

人体的舌头含有一万多个味蕾，每一个味蕾又含有受体细胞。这些受体是大型的蛋白质，它们会对食物和饮料的几个基本化学成分引起感应。当这些成分和受体结合时，就会发出味觉信号。味觉信号会和嗅觉，以及其他侦测温度、结构粗细或精致与否的信号合并，进而判断出食物的品质和风味。

味道感觉有 5 个基本因素：甜、酸、苦、咸、鲜，大部分味觉都是由这5味综合而成的。5 种基本味道，并不包括辣味，辣是一种烧热的特别感觉，目前科学家尚未找到能与辣味结合的味蕾和受体。

人类的味觉受器细胞位于舌头表面的微小突起，并形成味蕾的构造；每个味蕾由 50~100 个味觉细胞组成，以类似橘瓣的方式排列，可与溶在口腔里的味道分子结合，产生味觉辨识的则是位于味觉细胞膜上的受体蛋白质。味觉受体经由特定味道分子活化后，可在味觉细胞内产生第二信使，或直接开启细胞膜上的离子通道，进而造成细胞膜电位去极化，促使味觉细胞释放出神经传递物，再活化与味觉细胞相接的感觉神经末梢。

小博士解说

味道分子与受体蛋白的结合，如钥匙插入门锁一般，因而开启了后续反应。

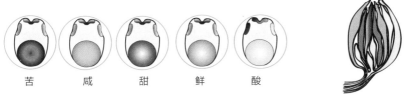

（a）舌头上五种基本味觉的感受区并无不同

（b）每个味蕾内含有五种基本味觉细胞，各种味觉分别经由不同的神经纤维传递信息

图3-21　味蕾

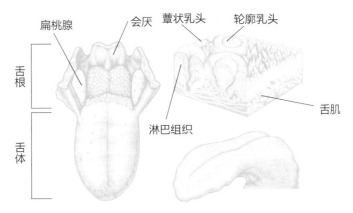

有两条脑神经支配着舌头并主导味觉：颜面神经（颅内Ⅶ号神经）与舌下神经（颅内Ⅸ号神经）。颜面神经主导舌头前端三分之二的区域而舌下神经主导后边三分之一的区域。另一条脑神经（迷走神经）则由嘴部后端传递味道的信息。舌头的肌肉，包括颏舌肌、茎舌肌、舌骨舌肌及颚舌肌，这些肌肉除了能移动舌头外还能改变舌头的形状。

图3-22　舌头解剖图

（一）眼睛

我们看到的，称为光。不过，我们看到的只是全部电磁波光谱中的一小部分，波长约为400 nm~700 nm的电磁波。但是，响尾蛇能够察觉红外线范围内的电磁波并发现猎物。

光线透过角膜、瞳孔和晶状体到达视网膜。虹膜是控制瞳孔大小的肌肉，因此，也控制光线进入眼睛的多少，虹膜也决定了眼睛的颜色。

玻璃状体或玻璃状液是一个清澈的胶状物，提供不变的压力来维持眼睛的形状。视网膜是含有眼睛受体（视杆细胞和视锥细胞）的区域，可以对光线做出反应。受器则对光线反应产生电子脉冲，并经过视神经传递到脑部。

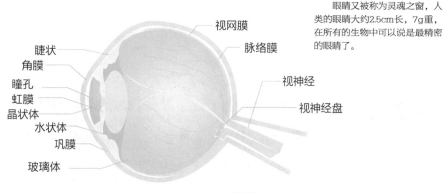

眼睛又被称为灵魂之窗，人类的眼睛大约2.5cm长，7g重，在所有的生物中可以说是最精密的眼睛了。

视网膜

睫状

角膜

瞳孔

虹膜

晶状体

水状体

巩膜

玻璃体

脉络膜

视神经

视神经盘

图3-23　眼睛

（二）视觉机转

脊椎动物的色觉始于视网膜里的视维细胞，再通过神经细胞将视觉信号传输到大脑。每个锥状细胞都含有一种视色素，由不同型的视蛋白与一个称为视黄醛（非常类似维生素 A）的小分子相连而成。视色素一旦吸收了光线（更精确的说法是吸收了称为光子的特定能量单元），新增加的能量就会改变视黄醛的形状，因而引发一连串的分子事件，造成视维细胞的兴奋。视维细胞兴奋之后会活化视网膜的神经元，其中有一组神经元会引发视神经产生神经冲动，将相关的光信息传递给大脑。

光越强，视色素吸收到的光子数目就越多，每个视维细胞的兴奋程度也越大，所感受到的光也就越亮。但个别视维细胞能传送的信息相当有限。视锥细胞本身无法告知大脑让它兴奋的波长有多长。这是因为视锥细胞对不同波长的吸收能力不同，而且，每个视色素的差异在于其吸收光谱，也就是对不同波长的吸收率差异。

同一个视色素可能对两种不同波长的吸收能力一样好，但即使这两种波长的光子能量不同，视锥细胞也无法将之区分开来，因为这两种光都会改变视黄醛的形状，因而引发同样的分子事件，造成视锥细胞的兴奋。视锥细胞唯一能做的事，就是细数吸收到的光子数目。因此，强度强但不易被吸收的波长，与强度弱但容易被吸收的波长，可能会给视锥细胞造成同样的兴奋程度。

（三）色觉的进化

脊椎动物的色觉仰赖视网膜里的视锥细胞。鸟类、蜥蜴、龟以及许多鱼类都有四种视锥细胞，但大多数的哺乳动物则只有两种。哺乳动物的祖先四种视锥细胞一应俱全，但在进化过程中的某个阶段，它们大都成了夜行性动物，因此色觉不再是生存必须，于是就丧失了两种视锥细胞。

某些灵长类的祖先，包括人类的祖先，从剩下的两种视锥细胞，通过突变得到了第三种视锥细胞。不过，大多数哺乳动物依然只有两种视锥细胞。因此，即使将人类及其近亲算在内，哺乳动物的色觉还是比鸟类要差得多。

表3-5　视锥与视杆细胞的特性

视锥细胞	视杆细胞	视锥/视杆细胞并行
白昼视觉	夜晚视觉	微光视觉
明视觉	暗视觉	中介视觉
作用范围: 3.4 至 10^6 cd/m²	作用范围:（$0.034\sim3.4\times10^{-6}$）cd/m²	作用范围:（$0.034\sim3.4$）cd/m²
对555 nm 光波最灵敏	对510 nm 光波最灵敏	
视锐度佳	视锐度差	视锐度减弱
彩色视觉	明暗视觉, 无彩色	辨色力减弱
明适应	暗适应	过渡期
半数集中于视网膜小窝 周边数量减少	主要集中于视网膜周边 不存在于小窝	

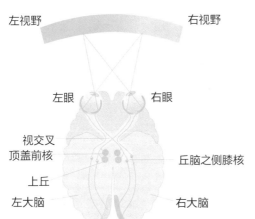

人类的视觉神经路径（视网膜→视交叉→侧膝核→视皮质），视神经经由视神经盘离开眼球后，向后走经过视交叉而终于隶属丘脑一部分的侧膝核。

图3-24　人类的视觉神经路径

第四章

植物

植物是适应于陆地生活且进行光合作
用的真核生物。需要庞大的表面积来接受
阳光，此特点决定了植物的基本结构。植
物由根、茎、叶等部分组成，目前多数的
生物学家将植物界定义为：具有纤维素的
细胞壁，且可行光合作用的自养性生物。

（一）植物的器官

植物的茎以模块方式生长，有负责发育生长的细胞，这些细胞保留有再生发育的活性，和人类的干细胞有点相似。当这一个细胞分裂之后，其分裂的细胞中有一个会仍保有活性，可以不断分裂。

植物的运输组织，主要是韧皮部和木质部。其中韧皮部是由活细胞组成，负责运输有机养分；而木质部是由死细胞组成，负责水分的运输。因此可知运输组织是由不同的组织所形成，不只是活细胞，有的甚至是一些死细胞。

由于木质部是死细胞所组成，故其运输水分并不使用能量，是利用水的渗透作用；茎是一密闭系统，当叶片的气孔打开的时候，气体会进来，因为水分的蒸发而使水的压力减少，形成压力差，水就因压力而往上运到叶部。

韧皮部负责养分的运输，如葡萄糖的运输方向是由叶部到根部的，而运输的方法也是利用压力差的方法来运输，但是有一点不同的是韧皮部会利用 ATP 进行主动运输。

叶片上面有一层角质层，防止水分的蒸发，但同时也阻挡了气体的进出，所以叶片的下面有气孔（保卫细胞），而保卫细胞的开关原理也是渗透压的作用。

根部的功能是吸收地下的水分和少量的有机物。构造大致上和茎相同，都是由三种组织所组成，而负责运输的也是韧皮部和木质部；根有根毛，主要是用来增大吸水的面积，根冠让根可以深进入土里，以吸收更多的水分，为了保护根，根部会分泌出"润滑油"，以减少与土壤的摩擦。

（二）植物的基本组织

分生组织由形小、壁薄、核大的细胞组成，分布在植物体中生长迅速的部位，如根尖或茎顶处，称之为顶端分生组织，主要功能是增加植株的长度。此外还有侧边分生组织，如多生根或茎的形成层及木栓形成层。

基本组织包括薄壁组织、厚角组织、厚壁组织。薄壁组织构成植物初生长的主要部分，有很薄的细胞壁，中央有大液泡，细胞质呈薄层状紧贴于细胞壁上；其主要功能为贮藏养分，如甜菜的贮藏根细胞。

厚角组织——初生植物体中的机械组织，含活的内含物。细胞壁仅在角隅的地方增厚，使得细胞壁厚薄不均。主要分布在草本茎部外围近表皮部分或叶片近中肋的上下表皮部分。

厚壁组织具有厚薄均匀、多木质化的细胞壁，是强有力的支持组织，大致可分为两大类：一为纤维，即两端尖细，长度较宽度大数倍，木本开花植物中含量较多，目的在增加树干及枝条的弹性及强度；另一类为石细胞，为等直径或不规则形状的厚壁细胞，多存在于不可穿透的表面，如坚果的壳、大豆的种皮。

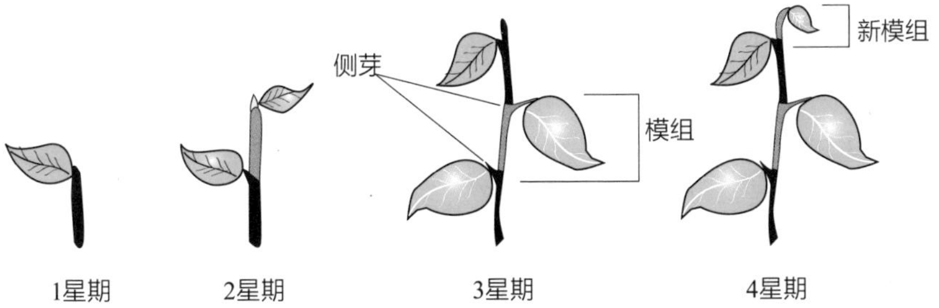

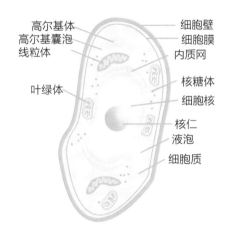

1星期　　2星期　　3星期　　4星期

侧芽　模组　新模组

　　植物的生长方式是积木式的，一节一节地生长，由于植物并不能如动物般移动，避开危险，因此植物对外界伤害需要有很强的忍耐力，而积木式生长的特点是当其中一节受到了伤害时，不会影响到其他节的生长。

图4-1　植物的生长模式

高尔基体　　　细胞壁
高尔基囊泡　　细胞膜
线粒体　　　　内质网

叶绿体　　　　核糖体
　　　　　　　细胞核
　　　　　　　核仁
　　　　　　　液泡
　　　　　　　细胞质

图4-2　植物细胞

当宝宝8岁时　　　当宝宝18岁时

　　当宝宝小时候钉了钉子在树干上，宝宝长大后，钉子仍位于原本的高度，这是因为植物是不同的单位生长所致。被钉到的单位没有长大，只是长出了其他的单位而使其长高长粗。

图4-3　植物和动物的对比

（一）肉食植物

肉食植物就是我们常听到的食虫植物，可是其捕食对象不一定是昆虫，所以称为肉食植物比较恰当。什么样的植物有资格被称为肉食植物呢？通常肉食植物都具有四种行为：引诱、捕捉、消化和吸收。

肉食植物大多生长在贫瘠而偏酸的土壤上，尤其是泥泞浸水的环境。在这样的环境下，土壤中的氮和其他植物生长所必需的营养素容易被淋洗流失而缺乏，植物要生长便只能设法由动物身上获取营养。历经长期的进化和自然选择的结果，使得肉食植物繁衍并适应了这样的环境。

其实肉食植物也和一般植物一样可进行光合作用，捕捉小动物只是为了补充生长所必需的氮、磷等营养元素。肉食植物即使没有捕到小动物，本身依然可以生长，但若持续太久，可能会营养不良，只有经常捕食小昆虫，才能生长良好。

捕捉的行为主要是经由叶片特化成的构造，这些构造又可分为捕兽夹、捕鼠笼、黏蝇纸、捕虾笼和陷阱等许多类型。

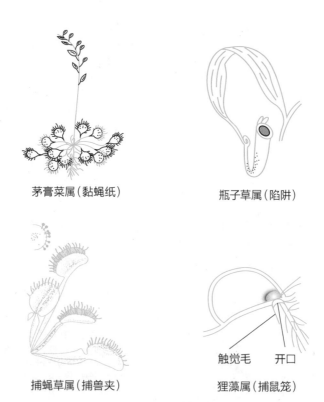

茅膏菜属（黏蝇纸）　　　　瓶子草属（陷阱）

捕蝇草属（捕兽夹）　　　　狸藻属（捕鼠笼）

触觉毛　　开口

图4-4　肉食植物

（二）寄生和半寄生植物

半寄生植物和寄生植物虽同样吸收寄主植物的养分、水分。但半寄生植物本身具有叶绿素，在寄主植物养分供应不足时，可依靠自身光合作用制造养分加以补充。

寄生植物是指植物体本身不具有叶绿素，且部分或全部组织生长于另一棵植株的根、茎、叶或其他器官上，并且靠寄主提供全部生长所需养分。

（三）腐生植物

腐生植物是指植物体本身无叶绿素，无法进行光合作用，生活在腐殖质上，吸收真菌分解腐殖质的养分生存，严格说来也属于寄生的一种形式。

表4-1　肉食植物的作用方式

模式	肉食植物	作用方式
黏蝇纸	茅膏菜属	有能产生黏液的腺毛，可以黏住昆虫
陷阱	瓶子草属	瓶子状的捕虫器能分泌一些吸引昆虫的气味，昆虫被吸引到瓶口，若失足跌入瓶中，则无法逃出
捕兽夹	捕蝇草属	在一个捕虫器中，任意一根感觉毛被碰到两次，或是分别碰到两根感觉毛，捕虫夹就会合起来
捕鼠笼	狸藻属	捕虫囊一般在水中，其开口处具有一个向内开的盖子，平时紧紧地盖住开口。捕虫囊会不断将囊内的水往外排放而使囊内产生负压。如果水中的小生物触碰到开口外的感觉毛时，盖子便突然打开，捕虫囊便将水连同小生物一起吸进来

大王花又叫霸王花、尸花，是世界上最大的一种花。生长于马来半岛、婆罗洲、苏门答腊等岛屿。大王花无根无茎，是一种寄生植物，靠吸收葡萄科植物的养分为生。其直径可达1.4m。大王花开花时奇臭无比，发出腐肉味的臭气，靠吸引甲虫为其传粉。

图4-5　大王花

 植物的生殖

植物繁殖后代的方式很多，大致可归纳成无性生殖和有性生殖。

表4-2 植物的生殖类型比较

	定义	特点	过程	举例和应用
有性生殖	两性生殖细胞结合	变异力强，生活能力强，传播范围广	雌蕊 → 子房 → 卵细胞 → 雄蕊 → 花粉 → 精子 → 受精卵 → 种子的胚	绝大多数种子植物都进行有性生殖
无性生殖	不经过两性生殖细胞结合，母体直接发育成个体	后代性状基本与母体相同，繁衍后代速度快	直接用茎、叶等器官来进行生殖，如马铃薯切成带芽小块，可直接长成植株	少量植物如椒草、马铃薯。应用在组织培养、扦插、嫁接等。

（一）无性生殖

植物进行无性生殖时，没有经过配子结合的过程，产生的子代的遗传特性与亲代完全相同，可以说是亲代植株的复制体。植物利用无性生殖方式来繁衍后代的情形远较动物普遍，主要包括孢子繁殖和营养繁殖。

1. 孢子繁殖：低等植物的生殖，通常以孢子进行无性繁殖。如藓苔和蕨类等生物能产生大量的孢子。孢子散播到适当的环境中，就可以萌发成新个体。

2. 营养繁殖：高等植物的根、茎、叶是营养器官，利用这些器官繁殖后代的方法，叫作营养繁殖。如甘薯的块根、马铃薯的块茎，都可长出新芽，发育成为新的植株；草莓、蛇莓的葡匐茎都有节，当触及地面时，便可长出新植株；洋葱的鳞茎或落地生根的肥厚叶片经种植后，可长成新的植株。人们利用植物容易进行营养器官繁殖的特性，以人工的方法来大量繁殖植物，例如，将玫瑰、榕树、万年青等植物切下一段枝条，插入土中，便能产生新的植株。农民和从事园艺的人，常用这些方法繁殖农作物、花卉或盆景。

（二）有性生殖

植物进行有性生殖，亲代植株需先产生配子，当两个配子结合并完成受精作用后，形成的受精卵再发育成新的子代。植物进行有性生殖的过程中，由于配子的形成与受精作用时，都可能发生基因重组的现象，因此产生的子代，其遗传特性与外表性状与亲代不尽相同。植物进行有性生殖最大的优点是能增加同种生物中个体间的差异，让物种更能适应环境的变化。

由于植物的种类繁多，有性生殖的过程会因植物的种类不同而有差异。因此，下列以被子植物（开花植物）为例说明植物进行有性生殖的过程。

花是被子植物的生殖器官，一朵典型的花具有雄蕊、雌蕊、花瓣和萼片四个部分，下面有膨大的花托托住而与花梗相连。同时具有雌蕊、雄蕊的花，称

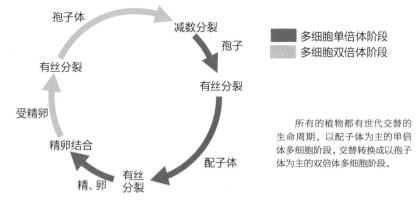

图4-6 世代交替

所有的植物都有世代交替的生命周期，以配子体为主的单倍体多细胞阶段，交替转换成以孢子体为主的双倍体多细胞阶段。

表4-3 二倍体、单倍体、多倍体的概念

名称	体细胞染色体组数	形成原因	举例	特点
二倍体	2个	受精卵发育而来	果蝇	1.器官增大 2.营养物质增多
四倍体	4个	体细胞染色体数目加倍	马铃薯	
三倍体	3个	配子中染色体数目加倍	香蕉	
多倍体	≥3个	纺锤体异常	花粉	
单倍体	1个	雌配子发育而来	雄蜂	1.生命力弱 2.高度不育
单倍体	2个	雄配子发育而来	花粉发育的马铃薯	
单倍体	1个或多个与配子相同	单性生殖		

为两性花，如百合与朱槿；只具有雄蕊或雌蕊者，称为单性花，如玉米与丝瓜的雄花与雌花。

雄蕊顶端的花药内有花粉粒，内含有精细胞；雌蕊基部膨大为子房，子房内有胚珠，胚珠内有卵细胞。雄蕊的花粉粒经风、水、昆虫或鸟的帮忙传到雌蕊的柱头上，于是花粉粒会萌发出一条花粉管，将精细胞送入胚珠中和卵受精。受精以后，胚珠会发育为种子，子房发育为果实。种子经播种后，会萌芽长成新个体，完成植物的有性生殖。

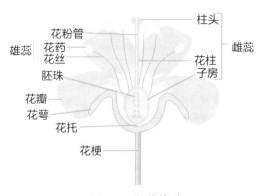

图4-7 花的构造

 **植物的防御**

（一）物理性防御

植物在自然环境中常会遭受其他生物侵害，主要来自食植动物和各种病原微生物。在进化的过程中，植物也发展出许多防御机制。

表皮是最初的物理屏障，表皮上的刺或毛状物可阻碍病原体入侵和减少草食性动物摄食。许多真菌入侵必须分泌酵素分解表皮角质层，才能入侵底层组织。

植物的外表结构特性，主要包括细胞壁的角质、蜡质、木质素、特殊的气孔结构，可作为物理性屏障，构成一道早期的防御机制，防止病原菌的侵入和在植物体中的散播。植物也可通过分泌抑制物、细胞内存在的抑制物、缺乏病原菌必需因子等机制，包括小分子抗病物质，如半胱氨酸蛋白水解酶抑制剂以及分解真菌细胞壁有关的葡聚糖酶、几丁质酶、种子固有的抗真菌蛋白和能与真菌几丁质结合的凝集素毒方式，破坏真菌细胞透性的蛋白质和核糖体失活蛋白等，保护自身。

（二）化学性防御

植物可直接或间接侦测到病原菌的存在，继而引发后天存在的（诱导）防御反应，这是因为植物细胞表面具有受体，而受体是接收环境刺激的主要物质。

病原菌感染后，诱使植物体产生过敏性反应、活性氧、脂氧化酵素及细胞膜破裂、寄主细胞壁的强化因子、植物受病原菌刺激产生抑制物如致病过程相关蛋白质（pathogenesis-related proteins, PR），在植物受到病原菌攻击，就会以诱导原诱使基因转译大量 PR 蛋白质，原来少量的蛋白质种类会急剧增加，从而可以杀死入侵的病原菌。

受到伤害、生理刺激、病原菌等刺激产生具有杀菌及净菌的物质局部性分布。在被侵入植物细胞及病原菌激发子可及之处，会产生植物抗毒素。

病原菌诱导的防卫系统又可分为局部和系统的抗病反应两种。前者主要是指过敏性反应，即当植物受非亲和性病原菌感染后，侵染部位细胞迅速死亡，使病原菌不易获取养分，同时又诱导周围细胞合成抑制病原菌生长的物质，从而限制了病原菌的增殖。在过敏性反应过程中的细胞死亡，是细胞凋亡。而后者（系统的抗病反应）是建立在前者（局部的抗病反应）基础之上的，所以又称诱导抗性。

 小博士解说

　　水杨酸在植物受到病原菌感染后，产生防御反应，包括过敏反应以限制病原菌扩展、促进寄主细胞死亡和诱导植物产生系统性抗病。诱导系统抗性则是指由部分非致病性根圈细菌定殖于植物根部，诱发植物产生的整株系统性的抗性。而茉莉酸和乙烯则为诱发诱导系统抗性产生的关键信息分子。

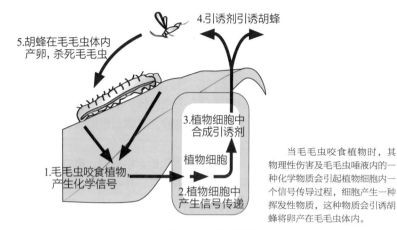

4.引诱剂引诱胡蜂

5.胡蜂在毛毛虫体内产卵,杀死毛毛虫

3.植物细胞中合成引诱剂

植物细胞

1.毛毛虫咬食植物,产生化学信号

2.植物细胞中产生信号传递

当毛毛虫咬食植物时,其物理性伤害及毛毛虫唾液内的一种化学物质会引起植物细胞内一个信号传导过程,细胞产生一种挥发性物质,这种物质会引诱胡蜂将卵产在毛毛虫体内。

图4-8 植物防御

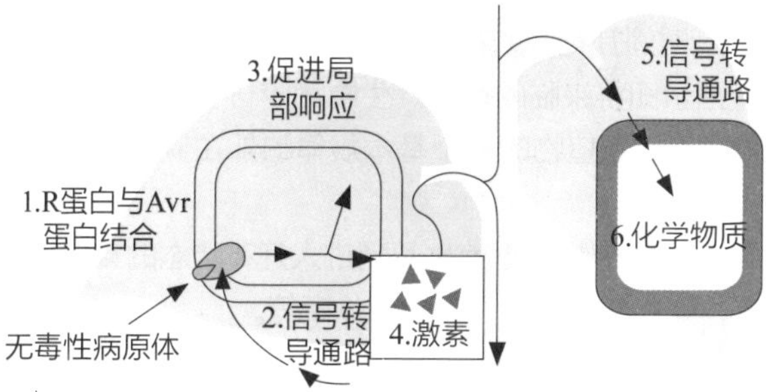

3.促进局部响应

5.信号转导通路

1.R蛋白与Avr蛋白结合

无毒性病原体

2.信号转导通路

4.激素

6.化学物质

Avr蛋白是一种信号分子,这种信号分子与受体(R蛋白)相结合时,就会引起一系列的信号传导,其结果是促进了局部的反应,使局部的细胞发生化学性防御,将本身细胞杀死形成坏死斑,也将病原体封闭起来,这样植物仍可存活。

图4-9 植物对无毒性病原体的防御

木棉主干上的表皮布满了瘤刺。

图4-10 木棉

植物的生物时钟

许多生物借由生物时钟来确保其体内的各种代谢、生理状态与行为，皆能发生在每日 24 小时周期中的最佳时刻。研究显示，某些基因最活跃的状态仅发生在一天中的特定时刻，并且许多负责调控身体功能的基因往往在同一时间活跃。而控制这些身体状态调节的便是生物钟，其调节作用常受到日光长短等外在环境因素的影响。

生物钟也帮助植物妥善管理其体内的碳代谢。白天时，植物叶绿体利用来自太阳的能量将二氧化碳与水转换成糖分和氧气，并将淀粉（糖分）暂时储存在体内，到夜间时再分解为植物提供能量。

植物生物时钟对于日照变化的弹性反应，是一项相当复杂的过程。目前已知的影响因素包含日照光线、植物夜间作用基因于日间时的影响，以及日间作用基因于夜间的影响。

（一）光周期现象

很多植物都会在每年的同一时间开花，如花历般显示季节的进行。日照的长短给予植物最可靠的信息，指示即将来临的季节。生物测定日长的能力，即所谓的光周期现象。但光周期现象仅是植物的一个基本规律的外在显示，也就是所谓的生物时钟。

光周期现象的研究，主要集中在植物由营养生长到进入开花状态的转换。它还影响许多其他方面的发育，如根茎的发育、落叶及休眠等。

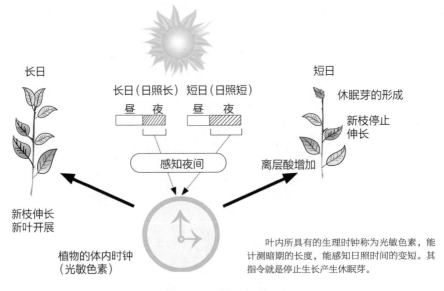

图4-11　植物的生理时钟

植物被分为短日植物和长日植物，是依照本身行为相对于临界日长的反应。植物在日长短于临界日长的时候开花的，被称为短日植物。若植物在日长比临界日还长的时候才开花，便被称为长日植物。

植物能感应到日长，并非测量日、夜的相对长短，也非光周期的长度，而是暗期的长度。一个暗期的诱导开花的作用，能够被短暂光照打断而使暗期归零，但在一个长的光期中，暗期的打断作用并没有效果。对一个短日植物而言，在一种非诱导性的暗期中，有一个光中断，将会缩短其暗期，使其短于长日暗期的最大值，故而促进其开花。

（二）光敏素

光敏素是一种色素蛋白，在植物发育的每一阶段都扮演很重要的角色。在生理上有关于种子发芽与白化幼苗的生长，其具有特有的对红光及远红光的可逆反应，此种特性称为光可逆性。光敏素的色素系统已知两种形态存在：一是吸收红光的称为 Pr，另一个是吸收远红光的称为 Pfr。

小博士解说

一般光敏素以吸收红光的Pr稳定形式蓄积在黑暗生长的幼苗中。一旦暴露于光照之下即转换成Pfr。

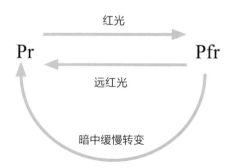

红光（波长650~760 nm），形成Pfr 形式，在黑暗期或红外光（波长> 760 nm）时，会将Pfr 转成Pr形式。短日植物如果Pfr无法完全转成Pr则不开花，长日植物则相反。

图4-12　植物光敏素的转变

（一）在生态上的机能

1. 提供生物栖地：植物提供生物栖息、觅食、繁殖、躲藏的场所。由于不同的栖地环境不同，即使是海拔不到 500 m 的山丘，从山棱、山坡到山谷都可以发现不同的植物种群，当然呈现的也是不同特质的生物相。

2. 提供食物来源：陆地上的植物种类常是决定动物种类的关键。

热带雨林是地球陆域环境中生物多样性最高的区域。生物学家曾在热带雨林的一棵树上，发现同时栖息着两千多种昆虫；而一片绵延的草地，可能全是单一种植物所构成，可以说是生物多样性很低的环境。

图4-13　热带雨林

（二）在环境上的机能

1. 土壤污染防治：植物有生态复育的功能。通过微生物或植物，可以有效治理土壤中的污染物质，如有机毒物或重金属。适合种植在受重金属污染土壤中的植物，除了可以忍受重金属，植物体必须有庞大的根部，可以累积高含量的重金属并快速生长，较大型的植物可以移掉较多的重金属。能累积高含量重金属的植物种类相当多，一般以"超级累积植物"来称呼。到 2000 年为止，在世界各地发现的"超级累积植物"有四百多种。

这些植物的作用主要是稳定土壤，避免重金属移动，所以它们必须有庞大的根系可以使被重金属污染的土壤保持在原地。它们本身必须可以抵抗重金属的毒害，而且重金属不会在植物体中累积，或仅累积在植物根部而不往植物的地上部分传输。经由植物对土壤重金属的稳定效果，可以把重金属留在土壤中，避免因大雨而使重金属移动，造成污染的范围扩大。

大气

吸收移除重金属

| 镉 | 锌 | 铅 | 镉 | 铅 | 锌 | 铜 |

根部稳定重金属

| 镍 | 铅 | 铅 | 镍 | 铜 | 铅 | 镉 |

土壤

植物根部把吸收的重金属转移到茎或叶中，或利用根部使重金属稳定在土壤中，都是植物可以被用来处理土壤重金属的方式。

图4-14　植物的土壤污染防治

2. 空气污染防治：植物对二氧化碳的吸收量和植物种类与栽植方式有关。在环境中种植复层性植栽（包括大小乔木、灌木及花草），每平方米 40 年间CO_2的固定量最高可达 1100 千克。若只是密植乔木，约可吸收 808 千克的CO_2，密植的灌木丛在 40 年间则有 217 千克的CO_2固定效果（如果是高大灌木丛，则可有高达 438 千克的CO_2固定效果），而花草的固定量只有 46 千克左右。

3. 气温调节：植被具有调节温度的功能，在有强劲风力的地区，植栽更可以达到减轻风害的功效，进而形成生物栖息、躲藏的场所。具有宽广树冠的植栽，在夏日有降低高温的功能，可以避免土壤和水体受日照影响而危及动植物的生存。

4. 水温调节：植物可以调节溪水的温度，在夏日高温的持续曝晒下，庇荫良好区段的水温变化可以低于无庇荫区，使水体维持适合水生动物生存的环境。

5. 降低地表冲蚀：植物的树冠具有阻绝降水直接冲蚀地表土壤的功能，植栽密集的地区，对地表径流量的降低有明显的功效。对于发育成熟的林相而言，不同层次的树冠分布还有分层截留雨水的功能。

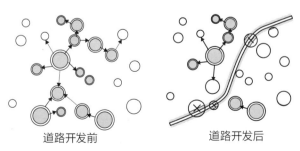

道路开发前　　道路开发后

图4-15　栖地被破坏

山林地的开发，减少了栖地的面积，也破坏了栖地原有的生态平衡，道路对栖地的破坏，使得大种群被切割为小种群，种源族群消失，受其补给的小种群也连带消失。

（一）植物生长素

植物的枝叶向着光生长的特性称为向光性，向光性是植物的一种适应特征，它使得植物能够获得最大量的光，有效地进行光合作用。胚芽鞘之所以向光弯曲，是因为背光的一侧中一种化学物质的浓度较高，所以细胞长得较快，这种物质就是生长素。

一种植物激素的作用如何，决定于它在植物体内的作用部位、植物的发育阶段以及激素的浓度。在大多数的情况下，不是单一的激素在发挥作用。控制植物的生长和发育是几种不同浓度比例的激素同时在发挥作用。

生长素的主要功能是促进发育中的幼茎生长。从植物体中分离得到的生长素是吲哚乙酸（IAA）。IAA 主要在植物茎顶端的分生组织中合成，然后由顶端向下运输，使细胞伸长从而促进茎的生长。

IAA 对根的影响与对茎的影响完全不同，不能促进茎生长的低浓度的IAA，对根的伸长却有明显的促进作用；反之，对茎的生长起促进的 IAA 浓度，却明显抑制根的伸长。

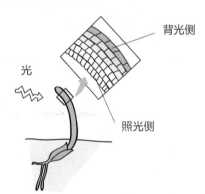

背光侧

光

照光侧

一株向光生长的禾本科植物的胚芽鞘。用显微镜观察向光侧和背光侧的细胞，发现两者的大小不同，背光侧的细胞较大，也就是生长得较快，向光侧的细胞较小，生长得较慢。

图4-16　禾本科植物的向光性

（二）细胞分裂素及赤霉素

细胞分裂素是促进细胞分裂的激素。在进行组织培养时，向培养基中加入细胞分裂素会促进细胞的分裂、生长和发育。细胞分裂素能延迟花和果实的衰老。

赤霉素——其作用是调节植物的生长。已知的赤霉素有 70 多种，植物体内合成赤霉素的部位是根尖及茎尖，主要是促进茎和叶的生长。赤霉素和生长素在一起，也能影响果实的发育，形成无籽果实。

（三）脱落酸及乙烯

对于一年生植物，种子的休眠特别重要，因为在干旱和半干旱地区，萌发后没有适当的水分供应就意味着死亡。影响种子休眠的因素有许多种，其中脱落酸（ABA）似乎是最重要的，它是生长抑制剂。这类植物的种子在土壤中处

表4-4 植物激素

名称	主要功能	存在部位
生长素	促进茎的伸长，影响根的生长、分化和分支以及果实的发育，具有顶端优势，向光性和向重力性	顶芽和根尖的分生组织，幼叶，胚
细胞分裂素	影响根的生长和分化，促进细胞分裂和生长，促进萌发，延缓衰老	在根、胚或果实中合成，由根向其他器官运输
赤霉素	促进种子萌发、芽的发育、茎的伸长和叶的生长，促进开花和果实发育，影响根的生长和分化	顶芽的分生组织，幼叶，胚
脱落酸	抑制生长，使气孔在失水时关闭，维持休眠	叶，茎，根和未成熟果实
乙烯	促进果实成熟，抵消生长素的某些作用，促进或抑制根、叶和花的生长和发育，因物种而异	成熟中的果实，茎的节和失水的叶子

目前已确定的存在于植物体内的激素有5种，细胞分裂素和赤霉素都不是一种纯物质，而是一类结构和功能都相似的物质。这5类激素都影响生长，也影响发育（细胞分化）。

于休眠状态，只有在大雨将其中的ABA洗净后才开始萌发。

决定种子是否萌发的因素是赤霉素与脱落酸的比例，而不是它们的绝对浓度，芽的休眠也是由这两种物质的比例决定的。ABA能帮助植物度过不利的环境。如因干旱使植物失水时，ABA就在叶中积累，使气孔关闭，减少蒸发作用，减少了植物的水分损失。

果实的成熟是一个衰老过程，包括细胞壁的降解、颜色的变化（通常是由绿变黄），有时还有失水，这些过程是由乙烯引发的。乙烯在果实中形成，因为它是气体，所以很容易在细胞之间扩散，也能够通过空气在果实之间扩散。一箱苹果中，如果有一个苹果过熟而变质了，那么一箱中的所有苹果都会很快成熟随后变质。如果将未成熟的果实放在一个塑料袋中，它们很快就会成熟，因为乙烯会在袋中积累，加速果实的成熟。

落叶是由环境因素引发的，这些因素中首先是秋季的短日照，其次还有低温。这些环境条件显然引起了乙烯与生长素比例的变化。叶片衰老时，所合成的生长素越来越少。与此同时，细胞开始合成乙烯，乙烯又促进一些酶的形成，而这些酶可以分解细胞壁。秋季落叶是植物的一种适应，使得树木在冬季不致干枯。

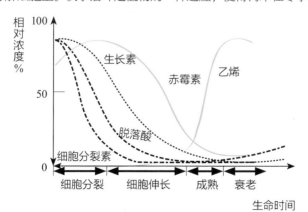

图4-17 苹果果实各生长时期激素的变化

种子

（一）形成种子的策略

传统植物应付严寒和干燥气候的策略是产生孢子，但孢子是生殖细胞，在进行有性生殖的生物里面，孢子遇到合适的环境时，还必须再遇到另外一个孢子，才能经由细胞融合而变成双倍体。如果植物的生殖细胞是以孢子的形态存在，那么当地球环境非常恶劣而且持续时，大部分的孢子是没有办法存活的。

此时，只有少数植物开始进化出一个新的生殖策略。这些少数的植物首先进化出"雌雄同体"，也就是在植物体内可以自己进行雌雄生殖细胞的结合，形成胚胎，胚胎开始发育到某一个程度时会停止，然后在胚胎的外层形成一个很坚固的外壳，就是所谓的"种子"。

当植物发展出"种子"这样的生殖策略时，如果它刚好生长在沼泽区，这种植物在生存竞争上并没有特别的优势，因为环境周围的养分非常充分。生殖细胞或胚胎不需要被保护得很好，也可以活得很好！

但如果它刚好在一个非常干旱的地区，能够形成种子的植物就有非常大的生存优势，因为种子里的胚胎已经发育到了一个阶段，不需要像孢子一样再去找另外一个孢子结合，同时种子里面已经储备了充分的养分，能够提供后期胚胎发育的需要。所以种子植物就开始在严寒、干旱地区生长出来。

（二）形成种子的植物

可以形成种子的植物有裸子植物和被子植物两种。许多裸子植物的种子非常耐旱，有些在坟墓里面历经千年以上时间的裸子植物的种子，遇到适当的潮湿环境，仍然可以发芽生长。

所以，一个种子可以保存的年限比单倍体的孢子更久，能够抵抗恶劣环境的能力也比孢子强。裸子植物后来又发展成被子植物，而被子植物最重要的特点就是将种子藏在果实中间。这个特点可以让植物、动物和昆虫之间有正向的互动。

被子植物产生花粉吸引昆虫，使昆虫可以帮助这些植物散播花粉。后来植物将种子包裹在甜美的果实之内，吸引动物食用，一方面可以增加动物传播的概率，另一方面可以将种子带到更远的地方。所以当被子植物出现之后，植物多样性丰富起来，植物和动物才真正有了密切的互动。

（三）种子的寿命

各类植物种子的寿命有很大差异，其寿命的长短除了与遗传特性和发育是否健壮有关外，还受环境因素的影响。有些植物种子寿命很短，如巴西橡胶的种子仅一周左右，而莲的种子寿命很长，生活长达数百年甚至千年。

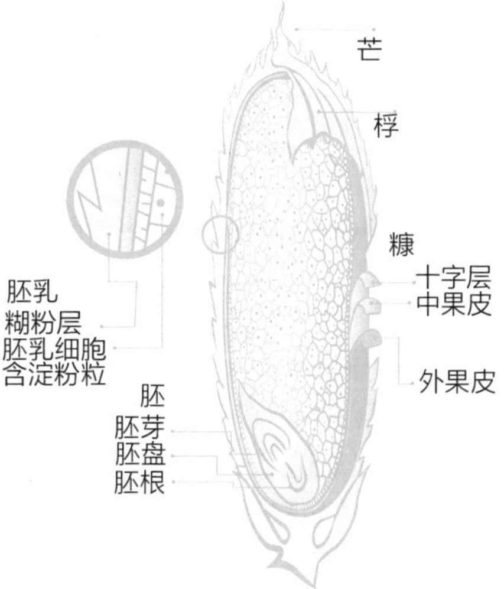

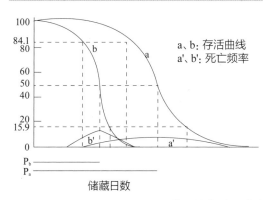

芒
桴
糠
十字层
中果皮
外果皮
胚乳
糊粉层
胚乳细胞
含淀粉粒
胚
胚芽
胚盘
胚根

种子包括种皮、胚及胚乳。图为单子叶植物（稻子）种子。收割后，去掉壳的米，称为糙米。糙米包括92%胚乳，3%胚芽，5%米糠层，米糠层是指果皮、种皮、糊粉层，为粗糙纤维组成，水分不易浸透，煮出的糙米饭较硬且黏性低。

图4-18　单子叶植物的种子

表4-5　裸子植物与被子植物的比较

项目	裸子植物	被子植物
胚珠	裸露，无子房保护	包于子房内
孢子叶	集合成球花	集合成花
受精	单受精	双重受精
胚	子叶二至多枚	子叶一到二枚
胚乳	为雌配子体细胞	为极核受精后的细胞
果	多为球果	形式不一
根	常无根毛	多有根毛
茎	1.多为木本，无草本 2.木质部无导管 3.韧皮部的筛管细胞中有细胞核，无伴细胞	1.木本、草本兼而有之 2.木质部多具导管 3.韧皮部的筛管细胞无细胞核，有伴细胞
叶	螺旋状排列、轮生或十字对生	多为互生、对生或轮生
花	1.多单性 2.多风媒花 3.多无花被，无柱头 4.花粉粒落在珠孔上授粉	1.两性或单性 2.虫媒、风媒或其他媒介传粉 3.有花被及柱头 4.花粉粒落在柱头上授粉

100
84.1
80
60
50
40
20
15.9
0

a、b：存活曲线
a'、b'：死亡频率

b
a
b'
a'

P_b
P_a

储藏日数

一般而言，储藏条件越恶劣（即温度越高或种子含水率越高），高活度的期间越短，发芽率下降的速度也越快。种子存活曲线（a、b）很接近常态分布的反向累积频率曲线，亦即表示种子族群在储藏时间内的死亡频率（a'、b'，或者说寿命频率）的分布接近常态，也就是说一批种子中只有少数种子寿命很短，也只有少数的种子寿命很长，种子寿命接近于平均值的最多。

图4-19　种子储存过程中发芽率的衰退

（一）碳循环

大气层中二氧化碳（CO_2）约占总体积的0.038%，是含量排名第四的气体（氮气78%，氧气21%，氩气0.9%）。

碳循环是在各种气态和固态之间的循环，可分为3种途径。一是陆地与大气之间的交换，即陆地上的生物通过光合作用与呼吸作用，使CO_2循环。陆地上的森林藏有地表86%的碳，光合作用提供植物捕捉大气中的碳合成葡萄糖，可直接消耗或以其他化合物形式储存；二是通过大气与海洋间的交换，通过海洋里生物光合作用与呼吸作用、生物形成的碳酸钙沉淀与深海的溶解作用，以及CO_2分压对水的溶解与挥发等作用，促使CO_2在大气与海洋之间进行交换，此交换量每年约有3700亿吨；三是火山作用与岩石化风化的溶解作用，前者促使CO_2释出、后者则使CO_2分解，此交换量每年约有1亿吨。

（二）植物与二氧化碳

生物圈的光合作用可以说是地球上最重要的化学反应之一，植物通过光合作用可将水及CO_2转换成氧气以及葡萄糖，当春天到来、枝叶欣欣向荣时，CO_2浓度会显著降低，由气候学家进行的CO_2浓度监测，每年都会有相同的升降规律。

植物是去除大气CO_2的主角，全球大气CO_2浓度在最近一次冰川期后大约是190 ppm（parts per million，是用溶质质量占全部溶液质量的百分比来表示的浓度），如今已升高到375 ppm。CO_2浓度上升是燃烧化石燃料和大规模破坏森林的结果。全球大气CO_2浓度的增长导致了地球表面平均温度的升高（大约50年升高0.5℃），其原因是CO_2能吸收红外线辐射。对植物而言，对应气候模式的改变比对应平均温度的微小变化更为重要。

（三）浮游植物

浮游植物包括硅藻与其他藻类等单细胞生物，它们居住的面积占据了地球表面的四分之三。全球进行光合作用的生物所含碳的质量6000亿吨，而浮游植物占的比例却不到其中的百分之一。海洋浮游植物活动的最大效应，就是它们对于气候的影响：这些身形奇小的海洋住民，能够从大气中撷取温室效应气体，即CO_2，并将之储存到海洋深处。

地球的碳循环之所以强烈影响全球气候，依赖聚热气体CO_2移入与移出大气与上层海水的相对量，而气体在大气与海水间大约每6年可以完全交换一次。这些微小的海洋居民，每年纳入自己细胞中的碳，大约有500亿吨，这个过程借由光合作用来达成，通常被风中沙尘上的铁质激发。浮游植物也通过生物泵将CO_2暂时储存于深海：它们所吸收的碳，大约有15%沉到深海，而当死亡细胞分解时，再以CO_2的形式释放出来。过了数百年，涌升流会把这些溶在水中的气体与其他营养盐带回阳光照耀的表层水域。

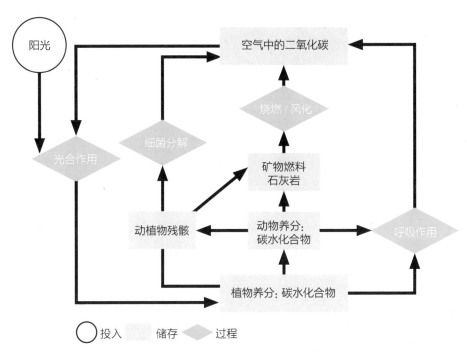

在地球生态系统中，所有的生物成员的作用都通过两种循环而与大气圈紧密联系，即碳循环与氧循环。每一个循环内都有能量、养分和水的流动与转移。

由于碳在环境中的数量有限，因此只得不断地再循环光合作用使得植物利用空气中的二氧化碳制造食物。这些食物一部分供应植物所需，一部分则为消费者所食用。消费者通过呼吸作用，把碳送回大气圈。在这个过程中，还涉及使用氧来分解食物，以制造能量和生物所需的物质。分解者最后把植物和动物组织分解，使碳流回空气和土壤中，完成整个循环。

图4-20　植物与碳循环

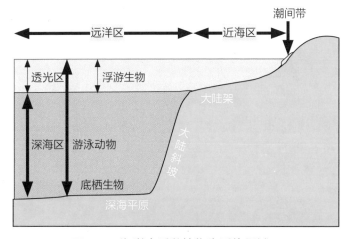

图4-21　海洋中浮游植物生活的区域

第五章

微生物与免疫

微生物分布广泛，从冰冷的北极到炽热的深海火山岩喷发口，都可以找到其踪迹。在生活环境中，如空气、水、食物等，充满着千百种、亿兆个的微生物，它们无法以肉眼观察，但几乎无所不在，包括病毒、细菌、藻类、真菌、霉菌等。

微生物的分类

（一）微生物概述

在众多生物中，有许多种类是人类肉眼看不见的，统称为微生物。包括病毒、类病毒、细菌、真菌、藻类及线虫。

在这些微生物中，细菌是原核生物；真菌、藻类及线虫是真核生物，而病毒与类病毒则因为本身不具备完善的自体繁殖能力，有时候被认为不是真正的生物。虽然微生物的个别细胞只能用显微镜观察到，但是有些微生物在其生活史中也会产生一些我们肉眼可以看到的构造，如各式各样的菇类。这些便是产生孢子以繁衍并散播下一代的真菌的子实体植物。

微生物是无处不在的，在土壤中、水中、动物及植物的体表或体内，都有它们的踪迹。有些微生物可以用培养基培养，有些则只能生存在活体细胞中。对动物、植物或其他生物来说，有些微生物是有害的，有些则是无害甚至是有益的；而它们与其他生物的关系，有时也会因环境的不同而改变。随着生物科技的发展，近年来可以专门侦测微生物中特定的蛋白质产物或核酸分子，甚至可以非常精准地侦测到其存在及数量。

（二）微生物形态学

细菌是微生物学中的主要角色。要开始研究细菌，首先须在无菌条件下操作进行纯化分离，才可以取得纯菌株。

1882年黑塞发现从红藻（也就是俗称的洋菜）中萃取出来的多糖类物质适合作为培养基固化剂。1884年丹麦医生革兰发明了革兰氏染色法，进行组织内细菌分染。1890年勒夫勒研创细菌鞭毛染色法，1872年费迪南德·科恩把细菌分为球菌、短杆菌、长杆菌和螺旋菌4个群，并且记载了霉球菌、细菌、杆菌、弧菌、螺旋菌、螺旋体等6属。

（三）微生物的分类方法

微生物分类的准则是判断一系列微生物的特征，当作对照然后确认某个微生物在分类系统中的归属。微生物的检定方法并不需要固定不变，主要需要能容易地在实验室中进行，检定的项目应该针对分类所需的主要特性进行分析，步骤和项目越少越好。

小博士解说

《伯杰氏鉴定细菌学手册》（*Bergey's Manual of Determinative Bacteriology*）一书提出了微生物分类准则，如细胞壁成分、形态特性、染色、氧气需求和其他生化检验结果。现代微生物分类学家利用手册内容，配合先前微生物进化系统研究，发展出一套完整的微生物分类准则。

不可思议的生物学：必须知道的106个生物常识

表5-1 微生物分类的准则和方法

准则	方法和特色
染色	利用细胞壁成分的异同进行染色的方法（例如，革兰氏染色法或酸性染色法）。缺乏细胞壁的细菌和细胞壁不稳定的古细菌则无法用这种方法来鉴定
血清反应	身体免疫抗体对具有抗原性微生物进行反应。可能某些不同种类的菌种，却含有相同或相似的抗原成分
噬菌体感染性	噬菌体对微生物的感染性具有高度的专一性，它对细胞膜的成分有特别的选择性
氨基酸序列	微生物的蛋白质序列，可以检定DNA序列的异同，也可以判定微生物种类进化的异同，蛋白质序列相似性越高的，其分类种类越相近
DNA碱基的组成	一般都是以鸟嘌呤（G）和胞嘧啶（C）总和的百分比来表示，理论上相同种类的微生物的（G+C）的百分比应该相同，种类相似微生物的（G+C）的百分比应该相近
DNA指纹	微生物经过DNA剪切酶处理后，加以电泳分离，便可以判断剪切过的DNA片段长度是否相同
核糖体RNA序列	是目前最常用来测定生物的差异性和它们发生起源的差别，核糖体RNA存在所有的细胞里，而且较为稳定，容易取得。可以利用聚合酵素链式反应和核糖体RNA的引子增殖核糖体RNA片断，进行序列的分析
DNA聚合酵素连锁反应	利用聚合酶链式反应的方法，将微生物的DNA或核糖体RNA增殖，再利用特定DNA剪切酵素或DNA序列的方法，来检定微生物的亲缘关系
核酸杂交	DNA是一个双股的基因分子，经加热后，双股会松弛并分开，成为两条单股。如果将这单股的DNA固定在合适的材质上，再用已知的单股DNA探针和固定的单股DNA反应

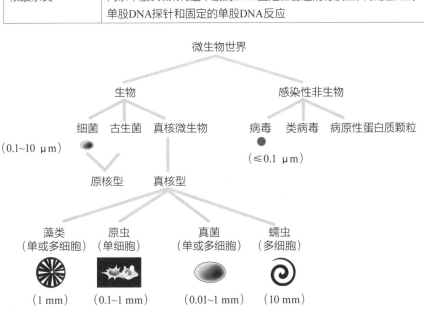

图5-1 微生物的分类

（一）细菌的生活方式

有些细菌会进行光合作用，具有红、紫、褐、绿色等光合成色素，但与植物的叶绿素有若干化学构造上的差异。此类细菌不需要氧气，属于厌氧菌，进行光合作用的同时，会产生硫化氢等简单的还原型化合物（光合成自养型细菌），或将有机物（光合成异养型细菌）脱氢作用的同时，将二氧化碳还原而合成菌体成分。

细菌可分为只有无机物即可作为营养源而可生育的细菌（自养型细菌），及需要有机物作为营养源才可生育的细菌（异养型细菌）两大类。而自养型细菌中，可分成光合成细菌，即具有光合成色素，能利用太阳能的菌；此外还有氧化无机物（氢、硫黄、硫化物、氨）而获得能量的化学合成自养型细菌。而除藻类之外的多数菌体（包括动物）均属化学合成异养型细菌。

表5-2　细菌的营养方式

营生方式	种类	说明
异养型	腐生菌	分解动植物遗骸→促进物质元素循环
	寄生菌	直接吸收宿主的养分而生活
	共生菌	由宿主得到养分, 但不危害宿主, 且对宿主有益
自养型	光合作用	进行光合作用
	化学自养	利用外界无机物氧化所释放的能量 1. $Fe^{2+} \xrightarrow{\text{铁细菌}} Fe^{3+}$ 2. $H_2S \xrightarrow{\text{硫细菌}} S \longrightarrow H_2SO_4$ 3. $NH_3 \xrightarrow{\text{亚硝化菌}} HNO_2 \xrightarrow{\text{硝化菌}} HNO_3$

（二）内孢子

某些杆菌在发育到某一阶段时，会在内部形成圆形或卵形的内孢子，又可称为芽孢，属于细菌的休眠状态。内孢子的形成通常是周遭营养供应不良，缺乏碳或氮的缘故。

在进入此阶段时，首先有关生长性细胞的基因变为不活化，而有关形成内孢子的基因则激活并发生细胞质浓缩。等到水分剩不到 40%的时候，再形成多层厚膜。芽孢核心含有 DNA、RNA 蛋白质和酶，外层则依次是内膜、芽孢壁、皮质层、外膜、芽孢壳和芽孢外壁，不具通透性。内、外膜由细胞膜形成，芽孢壁在发芽后形成细胞壁，皮质层最薄，但具有耐热性。芽孢壳无通透性，能抗化学药物的渗入，芽孢外壁则较疏松。有时芽孢可抵抗 150 ℃干热灭菌一小时。芽孢在适宜条件下（温度、湿度和养分），会吸收水分和养料而膨大，在芽孢一端发生破裂，新的个体便由此长出而留下空壳，历时 4~5 小时。孢子萌发为生长性细胞,称为发芽,可分为3个步骤:激活作用、触发、生长。

(三)细菌的分布

细菌分布广泛,从冰冷的北极到炽热的深海火山岩喷口,都可以找到其踪迹。一般观念认为,细菌会感染各种动、植物,引起其病变甚至死亡。然而,考虑到细菌对大多数动、植物及人类所做的有益贡献,它们的存在仍然是瑕不掩瑜。

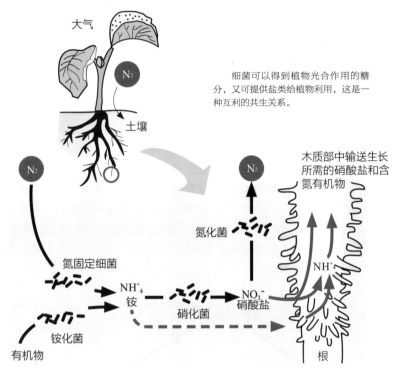

细菌可以得到植物光合作用的糖分,又可提供盐类给植物利用,这是一种互利的共生关系。

图5-2 植物与根瘤菌的共生关系

表5-3 微生物分类的准则和方法

名称	特征	图例
中央芽胞	芽胞呈卵形,位于菌体中央,直径与菌体直径相等	
近端芽胞	芽胞呈卵形,位于菌体中央与某一端之间	
顶端芽胞	芽胞呈圆形,位于菌体顶端,使菌体呈鼓链状	

小博士解说

至今人类所知最大的细菌,是1999年在非洲的纳米比亚海岸发现的。其菌体成圆球状,最大的直径有0.75 cm,体积是一般细菌的数百万倍,肉眼可见。这种细菌的细胞内充满空泡,可以储存大量养分,细菌本身也可通过调整空泡大小改变密度,以控制其在水中升降觅食,有如一架升降机。

植物与微生物的恩怨

（一）危害植物的微生物

大多数的植物只能固着在土壤或水中终其一生，因而与其周遭的微生物有着密不可分的关系。有些微生物依赖植物而生存，许多寄生的微生物会对植物造成极大的伤害。

造成植物病害的微生物，主要包括病毒、类病毒、细菌、真菌及线虫。有些病原微生物是绝对寄生性的，只能存活在植物活体细胞中，如病毒及类病毒、白粉病菌、线虫等。有些病原微生物则可以在没有合适的寄主植物时进行腐生，如植物病原细菌及真菌。

植物病原微生物危害植物的机制，其一是分泌对植物有害的物质，如分解植物细胞壁或细胞内含物的酶、对植物有害的毒素物质、影响植物生长与发育的生长调节剂，或是多糖类化合物等。此外，病原微生物也会对植物生长产生极大的影响，例如，改变细胞膜的渗透压、阻塞水分及养分的输送、影响光合作用及呼吸作用的效率、影响翻译和转录效率等。

因为危害植物机制的不同，有些病原微生物会造成植物局部性病害，如叶斑病、果腐等。有些病原菌则会引起整株植物系统性的伤害，如植物青枯病（又称为细菌性萎凋病）会因病菌产生大量的多糖体，导致维管束输水困难，造成植株呈现全身性萎凋。

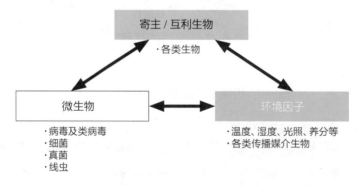

图5-3　危害植物的微生物与寄生、环境因子关系

（二）有益植物的微生物

在自然界中也有许多对植物有益的微生物，可以促进植物生长、加强植物对病害或不良环境因子的耐受性。这类微生物帮助植物生长或抵抗各种逆境因子的机制，包括对有害于植物的生物造成直接冲击、促进植物自身的生长和健壮、与其他生物间产生协力作用等。对植物有益的微生物因其特质的不同，可以个别或以不同的组合，用来当作植物的生物肥料或生物农药。

由于和植物相关的细菌种类很多，目前已经发现并应用的种类极为丰富。如根瘤菌是一群可以在植物根部产生根瘤的共生细菌，能够帮助植物高效固氮；苏力菌则会产生具有寄主专一性的特殊有毒蛋白结晶，使取食植物的害虫因肠壁穿孔而亡，但对于目标昆虫以外的生物则无害。另外，有些具有杀菌活性的有益细菌，如枯草杆菌、链霉菌和假单胞菌等，可以利用产生多种抗生物质、竞争和超寄生等机制，达到抵抗植物病原菌的目的。

表5-4　农用抗生素

农用抗生素	说明	举例
氨基糖类	属于糖的衍生物，由糖或氨基酸与其他分子结合而成。在植物体内具有移行性，可干扰病原细胞蛋白质的合成	链霉素
四环素类	由四个乙酸及丙二酸缩合环化而形成，可以抑制病原菌核糖体蛋白	四环素
核酸类	含有核酸类似物的衍生物，作用于病原菌的脱氧核糖核酸合成系统，抑制其前驱物或酶的合成	保米霉素
大环内酯类	由12个以上的碳原子组成，且形成环状结构，通常可和细菌的50核糖体亚基结合，以阻断蛋白质的合成	红霉素
多烯类	由25~37个碳原子组成的大环内酯类抗生素，含有3~7个相邻的双键，可与病原真菌细胞膜上的类固醇结合，有破坏细胞膜的功能	治霉菌素
多肽类	把氨基酸用不同的肽键结合，经常形成网状结构，可以抑制病原菌细胞壁的合成	纯霉素

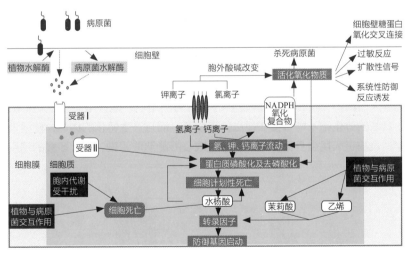

图5-4　植物细胞受病原菌感染后所诱发的反应

小博士解说

　　最著名也非常重要的植物有益真菌是根菌。因菌种而异，这类真菌可以在植物的根部表面或内部生长与发育，其菌丝与植物根部缠绕在一起，不但可以帮助植物吸收土壤中的养分（尤其是磷）和水分，也可以帮助植物避免多种病原菌微生物的侵害，或增加植物对不良环境因子的耐受性。

微生物杀虫剂是微生物农药的一种，用来防治有害昆虫。它是由活的微生物或这些微生物产生的代谢物质，经制剂配方调制而成的。

微生物杀虫剂中使用的微生物，对野生动物、人类、非标的生物不具毒性和病原性，安全无害，仅对防治对象有毒性或病原性，它的专一性让处理区的有益昆虫（包括捕食性或寄生性天敌）不会受到直接危害。

（一）细菌杀虫剂

大多数用于害虫防治的细菌是杆菌，形状呈杆状，通常存在于土壤中，而且大多数杀虫的品系来自土壤样品。细菌杀虫剂必须经害虫取食才有效，并不是接触性杀虫剂。

苏力菌为一种革兰氏阳性杆菌，在于其生长过程中，细胞内会形成一具有厚壁的内孢子，同时在内孢子的旁边也形成一个菱形的毒蛋白质晶体。当鳞翅目昆虫（如蛾、蝶类）吞食能使其致命的苏力菌以后，毒蛋白晶体会在此类昆虫特有的碱性肠道内（pH 值可达 9.5 以上）逐渐溶解，然后再经由肠内一特殊酶的切割，使具毒杀性的蛋白质片断释放出来。此毒蛋白片断使肠道细胞发生肿胀、崩解，最后使宿主昆虫死亡。

（二）病毒杀虫剂

许多昆虫会受到病毒的伤害，但病毒寄主范围窄，仅对单一的种类或单一属的昆虫有效。最具微生物防治潜力的病毒是杆状病毒科，包括核多角体病毒属和颗粒体病毒属。超过 400 种昆虫（大部分是鳞翅目），是杆状病毒的寄主。

病毒和细菌类似，经取食后才能感染寄主。

（三）真菌杀虫剂

真菌和病毒一样，时常扮演重要的自然防治角色，能够限制害虫栖群的成长。真菌的分生孢子能直接在昆虫体表发芽，而且产生特化的构造，使得真菌能穿透表皮进入昆虫身体，不需被害虫取食就能造成感染。在大多数的情况

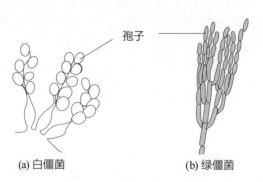

孢子

(a) 白僵菌　　　　(b) 绿僵菌

图5-5　虫生真菌（目前较受重视且具实用价值的虫生真菌）

下，在感染的过程中，受感染的昆虫是被真菌毒素杀死，而非因寄生造成的慢性作用致死。

真菌感染害虫的种类和生活期也有所不同，有些重要真菌的种类能攻击许多害虫的卵、幼虫和成虫，有些真菌则对攻击的幼虫的种类具有专一性。其中以白僵菌、黑僵菌、绿僵菌、蜡蚧轮枝菌的防治效果较好。

（四）原生动物与昆虫病原线虫杀虫剂

在自然情况下，原生动物可感染相当多的昆虫寄主。虽然这类病原菌能杀死昆虫寄主，但重要的是其慢性作用会使寄主衰弱。受感染昆虫后代的减少，是原生动物感染后的一个重要且常见的结果。

昆虫病原线虫会主动寻找寄主，侵染率及致死率高、寄主范围广，且对人畜和环境安全无害，可以利用发酵法大量生产。其使用方便，能以专属器械施用，目前已广泛用于钻孔性、土栖性等隐蔽性害虫的防治。

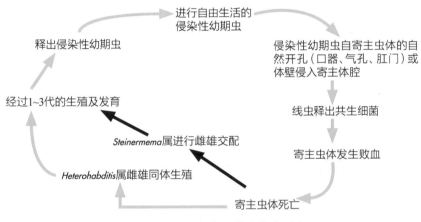

图5-6　昆虫病原线虫的生活史

表5-5　部分已上市的真菌杀虫剂

真菌名	产品名	目标害虫	生产国家
粉虱座壳孢	Aseronija	粉虱、介壳虫	苏联
黑曲霉	Asper G	甲虫	日本
巴西安白僵菌	Naturalis-L.	棉铃象、甘薯粉虱、叶蝉	美国
布氏菌	Biolisa	天牛及其他危害桑树和柑橘之害虫	日本
暗孢耳霉	Entomophthorin	蚜虫	立陶宛
绿僵菌	Bio1020	葡萄黑耳啄象	德国

（一）生命的滥觞

距今约 39 亿年前，地球上出现了最原始的细胞，其后经过漫长的进化过程，得以孕育出现今所有的生物。最先出现的属于非常简单的原核生物，它们的细胞没有细胞核，遗传物质散布在细胞质中，细胞质中也没有其他细胞器。原核生物包含细菌和蓝藻（念珠藻、颤藻）等。

随着时间的变迁，具有细胞核的真核生物逐渐进化出现，其遗传物质保存在细胞核中，并且具有不同的细胞器，如线粒体、叶绿体等。

原核生物细胞的构造与真核细胞的差异，主要在于原核生物缺乏细胞核膜及功能性细胞器（如叶绿体、线粒体、内质网、高尔基体等），其他如细胞质、细胞质膜、细胞壁、黏膜层及荚膜、纤毛、鞭毛、孢子及核糖体等构造均一应具有，因此其结构较为简单。

在最新的分类上其分类地位高于界，以核糖体 16S ribosomal RNA、168 ribosomal RNA 序列的差异分类，将生物分成三个领域：真核生物、真细菌、古细菌。

（二）原核生物细胞壁

大部分的细菌都有细胞壁，可以抵抗渗透压并且维持细胞的形状，主要的成分是肽聚糖，但有些寄生在人体内的细菌没有细胞壁。有些细菌除了有典型的细胞膜之外，在细胞壁外还有另外一层外膜。这两种细胞在分类上很重要，因为用革兰氏特制的染色剂可以将一大部分（虽然不是全部）细菌区分为革兰氏阳性与革兰氏阴性。

革兰氏阴性菌的细胞壁位于两层膜（外膜及细胞膜）之间，细胞壁比较薄。多了一层外膜虽然多了一层保护，但是与外界的沟通运输就比较复杂。细胞膜上有蛋白质（孔蛋白）形成孔隙，可以调控不同大小的分子进出，就好像是城门一样。在细胞膜和细胞壁之间的空间称为细胞周质间隙，含有一些可以分解外来的蛋白质或是消化脂肪或糖类等的酶。革兰氏阳性没有外膜那一层，因此它的厚细胞壁虽然坚硬，但组织较松，有很多空隙可以让物质进出。

小博士解说

抗生素盘尼西林可以破坏细胞壁的肽键的形成，使正在生长的细菌无法产生网状结构的正常细胞壁，如此便无法抵抗渗透压，细胞会因此涨破，所以盘尼西林可以杀死正在生长中的细菌（但是不会杀死不再生长的细菌）。能够抵抗盘尼西林的细菌通过分泌酶来破坏并分解盘尼西林。这个酶在革兰氏阴性的细菌中是分泌在细胞周质间隙间；而在革兰氏阳性的细菌中则是分泌此酶到体外。

表5-6 真核细胞与原核细胞的比较

项目	真核细胞	原核细胞
核仁	具核膜、有丝分裂 数个染色体,通常与粗蛋白结合	无核膜且无有丝分裂 单分子DNA,不与粗蛋白结合
呼吸系统	线粒体	细胞质膜或中间体
光合作用	叶绿体	组织化内膜(含叶绿素)
细胞壁	多糖类	肽聚糖
鞭毛	每条鞭毛由20条纤维组成	单一分子纤维组成
原生质内 细胞器	内质网、溶小体、高尔基体及 80-S核糖体	– 70-S核糖体

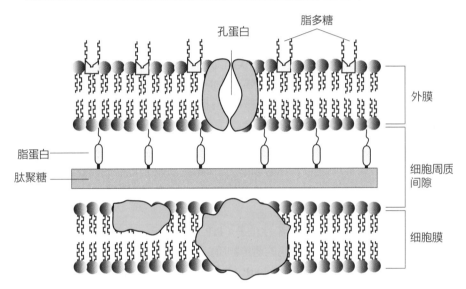

革兰氏阴性(Gram-negative)的细菌细胞壁

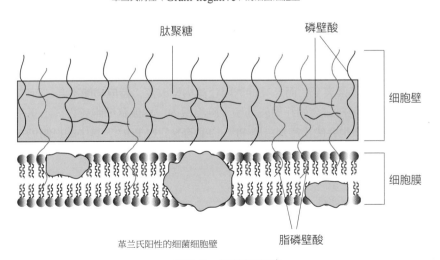

革兰氏阳性的细菌细胞壁

图5-7 细菌细胞壁

朊病毒

（一）不可思议的病原体

引起人类和动物疾病的病原体种类繁多，按照这些病原体结构复杂度及个体大小可分成：真核多细胞生物、单细胞原生生物、原核生物以及不具任何细胞结构的病毒。

病毒已经简单到只含蛋白质和核酸了，并且只能利用电子显微镜才能观察到它们的结构；更惊人的是——引起人类脑神经退化而成痴呆的克雅氏病（Creutzfeldt-Jakob disease, CJD）的病原体—朊病毒（prion），它只含有蛋白质。蛋白质具有传染力并且能引起疾病，实在是不可思议。

与 CJD 相类似的疾病还有人类的库鲁病、山羊和绵羊的羊瘙痒病以及牛群中的疯牛病。它们都是由类似病原体引起脑神经退化，进而产生的疾病。

目前对朊病毒变性蛋白质引起的疾病尚无任何有效治疗方式，唯一有效避免遭受感染的方式，是避免食用受感染动物制造的肉品（尤其是脑组织、骨髓与神经部分）。关于朊病毒的研究，未来仍有极大的努力空间。

（二）能复制的蛋白质

蛋白质能复制吗？生命科学的中心法则告诉我们：蛋白质的产生是依靠核酸上信息的蓝本，只有核酸具备复制能力，蛋白质无法自己形成模板加以大量复制。但如果朊病毒只含蛋白，又如何解释它进入动物体脑细胞后，竟然可以侦测到大量的朊病毒呢？

朊病毒蛋白又称蛋白质传染性粒子（PrP），变性朊病毒蛋白可以独自执行生理作用，在病体中找不到致病的遗传物质。

致病的 PrP（PrP^{SC}）和正常的 PrP（PrP^{C}）结构上有所不同，正常的 PrP 形成四个 α - 螺旋状结构，而突变的 PrP 则为 β - 片状结构。突变的 PrP 会比较趋向于折叠成 β -片状结构，是因为突变的氨基酸使 PrP 无法形成稳定的 α - 螺旋状结构。一些生化的分析，也发现变异的 PrP 比正常 PrP 不容易被蛋白酶分解，显示两种蛋白的差异性。

PrP^{SC} 和 PrP^{C} 蛋白有相同的氨基酸序列，但结构却不相同。蛋白质结构的改变并非来自基因突变，而是某种诱因让其构型改变，造成功能不同。PrP^{SC} 是非水溶性的蛋白，会如纤维般堆积于脑组织内，导致脑细胞死亡。不正常的 PrP^{SC} 蛋白质也会使正常蛋白质 PrP^{C} 构型的改变为 PrP^{SC}，其中的机制仍未明了。

　　研究认为，在脑中变性的朊病毒蛋白，会阻断合成 β 淀粉状蛋白中的一种关键酶。当 β 淀粉状蛋白堆积在脑中时，会造成阿尔茨海默病。在早期阿尔茨海默病患者的脑中发现含有较少的PrPC蛋白，PrPC似乎在抑制阿尔茨海默病这方面扮演着一个重要的角色。

表5-7　动物传播性海绵样脑病变

动物中之传播性海绵状脑病		
病名	第一次文献／年	所感染的动物对象
绵羊瘙痒病	1973	山羊、绵羊
传播性貂脑病	1965	貂
慢性消耗性疾病	1967	黑尾鹿、白尾鹿、麋鹿
牛海绵状脑病	1986	牛（畜养）
动物园海绵状脑病	1988	有蹄动物、大型猫科
猫海绵状脑病	1990	猫（畜养）

正常的朊病毒蛋白质存在于所有脊椎动物体内，是正常而无害的。但是变性的朊病毒蛋白质具有致病性，且会诱导正常的朊病毒蛋白质变性。PrP^{PC}（如图）跟 PrP^{SC} 在结构上的不同，因为 β－折叠 为主的结构易使 PrP^{SC} 凝聚并沉淀，此为组织病理上的一大特征。

图5-8　正常的朊病毒蛋白质

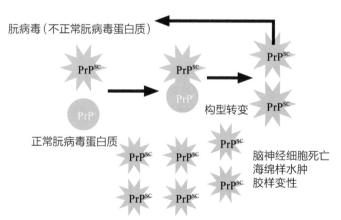

不正常朊病毒蛋白质具有感染力，当它与正常朊病毒接触会使正常朊病毒形态发生改变，也成为不正常的朊病毒，这样的过程经过几次后，体内不正常的朊病毒数量呈等比级数的增加而变得非常多量，如果这些朊病毒累积在脑部细胞，就造成许多脑细胞的死亡，脑部变成类似海绵的空洞状组织，这就是朊病毒造成神经病变的原因。

图5-9　朊病毒病变的发病机转

病毒

（一）病毒的特性

病毒具有绝对寄生性，一定要通过寄生在宿主细胞内，才能发展生物活性。病毒一旦感染宿主，将控管宿主细胞，以进行自己繁殖所需要的所有机制（不具有功能性核糖体或其他细胞器）。

病毒不具有细胞结构，其构造非常简单：主要以蛋白质外壳（鞘），内包核酸性遗传物质，可能是 RNA 或 DNA 任一种，形态则可能是单股或双股。而原核或真核生物的遗传物质主要是 DNA。

某些结构较复杂的病毒，则在病毒鞘外围再包有一层脂质外套膜；膜上具有一系列的病毒特有的受体蛋白。动物病毒的核酸有可能为 RNA 或 DNA；植物病毒大多数为 RNA 病毒，只有少数例外；噬菌体则大多为 DNA 病毒。

病毒繁殖方法不同于细菌的二分裂法，也不是真核生物的减数分裂法与有丝分裂，是用组合方式：病毒入侵宿主细胞后，会大量复制基因体，同时也合成多种结构蛋白质，然后两者再进行组合，形成一颗颗完整且相同的病毒颗粒。

（二）病毒种类

病毒的种类包罗万象，如：

1. 噬菌体：主要感染细菌，又称为细菌病毒。

2. 烟草镶嵌病毒：主要感染烟草，是一种植物病毒。

3. 人类免疫缺陷病毒（HIV）：引起人类艾滋病，具有两条相同的单股 RNA 基因体构造，是一种动物病毒。

（三）流感病毒

流感病毒分为 A、B、C 三型。

A 型流感病毒：会感染人类、哺乳类及禽鸟类等宿主（野鸟是所有 A 型流感病毒的天然宿主，A 型病毒可以说是一种交叉感染哺乳类动物的禽类病毒）。

病毒表面的两种蛋白质抗原区，被用来为病毒命名与亚型分类的依据，这就是 H1N1（新流感）、H3N1 命名的由来：

血球凝集素，（HA 抗原 Hemagglutinin）：能与动物红细胞表面受体结合而引起凝血作用，共分为 16 种亚型，抗血凝素抗体能中和流感病毒。

神经氨酸酶，（NA 抗原 Neuraminidase）：具有活性可以水解唾液酸，当流感病毒以出芽方式离开宿主细胞时，病毒表面的血球凝集素会通过唾液酸与宿主细胞维持连接，神经氨酸酶能够水解血球凝集素以切断宿主细胞与病毒的联系，协助增殖后的子病毒脱离被感染的宿主细胞，共分为 9 种亚型。

B 与 C 两型两种流感病毒：宿主域非常窄，大部分只感染人类，而且病毒毒力不强，因此对人类不会造成太大的伤害。专门感染人类的病毒，因为人体免疫能识别，所以只要曾与其相处过，人体大都能对抗并适应，不会产生致命危险。

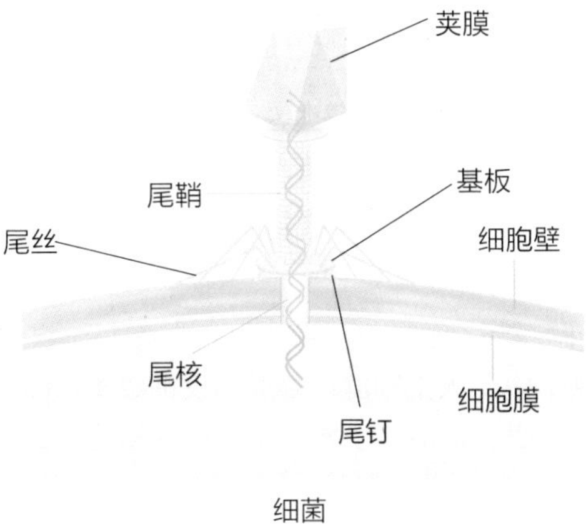

图中标注：

荚膜

尾鞘   基板

尾丝   细胞壁

尾核   细胞膜

尾钉

细菌

病毒的特性：蛋白质、核酸（RNA / DNA）

图5-10 病毒构造

表5-8 套膜病毒与无套膜病毒的比较

	有套膜	无套膜
性质	易受环境因子破坏 （酸、清洁剂、干燥、热） 出芽或细胞溶解方式 复制时改变细胞膜	对一些环境因子稳定（酸、清洁剂、干燥、温度、蛋白质酶） 细胞溶解释出
特性	保持潮湿才具感染力 不能在肠胃道中生存 传播不需杀死宿主细胞 引发细胞媒介免疫反应	容易散布 在肠道不良环境中具有生存力 即使干燥仍具感染性 引起保护性抗体反应

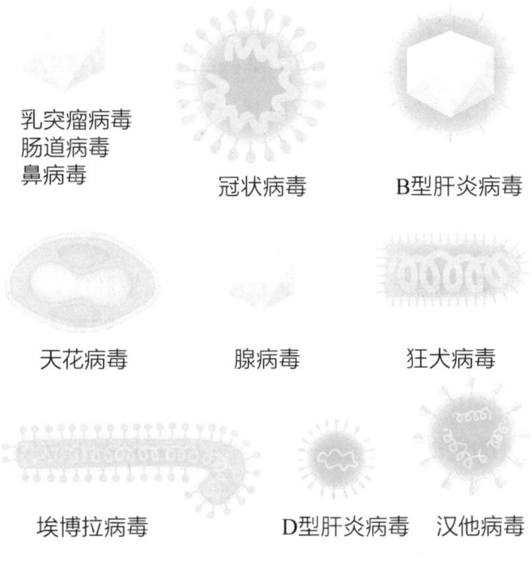

乳突瘤病毒
肠道病毒
鼻病毒

冠状病毒

B型肝炎病毒

天花病毒

腺病毒

狂犬病毒

埃博拉病毒

D型肝炎病毒

汉他病毒

图5-11 各种形态的病毒

 真菌王国

真菌界的生物包括酵母菌、霉菌及蕈类等，所有真菌皆为真核生物，其细胞具有细胞膜、细胞器等高等生物细胞构造，细胞壁成分多为几丁质，但没有叶绿体，因此，多数真菌靠菌丝分泌酶分解其他生物尸体为生，在大自然扮演分解者的角色。

（一）菌类多样性

菌类是仅次于昆虫的第二大生物群。菌类不仅种数多，而且在地球上的分布也很广，从空中、地表、地下、水域以及各种生物的体表及体内皆可能发现。几乎有生物生存的地方都可能有菌类的存在。

菌类的营养方式主要有腐生、寄生以及共生。由于对有机物质的获取利用是由其他生物而来，所以在生态系统中各类生物的存在及生活往往与菌类有密切的关系。因此在生态学的研究中菌类是不可或缺的一环。

腐生型菌类可以促进分解生态系统中其他生物的残骸，有助于生态系统中物质的循环利用，对生态系统的稳定是不可或缺的。寄生型真菌往往可以对其他生物产生致病性。共生型真菌进化成与其他生物间互利的共同生活关系。

地衣是真菌与藻类的共生体，在地球上有上万种。许多植物在根部有真菌与其形成的"内生型"或"外生型"共生型菌根，这能帮助植物的养分吸收。

（二）菌丝

多数真菌个体由菌丝构成，如面包皮上的霉菌与食用的香菇、草菇。不过，酵母菌就没有菌丝构造。许多菌丝结合在一起所构成的真菌个体，称为"菌丝体"。其功能为：营养菌丝穿入营养物体内，分泌酶，将大分子分解为小分子，再将小分子吸收入菌体内；繁殖菌丝可分裂形成孢子，增殖与繁衍后代。

菌核是一些真菌在土壤中进行休眠、越冬或抵抗恶劣环境的构造，主要是由真菌菌丝特化缠聚而成，可以是简单的菌丝团或蜡质的原生质团（如黏菌多核的纤维质囊状体在干燥下结团），也可以是一分化完全的实体。一般而言，菌核表皮层的细胞结构较紧密，且含有黑色素增强其防御能力。除黏菌外，在众多真菌中只有少数种可形成菌核。

（三）真菌与人类

大约有 50 种真菌会造成人畜疾病，最主要是以皮肤病为主，如毛癣菌会引起香港脚。通常让免疫不全（如艾滋病或是白血病）的病人致命的因素，都是因为真菌的感染。

真菌对于人类的间接害处就是，约有八千多种的真菌会造成植物的病害，如此也造成人类粮食的短缺。如稻米的枯叶病以及马铃薯的晚疫病。此外就是真菌的毒素误食会造成中毒，严重时还会致命，最有名的就是由黄曲菌所产生的黄曲霉素。

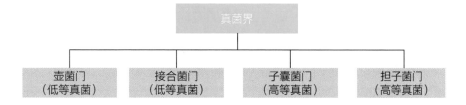

（1）壶菌门：多为水生，个体小，生活史中产生具有单鞭毛的游动孢子。

（2）接合菌门：接合菌没有子实体，如黑霉、内生菌根菌。

（3）子囊菌门：是真菌中最大的一群，一般熟知较小的子囊菌，如酵母菌和红曲菌，较大的如羊肚菌、冬虫夏草等。

（4）担子菌门：担子菌的子实体较大，一般在野外观察到的以及生活中所食用的蕈类多属此类。

图5-12　真菌界的分类

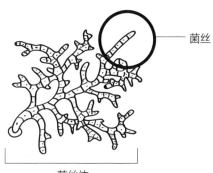

菌丝体

图5-13　真菌的菌丝体

冬虫夏草是一种动植物兼名，它是冬虫夏草菌寄生在蝙蝠蛾幼虫上的子囊菌，冬虫夏草菌寄生虫体吸收其营养以后，在其体内繁衍成菌丝体，夏季时长出一支像草的子囊座，下部是"虫形"的菌丝体，上部是"草形"的子囊座。根据它的形象被人命名。实际上，它既不是虫也不是草，而是一种真菌——虫草菌。

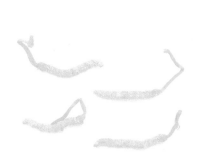

图5-14　冬虫夏草

非专一性免疫反应即先天性免疫反应，因身体的功能结构使得人类出生即可获得防御病原体的能力。提供人体对抗感染的基本性屏障，分为物理、化学、生物屏障。

人体的专一性防御机制功能强大，但很多病原体是因我们的非专一性免疫反应而无法进入人体。生病常是因为非专一性防御机制出现漏洞（如胃酸分泌不足、皮肤受伤等），病原才有机可乘。

（一）物理性屏障

物理性屏障包含皮肤和黏膜。完好的皮肤是病原体难以穿越的物理屏障。黏膜分布在消化、呼吸、泌尿、生殖道等处，可以阻挡有害微生物的入侵。同时，唾液、泪液、体内黏液也会将入侵的微生物冲刷排出。

健康的人体，上呼吸道的特化细胞会分泌黏液排出入侵的微生物；且这种细胞也会特化成带有纤毛的上皮细胞，靠着摆动纤毛把微生物、灰尘等物质推送出去。至于物理屏障的开口处，则依靠化学屏障保护。

（二）化学性屏障

人体皮肤与黏膜也具有化学性的防卫机制以抵抗病原体。

皮脂腺分泌的皮脂，以及由汗腺所分泌出的汗液能在皮肤表面形成pH3~pH5 的酸性环境，使得一般的微生物不易繁殖。至于那些能生长在皮肤上的菌群，则属于已适应干燥与酸性环境类群。

从唾液、眼泪和体内黏液分泌物质中含有不同的抗微生物蛋白质，如溶菌

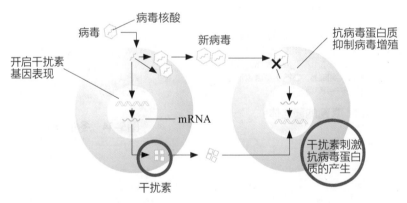

宿主细胞1: 产生干扰素，但本细胞　宿主细胞2: 被干扰素保护而活下来
会被病毒杀死

感染病毒的细胞能刺激细胞生产干扰素，以帮助邻近的尚未被感染的细胞对抗或干扰阻止病毒的感染。在感染流行性感冒时，干扰素起了很大的保护作用，它在我们身体内产生非常微量的分子，具极强的效用。

图5-15　干扰素产生的机制

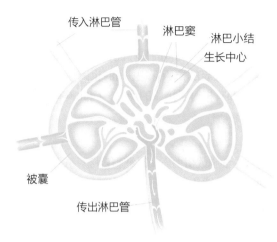

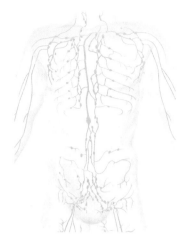

淋巴系统充斥着很多非专一性免疫细胞和专一性免疫细胞，而且淋巴系统与血液循环系统相连。是人体内的重要免疫战场，由淋巴管及淋巴器官组成的网状系统，内部充斥着组织液（淋巴液）及淋巴结。

淋巴结、脾脏、胸腺，都是淋巴器官，而骨髓也能制造淋巴球，所以我们也称它为淋巴器官，而其主要的功能，就是免疫。人体表面淋巴结的分布位置，主要在两侧颈部、锁骨上窝、腋窝及鼠蹊部或腹股沟。

图5-16　淋巴结的解剖图　　　　**图5-17　淋巴系统**

酶可以溶解许多类的细菌细胞壁，并且将其细胞壁、细胞打洞，破坏进入上呼吸道以及眼睛内腔周边的微生物。

胃液可杀死许多入侵的细菌。由胃腺所分泌的强酸胃液，足以杀死侵入胃部的大部分微生物，并破坏病原的细菌毒素。

补体蛋白是一群可以用来对抗微生物的蛋白质，约有 20 余种蛋白质，平常补体蛋白以不活化的形式存在于循环系统中，当人体受到微生物入侵时会被免疫系统及微生物活化。

干扰素是一种被病原体感染的细胞所释放出的化学信息，提供其他未被感染细胞的警讯。

（三）生物屏障

由细胞直接参与防御工作，仍属非专一性屏障，并不会猎取特定的敌人，只要不属于体内的组成，就会进行攻击。

嗜中性白细胞：当身体有异物入侵时，嗜中性白细胞会马上前来吞噬。这对急性免疫反应非常重要，所以当我们患了阑尾炎时，医生会检测白细胞，白细胞里的嗜中性白血球若呈现暴增现象，就表示身体有发炎状态。

单核球：单核球是巨噬细胞的前身。在血液中的单核球是一个小小的单核细胞，然而一旦离开血管后，会转变成为巨噬细胞，可随时吞噬大量细菌。

自然杀伤细胞：是重要的免疫细胞，它常检视各细胞的状态，一发现不正常的细胞（包括肿瘤细胞），杀手细胞便会将之清除。

免疫系统除了特异性、记忆性、识别性之外还具有高多样性，它不仅能对于数百万种外来入侵物做出反应，能辨识入侵者的抗原标记，同时也因含有大量不同型淋巴细胞群，而每种淋巴细胞群都有相对于抗原的受器，因此具有高多样性的特色。

（一）细胞免疫

特化后专门对抗某种外来入侵物的特殊细胞或蛋白质，以细胞直接对抗入侵者或病变细胞，我们称之为细胞免疫。两大专一性免疫细胞：B 细胞和 T 细胞。

哺乳类动物的 B 细胞由骨髓分化而来，它存在于骨髓内。骨髓内有血球干细胞，血球干细胞若是维持在骨髓内成熟，将成为 B 细胞，其表面会有接受抗原的受体。B 细胞能分泌专一性的抗体，可以对抗零星分布的病原。

成熟的 T 细胞表面有接受抗原的受体。T 细胞的免疫反应策略为细胞免疫，它直接攻击那些已经被感染的细胞。

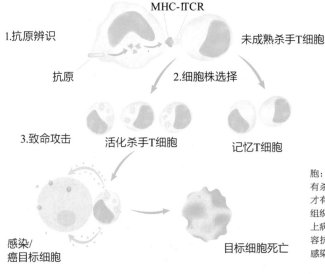

杀伤T细胞或自然杀伤细胞：对于病毒感染的细胞，只有杀伤T细胞或自然杀伤细胞才有效，杀伤T细胞通过主要组织相容抗原限制作用，辨认上病毒感染细胞的主要组织相容抗原/胜肽，而杀死被病毒感染的细胞。

图5-18　杀手T细胞作用机制

（二）抗体免疫

抗体是 B 细胞的产物。抗体是由 4 条肽链组成的蛋白质（又称为免疫球蛋白），由两条分子量较大的重链和两条分子量较小的轻链组成。

轻链和重链的后端（也就是羧基端），其序列组成一致，不具有变异性（又称恒定区）；而轻链和重链的前端（也就是氨基端）具有变异性（又称可变区），而不同抗体的前端具有不同变异结构，可对应各种不同的抗原。

可变区可产生高变化，制造各种不同抗体，可以对抗各种外来的抗原。

① 吞噬入侵细胞（抗原）
② 溶小体与吞噬小体融合入侵细胞（抗原）
③ 酶开始分解入侵细胞
④ 入侵细胞破裂成小碎片
⑤ 抗原碎片表现于APC表面
⑥ 释出残存的碎片

T细胞的活化需经过抗原辨识过程，抗原可经由抗原表现细胞（Antigen-presenting cell, APC）、共同刺激信号，或抗原表现细胞所产生的细胞激素被辨识。

图5-19　T细胞产生抗原辨识过程

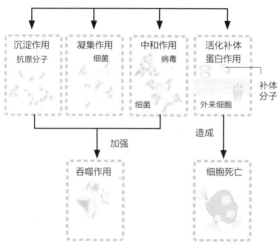

（1）最简单的抗体作用是产生中和反应，抗体与抗原分子结合成团，加速巨噬细胞的吞噬作用；或把抗原的毒性中和掉，使之不产生毒害。

（2）抗体也可产生凝聚作用，将外来物凝聚成团。

（3）补体蛋白作用：如果有异物进入体内，补体分子就会活化，与抗体共同作用，造成外来细胞溶解或被巨噬细胞吞噬。因此补体蛋白可通过细胞溶解作用，活化补体蛋白可协助把外来入侵者除掉。

图5-20　抗体作用模式

（三）过敏反应

过敏反应是身体的免疫系统对过敏原异常反应，主要引发机制在于某些特别的分子，如花粉，它在人体内诱发了 B 细胞，使其产生属于 IgE 类群的抗体，该抗体的保守区，不变区位置很容易叠在肥胖细胞上，一旦第二次碰到此花粉，身体免疫系统接收到"病原入侵"信息，便会大量释出组织胺，导致过敏患者流鼻涕、眼泪，并且持续大量制造 IgE 抗体。

小博士解说

依照抗体的恒定区特征，可分成五大类：IgG、IgM、IgE、Ig A及IgD。除了都可以使用前端的特异区辨识抗原，其恒定区更可提供发挥不同的功能：

（1）IgG：二次免疫中主要的抗体，活化补体、结合吞噬细胞的表面受体，可以从母体通过胎盘传到胚胎。含量最高最重要的免疫球蛋白。

（2）IgM：一次免疫主要的抗体，活化补体、结合吞噬细胞的表面受体，膜上之免疫球蛋白。

（3）IgA：主要分布在黏膜组织（初乳、肠道、泪液）中的抗体。

（4）IgE：与过敏反应及消灭寄生虫有关的抗体。

（5）IgD：膜上之免疫球蛋白，功能尚未明了。

第六章

进化与遗传

　　进化是生物在漫长时间内，缓慢且复杂
的演变过程。以种为进化的单位，包含种的
新生与种的灭绝。一个物种是从原先存在的
另一个物种演变而来，每一个种群乃至于整
个生物有一个共同由来，它们来自一个共同
祖先。遗传是指经由基因的传递，使后代获
得亲代的特征。目前已知地球上现存的生命
主要是以 DNA 作为遗传物质。

（一）极端环境

1969年，科学家从美国黄石公园的温泉中，分离出一株生长在70℃左右环境下的高温菌，推翻了生命无法在高温下存活的观念。

极端环境，是指地球上某些不太适合人类居住的恶地，这些地方有着极寒、酷热、强风、大雨等恶劣气候，或是拥有无氧、缺氧、强酸、强碱、高压、低营养源的恶劣地质。一般生物无法生存的环境，如温度70℃以上、pH 3以下、400N大气压以上。

极端环境用物理或化学数值来定义的话有如下分类：以温度来说，从0℃至100℃以上；就酸碱值来看，从0~14；就盐分含量百分比来看，从0%~30%的饱和浓度；就压力来看，从1个大气压力到1000大气压力以上。

科学家认为，这些温度、酸碱值、盐分、压力，甚至氧气浓度及营养源浓度，在每一个数值点上，都可能有不同形式的生命存在。

表6-1　光能营养硫细菌的种类和性状

科名	营养类型	氧化的硫化合物	其他性状
红螺菌科	兼性光能	低浓度硫化	红假单胞菌属内的3种，以鞭毛运动的状细菌和红霉菌
	有机营养	硫	属内的一个种，卵形细胞一端或两端生有长丝，芽殖
着色菌科	兼性光能	硫化氢、硫黄、硫代	科内10个属均可氧化硫化合物。细胞球状、杆状或螺状
	无机营养	硫酸盐、亚硫酸盐	运动中的种类以鞭毛运动的种细胞内有气胞
绿菌科	专性光能	硫化氢和硫黄	科内5个属均可氧化硫化物。细胞为卵状或弧状，不运动
	无机营养		种以鞭毛运动，有的细胞内有气胞

表6-2　太古生物的种类和生活环境

种类	特性	生活环境
第1类	极端高温下的太古生物	可生长在70~121℃环境中，这类菌需要的酸碱度是强酸（pH 2.0）或中性，至于有无氧气都无所谓
第2类	极端高盐下的太古生物	这类菌生长在55℃上下，至少需要1.5 M~4.5 M[1]左右的盐，酸碱度从中性到强碱（pH 10.0），有无氧气都能生存。它们利用紫膜蛋白吸收光，释放质子，以进行光合作用而获得能量
第3类	会产生甲烷的太古生物	存活温度是2~115℃，在淡水或极高盐的环境中都能生存，绝对厌氧。主要用氢、二氧化碳、甲酸、甲醇产生甲烷，这是它获得能量的方式，地球上的甲烷主要是由这类生物制造出来的

[1] 摩尔质量（编者注）。

（二）太古生物的细胞特性

使用太古生物这个称呼，是因为这些菌类很古老，老到地球上还没有氧气的时候它们就已经存在了。虽然对于大部分陆地动物来说，没有氧气根本不能存活，但是有些太古生物碰到氧气就无法生存，如甲烷太古生物就是这样。但也有些太古生物，无论有氧气没氧气都活得很好，如生活在海底火山附近的菌种。

太古生物的细胞膜脂质稳定，这也是极端环境中大都是太古生物的原因。太古生物细胞膜醚键的组成和一般细菌不一样。在一般细菌里，生物细胞膜是双层的，但是太古生物的细胞膜可以是单层的，而且它的连接会随温度的增加而变化，在极端高温时主要以单层膜为主。太古生物的细胞膜脂质结构，使它能够抗酸、抗碱、抗氧化，甚至能抵抗其他细菌产生的破坏脂质酶。这样的键结结构，能抵抗环境中的高温、强酸、强碱与氧化，而且能抵御其他生物的攻击。

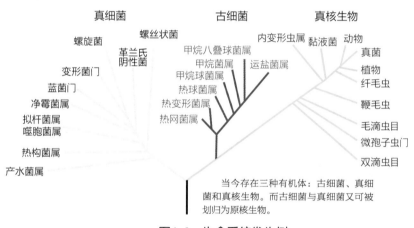

当今存在三种有机体：古细菌、真细菌和真核生物。而古细菌与真细菌又可被划归为原核生物。

图6-1　生命系统发生树

（三）太古生物的发源地

海底火山常被认为是生命进化的起源地。在海底火山附近，有大量高温甲烷，太古生物能利用氢气和二氧化碳产生甲烷，提供碳源给甲烷氧化菌利用，住在海洋生物体内的甲烷氧化菌再把它制造的营养提供给寄主，架构了深海食物链的起始。而当它住在动物的肠内时，则是负责生物体内营养消化代谢最后一关的微生物，帮助动物消除体内其他微生物分解营养时产生的气体，使消化降解作用能顺利进行。它也会住在草履虫等生物细胞内，帮忙利用氢气并赶走会利用硫的菌，免得动物细胞被有毒的硫化氢伤害。

 小博士解说

　　高温太古生物生产的耐极高温DNA聚合酶，是生物技术中大量复制DNA时所需要的酶。此外，生产耐高温和酸碱的工业用酶、开发抗盐抗旱转殖基因植物，借以降低沙尘暴危害及地球沙漠化等都需要它们。

（一）进化的意义

生物经漫长岁月，循序渐进式的变化过程就称为进化。物种的构造可以由简单趋向复杂，也可从一物种变成另一新的物种，"物竞天择，适者生存"就是诠释生物与环境息息相关的理论。进化是各种生物为适应生活环境而缓慢地进行生理变化的过程。生物的化石是进化的证据，如从灭绝的始祖鸟化石可以知道，鸟类是由爬虫类动物进化而来。

表6-3　地质年代中生物多样性重要记事

代	纪	开始时间（百万年）	生物多样性重要事件
红螺菌科	第四纪	1.6	人类出现
	第三纪	65	被子植物、授粉昆虫、哺乳动物与鸟类大幅多样化
着色菌科	白垩纪	140	被子植物出现、爬虫类及许多无脊椎动物于白垩纪末期灭绝
	侏罗纪	210	裸子植物与爬虫称霸、鸟类出现
	三叠纪	245	裸子植物兴起、爬虫类大幅多样化、哺乳类出现
绿菌科	二叠纪	290	许多海洋无脊椎动物于二叠纪末期灭绝、爬虫类与昆虫兴起
	石炭纪	365	维管束植物形成高大广泛的森林、两生类称霸、爬虫类出现
	泥盆纪	413	硬骨鱼类大幅多样化、两生（栖）类与昆虫出现
	志留纪	441	维管束植物与节肢动物进占陆地
	奥陶纪	504	脊椎动物出现
	寒武纪	570	寒武纪生物大爆发
	前寒武纪	4500	生命形成、真核细胞出现、多细胞生物出现

（二）化石

对过去生物多样性的了解，都是经由化石而来。但是化石的形成具有选择性，年代越久远，岩层越不易保存；同时不具有硬物体（如外壳或骨骼）的生物体，越难形成化石。如化石种中有95%是海栖动物，但是目前动植物的物种有85%生活在陆地。化石虽然不完美，但是目前不得不依赖化石作为生物多样性的历史纪录。

目前最简单的生物形式，为原核细胞生物，不具有细胞器，也没有细胞核。目前已知最老的原核细胞化石为具有纤毛的单细胞原核生物，出现于35亿年前所生成的岩石中。该岩层位于澳大利亚，为目前已知可能含有化石的最老岩层。实际上生命的形成应早于35亿年前。

真核细胞生物为较复杂的生命形式，具有细胞核，同时具有细胞器。目前已知最老的真核细胞生物化石，出现于18亿年前。由原核细胞生物进化为真核细胞生

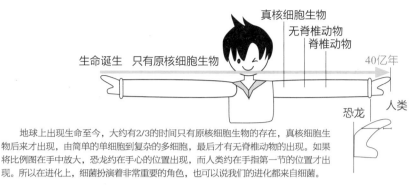

地球上出现生命至今，大约有2/3的时间只有原核细胞生物的存在，真核细胞生物后来才出现，由简单的单细胞到复杂的多细胞，最后才有无脊椎动物的出现。如果将比例图在手中放大，恐龙约在手心的位置出现，而人类约在手指第一节的位置才出现。所以在进化上，细菌扮演着非常重要的角色，也可以说我们的进化都来自细菌。

图6-2　原核细胞生物在进化时间表上的地位

表6-4　进化的机制

自然选择	当生物繁殖数量过多时会形成生存竞争，在这情形下，具有优良变异的进化个体便有较强的竞争力，故得以继续生存；反之，不能适应环境者则将被淘汰
突变	基因上的分子序列可受环境因素的诱导而发生改变，这种改变就称为突变
适应	若生物体的进化未能与环境的变化配合，则生物体最终会被环境所淘汰
隔离	在长时间的隔离状态下，两群本是相同物种的生物，各自在不同的环境之下累积更多的突变，两者之间的差异性也随之增大，最后成了两个不同的品种

物，其过程约占了地球上生物进化过程的一半时间。

多细胞生物皆为真核细胞生物，目前已知最老的多细胞生物化石为多细胞藻类，大约出现于14亿年前。

（三）寒武纪生物大爆发

寒武纪距今十分久远，我们对当时的地貌几乎一无所知。只知道当时地球上的大陆有一块主要的和几块较小的，而当时的生物都在海洋中。寒武纪地球气候温暖，海平面升高，淹没了大片的低洼地。这种浅海地带为新的物种诞生创造了极为有利的条件，产生了一批具有坚硬的贝壳或内骨骼的动物。它们形成化石很容易，因此和以前的软体动物不同，寒武纪动物留下了大量遗体。

寒武纪生物空前繁荣，可谓生物进化史上的大爆炸。新产生的生物有的到了寒武纪末已经灭亡，今天主要的动物类群都是在寒武纪出现的，包括我们人类所属的脊索动物。

在这个时期中，地球上首次出现了带硬壳的动物。虽然寒武纪的动物是海生动物，但它们很少遨游大海，而是贴近海底生活。生物群以海生无脊椎动物为主，特别是三叶虫、低等腕足类和古环动物；红藻、绿藻等开始繁盛。

小博士解读

生命现象的单一与多样，歧化与趋同并行不悖。在生物界里头，常会看到趋同的情形，单一的现象，生命都有自己的谋生法则。

（一）生命起源各有论述

地球大约在 46 亿年前形成，地球上生命起源的说法，一直在变。

过去的主流想法以"化学进化"来说明地球生命的起源。早期认为，地球生命开始于小分子，之后到大分子再到聚合物；从组成细胞、复制遗传基因至细胞分裂繁殖，生命就开始了。

还有一种说法是生命可能来自冰团。当海洋表面结成冰时，在冰晶缝隙里有机小分子聚成了大分子，生命于是开始。另一种说法是地球受到月亮牵引潮汐的影响，海水蒸发浓缩有机分子，岩石表面催化小分子的聚合，生命就这样开始。

还有一种说法认为生命是从热锅开始的，海底裂缝冒出的滚烫海水，最高温度超过 300 ℃，海水中夹杂很多特异的化学分子，这些化学成分和岩石作用后，不仅产生了海水里的重要成分，也可能成为生命的起源。

（二）海口虫——进化中的重要生物

海口虫的肌肉已经分节，有消化道、尾巴、肛门与四对生殖腺，更重要的是，它有一个脊索动物的特征——软的弹性构造。

脊椎动物的特质是脊索，在当时，我们的祖先没有选择坚硬的盔甲，反而长出背部的脊索以便弹性地抵御这个世界；又因为舍弃盔甲选择智慧，所以长出了大脑。脊索与大脑，成为无脊椎动物与有脊椎动物的最大区别，而海口虫兼具这两种构造，它被认为是生物进化过程中一个非常重要的环节，也是无脊椎动物进化成脊椎动物的典型过渡代表。

（三）进化发育过程

根据"进化论"的推论，生物个体的性状差异经由环境的筛选后，会变得更显著。从分子生物的层面来看，这些外在性状的改变，其实是源自细胞内遗传基因突变的累积。虽然在 DNA 的复制过程中，有重重的关卡来确保新合成

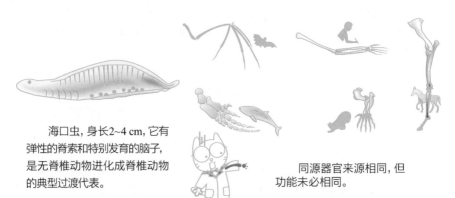

海口虫，身长2~4 cm,它有弹性的脊索和特别发育的脑子，是无脊椎动物进化成脊椎动物的典型过渡代表。

同源器官来源相同，但功能未必相同。

图6-3　海口虫　　　　　图6-4　同源器官

一股 DNA 的正确性，可是错误的发生仍然不可避免，这些在 DNA 复制过程中发生的错误就是突变。

如果突变发生在生物的重要机能的基因上，造成这些基因失去功能，这样的个体将不会存活，也不会有子代。相对来说，如果突变发生的位置只是稍微改变基因产物的活性，或者改变基因作用的时间或表现的位置，由于影响的层面有限，并不会让生物个体死亡，甚至有极大的机会产生子代，这样的突变便会遗传给子代。

在进化的过程中，对生物有重要功能的基因，它的序列并不容易产生太大的变异；如果这个基因产生突变，产生的突变应该不会影响到这个基因的功能。

表6-5　进化时间表

时期	百万年	主要事件
第四纪	0.01	"人"的进化
第三纪	12~2	雀，哺乳类，昆虫，开花植物大量繁殖
白垩纪	135~65	恐龙和大量海底动物绝种，开花植物的时代
侏罗纪	180~135	恐龙，裸子植物，雀鸟进化，各大陆继续飘移
三叠纪	230~180	裸子植物，树蕨和恐龙出现，各陆地漂移
二叠纪	280~230	爬虫世界，两栖渐没落，裸子植物出现
石炭纪	345~280	沼泽林，树蕨，两栖世界，爬虫开始，昆虫
泥盆纪	400~345	鱼类，两栖类的世界
志留纪	430~400	维管植物出现，鱼类，软体动物
奥陶纪	500~430	无脊椎动物，软体动物，鱼类，真菌类，陆地植物
寒武纪	600~500	无脊椎动物开始出现
前寒武纪	3500~600 4600~3500	海藻，细菌，太阳系形成

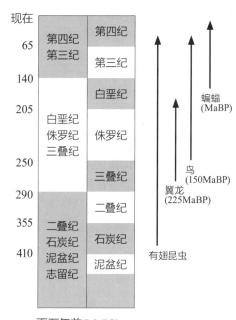

百万年前(MaBP)

昆虫、翼龙、鸟和蝙蝠虽然都有翅膀，能在空中做有动力的飞行，但它们的翅或飞膜只是外形相似、功能相同，然而却起源于不同的构造，彼此间并无亲缘关系。也就是说它们分别来自不同的祖先，只是因为都需要在空中活动，不约而同地发展出相似的外形。

图6-5　地质年代表

在DNA序列比对中，可以发现人、猴子、家犬等哺乳类动物的DNA序列的相似度可以在90%以上，但是，我们无法分辨序列是否具有重要性。

相同的推论可以应用在早期脊椎动物胚胎的发育过程中。在1866年，德国的动物学家艾伦斯特·赫克尔（Earst Haeckel）提出了"重演论"，他认为，在脊椎动物胚胎的发育过程中，胚胎的发育变化与该种生物在进化过程中产生的变化极为相似。

（一）进化树的发展

生物之间的进化关系是现今生物学家最关心的问题。

所谓进化，是指生物在变异、遗传与自然选择作用下的演变发展、物种淘汰和物种产生的过程。

进化树又称为系统发生树，是表现被认为具有共同祖先的各物种间进化关系的树，是一种亲缘分支分类方法。在树中，每个节点代表其各分支的最近的共同祖先，而节点间的线段长度对应进化距离（如估计的进化时间）。生物的演变历史，如同一棵树，进化树的建构可以协助我们了解进化过程及其历史。研究生物的进化史的方法很多，我们可以将物种遗留下来的遗骸或是化石作为研究依据，这是传统的进化论研究。除依据化石证据外，可用物种分布、比较生物学、生物发育学等外观上的证据，以生理构造或功能特征判断。

随着分子生物学的发展，可以从 DNA 或是蛋白质的序列来建构进化树。观察进化树中物种的相对地位以及位置，可以充分地了解它们的进化过程及亲疏远近。

（二）进化树的种类

进化树可分为有根树和无根树两类，有根树是具有方向的树，包含唯一的节点，将其作为树中所有物种的最近共同祖先。无根树是没有方向的，线段的两个方向都有可能发生进化。

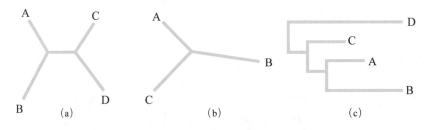

（a）和（b）为无根树，没有预设的共同祖先，没有阶层式的结构，只有物种间的进化关系。（c）为有根树，有一个预设的共同祖先，就是根结点，所以有阶层式的观念，所有物种是由同一祖先进化而来的。

图6-6　进化树的模型

（三）进化树的建构

建构进化树的方法大致上可分为距离法及特征法两种形式。距离法是通过序列成对比较计算出来的一个距离矩阵，用于重建进化树；特征法是利用物种的外显特征（如毛发、肤色或生物序列单元间的差异）建构进化树。

特征进化分为两种类型，同源性和类似性。同源性是指相似或相同的特征来自相同的祖先，因此同源性是推论进化关系的主要依据；而类似性几乎不被

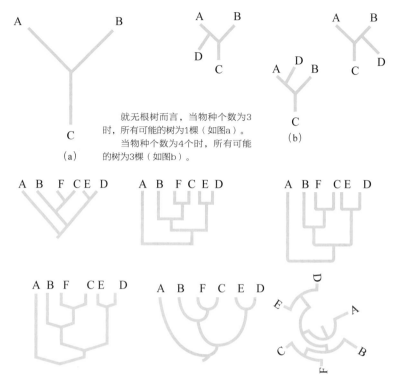

就无根树而言，当物种个数为3时，所有可能的树为1棵（如图a）。
当物种个数为4个时，所有可能的树为3棵（如图b）。

这6种图形都可以是有根进化树，最上面两种是我们最常用的形式。

图6-7　进化树

拿来当作进化关系的指针，因为其近似特征不来自同个祖先，然而类似性普遍发生于物种的实际进化情况，称为趋同进化。物种没有趋同进化的特征即被称为是具有兼容性的。

　　目前分析进化树的方法有很多种，依据输入数据方式的种类，有特征法、距离法与序列法。特征分析进化树的方法，是将物种之间的特征值做比较的方法，如物种是否有翅膀、是用鳃还是肺呼吸、是否用脚行走等，这些外表结构的差异性就是特征比对所在。

　　距离进化树的方法，利用了物种与物种之间的距离而建构出的进化树。利用基因的序列计算出两物种之间的距离，并且用一个 N 乘 N 的矩阵储存距离，N 代表物种个数。

　　序列进化树，是由多个物种之基因序列经由比对后，考虑 DNA 序列中核苷酸之排列情况。

 小博士解说

　　目前的进化树建构工具种类丰富，功能越来越强大。在输入同一组数据的情况下，不同的进化树建构工具所分析出来的结果，会产生不同的进化树。

（一）花的起源

侏罗纪晚期地球气候改变，促使植物快速进化以适应环境，因此酝酿出新的物种；侏罗纪晚期到白垩纪，因地球气候回暖，传粉者也逐渐变多，因此大多数的花化石都是在侏罗纪之后才有的。

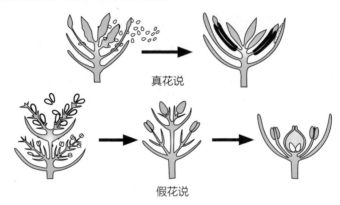

真花说

假花说

图6-8 花的起源假说

（二）花的进化

从叶芽与花芽发育初期的相似性中，我们可以看到花叶由叶演变而来的关联性。叶芽与花芽的发育过程就像是人的发育过程，成长为花芽与叶芽的花叶原与叶原就如同人发育过程中的胚胎期，叶原较纤细，花叶原较宽圆；叶原或花叶原继续成长到婴儿期，叶原延展像叶片的缩小型，继续成长为叶片；花叶原则发育成萼片，继续发育为花瓣、雄蕊、雌蕊，并包藏在萼片中，直到开花时，花瓣、雄蕊、雌蕊才伸展开来。朱槿叶芽与花芽在发育初期是很相似的，直到花叶原演变为萼片，叶原演变为具有锯齿状的边缘，才显出两者的不同。

在小孢子叶上的雄蕊，排列长成花粉囊，花粉囊渐渐短缩、窄化，特化出花药和花丝等形形色色的雄蕊。由叶子包覆胚珠折合而成为心皮，心皮逐渐进化，受粉区域缩小，最后成为柱头、花柱和子房。

植物因繁殖的需求，开始将叶子演变成不再是专门制造养分的构造，特称为花叶，这些花叶是着生在一个显著短缩的茎轴上，此着生构造称为花托，通常在花梗的顶端，是支持花朵生长的结构。花托组织向四周延展发育演变成筒状、杯状、盘状的样子，我们称之为花托筒，若向中央延伸发育演变成柱形、锥形、半球形的样子，我们称为花托轴。

外围具有保护及协助开花繁衍策略的花叶，称为花被，如果有分工进化不同的构造，外圈主要保护花苞发育及支持开花过程的花被，每一片称为一个萼片，一朵花的所有萼片统称花萼。

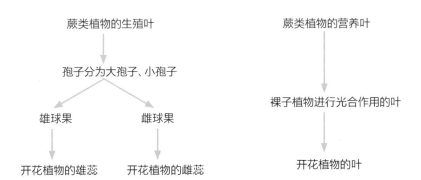

在蕨类植物中，叶片可分为有长孢子囊群的孢子叶和不长孢子囊群的营养叶，又根据古老蕨类的孢子囊群生长方式，可推测营养叶就是进化为一般植物的叶，而生殖叶则会进化为生殖的相关构造。裸子植物的雄球果就是由一片一片拥有小孢子囊雄性生殖构造的生殖叶集中而成，雌球果是一片一片拥有大孢子囊雌性生殖构造的生殖叶集中而成。而开花植物的雄蕊就是由拥有小孢子囊的生殖叶包卷而成，且孢子囊只位在雄蕊的顶端，雌蕊就是由拥有大孢子囊的生殖叶包卷而成，且孢子囊只位在雌蕊的底端。由此可知，开花植物的花的各部分的构造是从叶子进化而来的。

图6-9　开花植物的进化

（三）开花植物的进化树

被子植物又名开花植物或有花植物，在分类学上常被称为被子植物门。它是有胚植物中数量最多且最为人熟悉的一种。开花植物和裸子植物合称为种子植物。

远从侏罗纪就开始的漫长进化之路，由于化石材料的限制，对花的起源仍有不同的臆测：真花说认为被子植物的花是源自大而复合的两性孢子穗。假花说认为被子植物的花源自小而简单的单性大孢子穗和小孢子穗，还有认为可能来自种子蕨，一种叶像蕨却具有种子的植物。

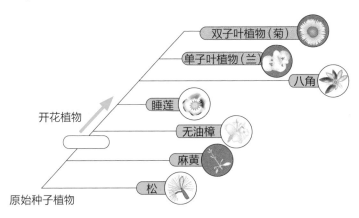

图6-10　开花植物的进化树

小博士解说

晚侏罗纪年代（约1.45亿年前），长约10 cm的"辽宁古果"化石，系属古木兰亚纲古果科，是目前出土化石中最直接、最古老的花的证据。

第六章　进化与遗传

121

（一）植物进化的一般特征

适应辐射：植物和动物在进化上不同步，地球上并没有发生大规模的植物灭绝，相反，在陆地变迁和高二氧化碳浓度时期，四大主要植物辐射就已经发生。被子植物很适应现在较低的二氧化碳浓度。

植物地理学：整个地球可以划分为几个植物地理区域，这些区域反映了现存陆地植物的分布，以及它们在过去 1.4 亿年以来的漂变状况。在这些区域植物仍存在这样的分布关系，这和动物地理区域不同，尤其是在南部温带地区仍然保留着冈瓦纳古陆期的植物区系。

隔离机制：植物在地理上或生态上存在隔离才能产生分异。在任何地方，生理障碍、传粉障碍或染色体变化，尤其是多倍体植物，都会导致隔离。在任何地方，长期且稳定的气候期可以形成更多的物种，这在多样化的环境中尤为突出。

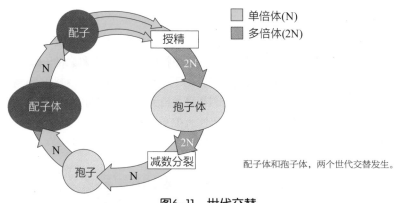

■ 单倍体(N)
■ 多倍体(2N)

配子体和孢子体，两个世代交替发生。

图6-11 世代交替

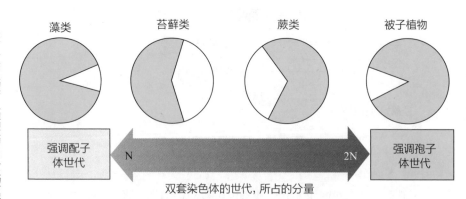

双套染色体的世代，所占的分量

图6-12 四类植物之2N染色体代的分量

多倍体：如果染色体分离但细胞没有分裂，它就会变成四倍体。如果这发生在生殖细胞中，则新植物将会是四倍体，并可能会与其亲本二倍体植物产生生殖隔离。这种情况在杂交之后可以多次发生，并可恢复其可育性。大多数开花植物都是多倍体。

物种形成模式：在热带和一些特定地方，植物比温带地区更具多样性。木本和风媒植物比草本或虫媒植物要少。如最特化的虫媒植物——兰花有很多物种。

（二）植物的发展

植物界是指一些进行光合作用，并拥有细胞壁的生物。现在的植物虽多生活于陆地上，但其实植物是由水中进化而移居上陆地的，当植物自愿或被强迫冲至岸上，它们就会离开充满了水和 CO_2 的环境，因此，到了陆地上的植物就得发展出一套适合陆地环境的系统。

陆地上的环境比水中干旱，空气中的水分不多，而且蒸发情况严重。植物为了防止水分的蒸发，在接触到阳光的表层发展出一层角质层，背面则有气孔，以便作为交换气体的通道；植物又为了将自己固定于水分充足的地方，故有假根形成，它可以作为水分吸收的主要器官，如苔藓类植物。

有了角质层和假根的构造，基本上解决了水分不足和蒸发的问题。由于角质层会阻碍气体的进出，便有了气孔，作为空气进出的场所，用以吸收 CO_2 和排出 O_2；其后更有了保卫细胞出现，进一步控制气孔的开合，使其更有效地防止水分散失。

由于植物需要进行光合作用，因此，植物需要长得更高来吸收更多的阳光，但变高了之后，运输和支持则出现了问题，所以有了维管束的出现，用以运输由根部吸收的水分和叶部制造的养分，以支持植物的构造。从此时植物界便可分为维管束植物和无维管束植物两大类。

植物为了遗传生殖的问题，最后发展出一种完善的系统——种子；因种子可以渡过恶劣的环境，到了环境适合的时候才生长，这对于物种的保存有极大帮助。当花和果实出现，又增加了新的进化空间，如有的植物可利用动物传播种子……

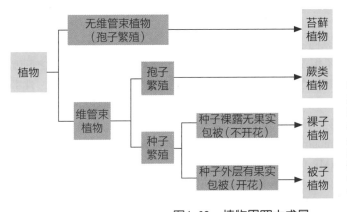

在植物的进化当中，越高等的植物，在其生活史中孢子体越为显要，而配子体趋于简单。显著的孢子体的优点为：可携带隐性基因，但此隐性基因被显性对偶基因遮蔽，此点有助于物种于环境变迁中存续。

图6-13　植物界四大成员

（一）单细胞到多细胞

地球上的单细胞生物为什么会变成多细胞？

多细胞生物形成的首要条件就是两个细胞必须能够结合在一起。如果一个细胞的细胞核已经分裂成两个，但是两个子代细胞没有完全分离，就变成拥有两个细胞的生物。另一种可能是两个细胞中间，如果在细胞膜上有一些分子能够互相辨认，透过细胞膜表面的蛋白分子能够像胶水一样把两个细胞结合在一起。

两个细胞结合在一起，有什么好处？如果食物有限，养分就必须分给另外一个细胞，这是不利之处。在单细胞生物的世界里面，除了会进行光合作用的细胞可以自食其力之外，剩下的细胞必须靠其他的细胞作为食物，所以早期的生物世界里就有互相吞食的现象。如果两个细胞在一起，因为体积比较大而不容易被吞食，而最重要的好处是许多细胞结合在一起时，才有分工合作的可能性，这样比较容易抵御恶劣的环境。

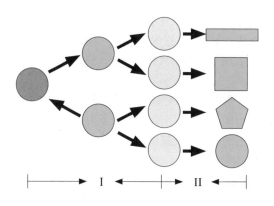

图示中 I 过程表示由一个或一种细胞增殖产生后代的过程；II 过程表示形态、结构和功能发生稳定性差异的过程（细胞分化）。

图6-14　细胞的增殖与分化

（二）黏菌

黏菌是类似阿米巴虫的单细胞生物，靠吞噬细菌维生。当环境良好时，各自吞食细菌而彼此不相干。当外界环境开始恶劣或食物缺乏时，单细胞之间就会彼此告知，并会开始进行细胞聚合。在这个聚合的过程中，最重要的一件事就是细胞间的沟通。

当一群黏菌感到饥饿，其中一个特别饿的黏菌，就会开始合成环单磷酸腺苷（cyclic adenosine monophosphate, cAMP），释放到环境中作为信号告诉周围的黏菌。cAMP 信号的释放是一波接一波，形成一个 cAMP 浓度的梯度。距离越远，浓度就会越小。

每一个黏菌表面都有 cAMP 的接收器，在接收信号之后，除了要对这

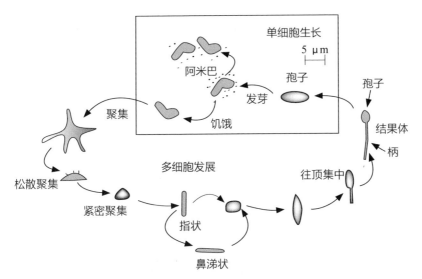

黏菌是一种原生生物，分类学上的名称为"Mycetozoa"，意思是"真菌动物"，这样的名称表现了其外观与生活形态。它们保有变形虫的身体构造，但是也与真菌类同样拥有能够释放孢子的子实体，而这些特征也使它们看起来和霉菌相似。

图6-15　黏菌生活史

个信号产生反应之外，还要将此信号重复传给其他黏菌。所以它也开始分泌cAMP，并且将cAMP释放出去，同时它还会"爬向"cAMP浓度高的地方，也就是朝着一个方向前进。

黏菌一方面把信号往外传递，另一方面自己会往信号的中心靠拢，这样所有的黏菌就动作一致，会往中心聚集。同时，黏菌细胞膜的表面开始出现一些特定的黏合分子，可以使黏菌彼此黏合。

（三）细胞分化

多细胞生物出现的第一个条件就是彼此能够结合在一起，还必须要发展出第二个重要的特性——细胞分化。在恶劣环境中，多细胞在一起时就必须想办法分工。

黏菌会分化成两类细胞，一类细胞会成为孢子，可以暂时冬眠以确保在恶劣环境下存活。另外一类细胞就分化成支干。支干的细胞会开始往下走，把要变成孢子的细胞往上推，最后形成特定的三度空间结构，当风吹过来时，孢子有可能散播到较远的地方，碰到良好生长环境的机会就会增大。

表6-6　单细胞与多细胞生物的比较

	独立性	依赖性	功能	细胞分工
单细胞生物的细胞	强	低	多	无
多细胞生物的细胞	弱	高	特定	有

 基因开关

地球上的环境差异，造就了各种生命形式；然而，维系着不同物种之间的，竟然是一群差异并不大的基因群。就算物种间外形差异大，但基因的相似性比我们所想象的要高。

（一）生命形式的基因表现

生物间的基因相似性：在地球上数以万计的生命形式之间，纵使外表的差异极大，却拥有非常类似的基因。但基因序列相差大，如老鼠含2.7~3万个基因、线虫约含1.9万个基因、人类约含3万个基因。

基因表现的意义：细胞核将 DNA 序列转录成 mRNA，再经由核糖体以及 tRNA 翻译成蛋白质的过程，即称为基因表现。然而，基因表现的关键并不在于基因本身，而是在于基因调节。

（二）基因序列

在细胞核中，DNA 转录成的 RNA 会先经过修剪而成为mRNA，之后再送出细胞核外来让核糖体进行翻译；这种方式大大地增加了基因的用途，这种基因表现能使得同一段基因转录后经过剪接及黏合产生出不同用途的蛋白质。

以人类来说，就有约30%的DNA经过剪接，使得人类虽然只含3万个基因，却能制造出种类高达数十倍的人体蛋白质。

编码序列是产生蛋白质的密码，其所对应出来的 RNA 将会以3个核苷酸为一组的核苷酸三联体送到核糖体，再借由核糖体以及 tRNA 翻译成氨基酸，进而折叠成蛋白质。

插入序列最主要的工作在于调节，因此又被称为调节序列；它只存在于真核生物以及病毒当中，主要的工作是基因调节，它所包含的几个重要部分如：

1. 启动子（promoter）：启动子是决定编码序列开始做翻录的重要因子，当基因要开始做转录时，RNA 聚合酶会与该部位结合并且开始做转录。

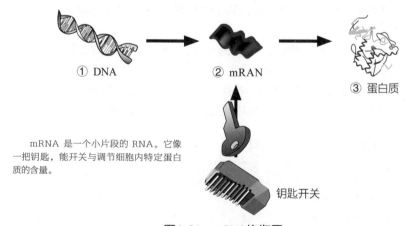

① DNA　　② mRAN　　③ 蛋白质

mRNA 是一个小片段的 RNA。它像一把钥匙，能开关与调节细胞内特定蛋白质的含量。

钥匙开关

图6-16　mRNA的作用

2. 增强子（enhancer）：增强子又称为强化子，当它被启动时，会造成数个RNA聚合酶一起工作，转录的效率也会大幅提升。

3. 操作子（operon）：操作子是能操作转录以及结束转录的因子，当它与抑制蛋白结合时，转录工作来到这结合体时便会停止转录。

（三）基因开关

DNA上有些特别枢纽，称之为基因开关，这些序列不具有合成蛋白质的信息，而是控制基因的表现。所谓的基因开关，其主要构成来自增强子及转移因子，转移因子是由蛋白质构成的，当它与特定的增强子做结合时，会使启动子发挥作用，并使更多的RNA聚合酶开始做转录。

因为增强子与转录因子决定了基因表现的始末，它有如基因的开关的作用。每个基因都至少拥有一个增强子，而有些基因拥有自己独立的增强子，这些增强子分别调控着专门的部位以及蛋白质，使得生物体在基因开关以及其他调节部位的作用下，展开了复杂却有规律的基因表现网络。

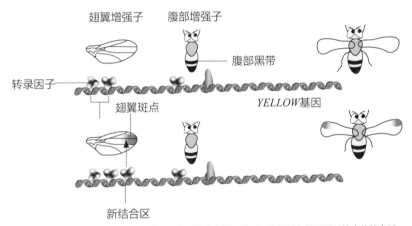

1. 果蝇翅翼上的YELLOW基因增强子序列发生变异，多了一个可以与转录因子结合的结合区，使得它所产生的蛋白质高度活化，因此翅翼上出现黑色的斑点。

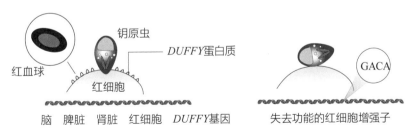

2. 人类的红细胞上有一种名为Duffy的蛋白质，使得疟疾的钥原虫碰到了红细胞表面上的这种蛋白质会将其当成受体的一部分，借以进入红细胞中。在疟疾肆虐严重的非洲却产生有利的变异型，在西非，几乎所有的西非人都因为红细胞表面Duffy蛋白质增强子序列的一个碱基从T转变为C，因此使得该增强子失去功能，无法制造Duffy蛋白质的红细胞使得疟原虫无法侵入，进而避免引发疟疾。

图6-17　增强子的作用

蛋白质制造

蛋白质在生物体中扮演非常重要的角色，负责执行生物体内所有的生理功能。蛋白质的种类繁多，微生物有上千种的蛋白质，高等生物则有上万种的蛋白质。这些蛋白质都是由一种蛋白质制造机——核糖体所制造的。

（一）翻译作用

核糖核酸聚合酶（RNA polymerase）会以 DNA 上有遗传信息的脱氧核糖核酸序列为模板，经过转录作用，用 4 种核糖核酸（A、U、C 及 G）合成出RNA。RNA 又可再细分为 3 种，信使 RNA（mRNA）、核糖体 RNA（rRNA）和转运 RNA（tRNA）。mRNA 的功能是携带遗传信息给核糖体，核糖体再依mRNA 的核酸序列合成出蛋白质。当核糖体在读 mRNA 核酸时，会以 3 个字母为一组，代表一种密码子，而一种密码子只会对应一种氨基酸，其中 AUG 这组密码子是起始密码，它就像是解密的起点。

核糖体会先找出起始密码后再依序每 3 个一组地往下读，直到遇上终止密码（UAA、UGA 或 UAG），才会停止蛋白质合成。而 rRNA 是构成核糖体的组件，它会结合多种蛋白质共同组成核糖体。

tRNA 则是 RNA 语言和蛋白质语言之间的媒介，它的末端会携带 20 种氨基酸中的其中一种，且 tRNA 中有 3 个核苷酸会和 mRNA 的密码子互补，这 3个核苷酸称为反密码子。

一种 tRNA 只会带一组反密码子，也只会携带一种特定氨基酸，因此一组mRNA 的密码子只会和一组 tRNA 的反密码子配对，翻译出一种特定氨基酸。

（二）核糖体

核糖体内有 3 个 tRNA 的反应位置，包括 A 位、P 位及 E 位。A 位（氨酰位）是密码子和反密码子配对结合的位置，只有正确配对的 tRNA 可诱发往下的蛋白质合成步骤，不正确的 tRNA 则无这项功能，最后就会离去。P 位（肽酰位）是接有合成中蛋白质的 tRNA 所在位置，E 位（退出位）则是 tRNA 离去的位置。

当翻译作用开始时，起始 tRNA 会和起始密码（AUG）先在 P 位结合，第 2 个 tRNA 则会在 A 位和第 2 组密码子配对，当配对正确后，核糖体会催化P 位的tRNA，把它的氨基酸转移到 A 位的氨基酸上。这时 P 位的 tRNA 变成没有携带氨基酸的 tRNA，A 位的 tRNA 上则含有以肽键连接的两个氨基酸。

完成氨基酸转移后，核糖体会往右移 3 个核苷酸的位置，来读下一组密码子。因此原本在 P 位的 tRNA会移到 E 位，原本在 A 位的 tRNA 来到 P 位。空出来的 A 位就可和相对的 tRNA 配对，进行下次的氨基酸转移，并延长氨基酸链。在 E 位的 tRNA 则会离开核糖体，由氨酰 tRNA 合成酶再次携带相对的氨基酸进行下次的反应。

表6–7 64种密码子和对应的氨基酸

		第二位碱基			
		U	C	A	G
第一位碱基	U	UUU ─┐ UUC ─┘ 苯丙氨酸 UUA ─┐ UUG ─┘ 亮氨酸	UCU ─┐ UCC UCA ─┘ 丝氨酸 UCG	UAU ─┐ 酪氨酸 UAC ─┘ UAA 终止 UAG 终止	UGU ─┐ 半胱氨酸 UGC ─┘ UGA 终止 UGG 色氨酸
	C	CUU ─┐ CUC CUA ─┘ 亮氨酸 CUG	CCU ─┐ CCC CCA ─┘ 脯氨酸 CCG	CAU ─┐ 组氨酸 CAC ─┘ CAA ─┐ 谷氨酰胺 CAG ─┘	CGU ─┐ CGC CGA ─┘ 精氨酸 CGG
	A	AUU ─┐ AUC ─┘ 异亮氨酸 AUA AUG 甲硫氨酸 （起始）	ACU ─┐ ACC ACA ─┘ 苏氨酸 ACG	AAU ─┐ 天冬酰胺 AAC ─┘ AAA ─┐ 赖氨酸 AAG ─┘	AGU ─┐ 丝氨酸 AGC ─┘ AGA ─┐ 精氨酸 AGG ─┘
	G	GUU ─┐ GUC GUA ─┘ 缬氨酸 GUG	GCU ─┐ GCC GCA ─┘ 丙氨酸 GCG	GAU ─┐ 天冬酰胺 GAC ─┘ GAA ─┐ 谷氨酸 GAG ─┘	GGU ─┐ GGC GGA ─┘ 甘氨酸 GGG

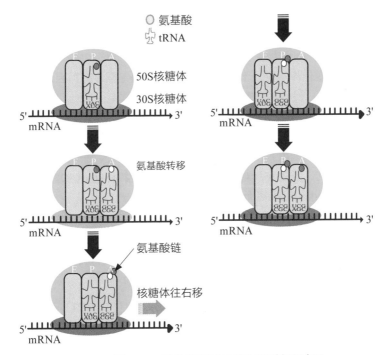

图6–18 翻译作用中的氨基酸转移过程

小博士解说

　　因为生物体内并无终止密码相对的tRNA，所以当A位读到中止密码时，释放因子会接上A位，水解在P位上的氨基酸链，完成蛋白质合成。

 基因突变

（一）基因突变概述

基因随着时间的流逝不断地发生变化，这就是所谓的基因突变。

根据统计，每一个基因发生突变的概率是十万分之一，对生物而言，这些突变通常是有害的，但若站在进化的角度来看，突变能够帮助生物体适应环境的变迁，因此突变也成了物种进化的因素之一。突变的影响对生物体而言有轻重程度之分，最轻微的可能并没有什么生理上的变化，而最严重的会导致死亡。突变的种类众多，以染色体与 DNA 的变异来区分，可简单地分类为：染色体数目或构造的改变和DNA 分子中碱基的改变。

（二）碱基置换

染色体上的基因若有永久性突变时，就会造成遗传性疾病的产生，如地中海型贫血、黏多糖症等，遗传疾病一般可分为显性遗传、隐性遗传及性联遗传，其中显性遗传及隐性遗传皆是由 22 对常染色体发生突变所致，如果一对染色体上仅有一个基因发生变异就会造成基因缺陷，为显性遗传；若需一对相关位置的基因发生变异才会造成基因异常者，称为隐性遗传；至于基因变异发生在性染色体上的，则称为性联遗传。

然而基因的变化却不仅限于碱基置换这种小变化。重复在基因进化、诞生上扮演重要的角色，假设某祖先基因因为某种机制而重复，如此只要一个基因就足以发挥祖先基因拥有的功能，重复的基因为了获得新功能，将大胆体验遗传情报的变化。

这个假说认为基因重复在"一面保有既有的基因功能，一面诞生拥有新功能的基因"上有利，经由实际观察生物的基因、基因组构造（如酵母等），也可找到"经由基因组层级重复而进化"的痕迹。

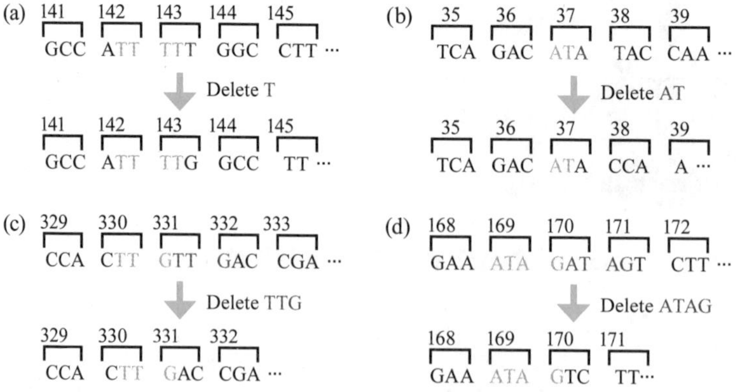

(a)
141	142	143	144	145
GCC	ATT	TTT	GGC	CTT …

↓ Delete T

141	142	143	144	145
GCC	ATT	TTG	GCC	TT …

(b)
35	36	37	38	39
TCA	GAC	ATA	TAC	CAA …

↓ Delete AT

35	36	37	38	39
TCA	GAC	ATA	CCA	A …

(c)
329	330	331	332	333
CCA	CTT	GTT	GAC	CGA …

↓ Delete TTG

329	330	331	332
CCA	CTT	GAC	CGA …

(d)
168	169	170	171	172
GAA	ATA	GAT	AGT	CTT …

↓ Delete ATAG

168	169	170	171
GAA	ATA	GTC	TT …

遗传情报经由DNA的复制正确地从亲代传递到子代的过程中，会以某个概率发生误差，而导致碱基置换。

图6-19　碱基置换

（三）引起突变的因子

突变造成的原因又可分为自然突变及诱发性突变（以人为方式导致突变，如 X-射线，紫外线，亚硝酸盐等）。

物理因素：DNA 主要可吸收波长 260 nm 的光波，因此高能量的辐射线、紫外线、X 射线、γ 射线，会直接伤害 DNA，间接导致 DNA 复制不正常。100~380 nm 紫外线波长，会使 DNA 断裂或改变 DNA 的碱基组成，造成异常的胸腺嘧啶双体（T=T，双胸腺嘧啶）。

化学因素：亚硝酸、5-溴尿嘧啶会造成 DNA 点突变，如亚硝酸可使胞嘧啶（C）失去一个氨基（–NH$_2$），变尿嘧啶（U）；使腺嘌呤（A）改变为次黄嘌呤。

生物因素：病毒感染细胞，病毒基因嵌入宿主细胞的染色体 DNA 中，转变为癌细胞。

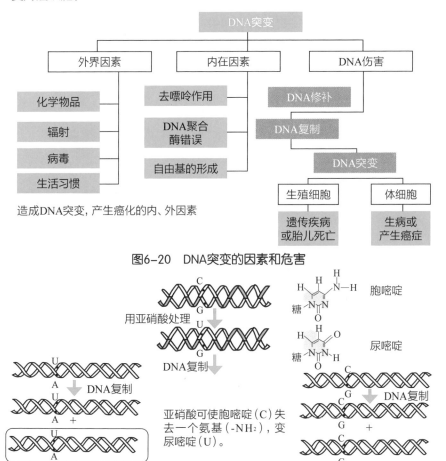

图6-20　DNA突变的因素和危害

图6-21　亚硝酸引起DNA突变

（一）哺乳动物的体毛

毛发在哺乳动物身上具有重要的保护功能，但是，人类为何褪去一身浓密的体毛，变得如此赤裸？

人类属于哺乳纲灵长目，而哺乳类的特征是：温血、哺乳、毛发蔽体（御寒）。所有哺乳动物身上或多或少都有体毛，而且大多数相当浓密。毛发能隔热防寒，并避免皮肤受到摩擦、水汽、阳光和有害寄生虫及微生物的伤害，它也可作为保护色，独特的花纹有助同类生物互相辨识，有些哺乳动物还会利用毛发来表现它们的侵略行为或焦躁情绪，如当狗竖起颈部和背部的毛时，就是警告挑衅者别靠近的信号。

常见的哺乳类动物，只有大象、犀牛、河马、海牛、猪、鲸豚、无胸腺裸鼠体毛稀少或没有体毛。鲸豚因在海洋中生活，脱掉体毛减少摩擦力，从而提升游泳速度。大象与犀牛，身体壮实又皮厚，因此不靠体毛御寒。

哺乳动物具有外分泌腺、顶泌腺及皮脂腺等3种腺体帮助身体散热，大多数哺乳动物表皮有丰富的顶泌腺，这种腺体聚集在毛囊旁，分泌物能让动物的毛覆盖一层油污，当毛上的汗蒸发时，可以把热气带走，但是，过多的毛发会阻碍汗水的蒸发，散热效率变差。

图6-22　体毛多的哺乳动物

（二）褪去体毛的好处

人类其体毛褪掉后，至少要面对3个问题：身体表面直接受阳光照射；气温低时，难以保暖；没有大象、犀牛一般的厚皮保护身体。但是，人类不像其他的无毛哺乳类全部褪去体毛，人体头部、腋下与阴部的毛发并没有褪去。

人类祖先靠打猎维生。追逐猎物，体温容易升高，必须褪去浓毛，增加皮肤中的汗腺，使身体容易散热。

大象、犀牛和河马，经常体温过高，因此它们也进化出光秃的皮肤。动物的体积越庞大，相对于身体质量的表面积就越小，越难排出过高的体热。

在距今200万年~10万年前的更新世，犀牛、猛犸象和其他现代大象的近亲都是长毛动物，因为它们生活在寒冷的环境中，长毛的隔热效果有助于维持体温，减少食物摄取量。但今日所有大型草食动物都栖息在炎热的环境中，长毛反而会让这些巨兽更容易死亡。

对灵长类（包括人类）来说，最重要的散热方式是流汗。排到皮肤外的汗液在蒸发时，会顺道带走皮肤的热量，让身体冷却下来，如图6-23所示。

由于许多寄生生物如虱子、跳蚤都藏在毛发里，因此人类脱去毛发后，就能避免寄生生物以及寄生生物带来的病原侵袭。人类可以利用其他手段，弥补其他动物在脱毛之后必须克服的困难，如以火取暖，以衣蔽体。

达尔文认为光裸的皮肤是经过"性择"进化出来的，皮肤不光滑的个体找不到配偶，因此没有繁殖机会。

（三）褪去体毛的时间

寄生在人类身上的虱子有3种：头虱、体虱、阴虱。体虱多出现在衣服上，因此推论现代人身上的体虱是衣服发明之后，才开始进化的。比较头虱、体虱、阴虱的基因差异，算出人类体虱是最晚进化出来的，大约在距今7万年~4万年前，接近旧石器时代晚期（克罗马侬人出现的时代）才出现的。

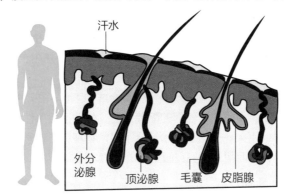

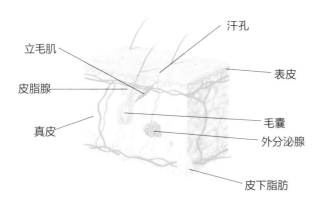

人类表皮以外分泌腺较多，这些腺体靠近皮肤的表面，会从毛孔释出稀薄的汗水，外分泌腺排出的水污比顶泌腺排出的油污容易蒸发，降温效果佳，而且人类光秃的皮肤容易排出多余的体热。

图6-23　光秃秃的人类

（一）人类心智的四大特质

虽然人类和黑猩猩的基因大部分是一样的，但研究表明，在人类谱系和黑猩猩谱系分开进化后，一些微小的遗传漂变让两者的大脑能力产生了巨大的差异。共有的遗传组成在重排、删除和复制之后，创造出具有四项特质的脑，构成了所谓的"人类独特性"。

1. 衍生计算能力：它可创造出变化万千的表达方式，它们可能是字的排列、音符的序列、动作的组合或一串数学符号。衍生计算包含了两种运算：递归和组合。

2. 随意组合概念的能力：我们经常串联不同领域的知识，结合我们对艺术、科学、空间、因果关系和感情的认识，产生新的律法、社会关系和科技。

3. 使用心智符号：人类会自动将所有真实或想象的感觉经验，转化为个人内在的符号，或经由语言、艺术、音乐或计算机编码表达出来。

4. 抽象思考：动物的想法主要环绕着感觉和认知经验，而人类有许多想法则超出现实意义。只有人类想象得出独角兽和外星人、名词和动词、无穷和上帝这样的概念。

现代人类的心智何时成形，并没有统一的观点，但考古记录明确显示，大约在 80 万年前，处于旧石器时代，它有了很快的转变，并在 5 万~4.5万年前改变加速。

考古发现人类祖先居住地出现多零件组合成的工具、在动物骨头上打洞制成的乐器、显示出美学和来世信仰的陪葬饰品、生动描绘事件和感知未来的洞穴壁画，还有学会用火——这项技术结合了日常物理和心理学，让人类祖先能烹调食物并取暖，从而帮助他们克服全新的环境。

（二）复杂的脑

研究显示，包括人类在内的脊椎动物，脑内细胞的类型和所使用的化学传

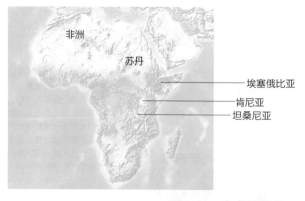

东非大裂谷的形成是人和猿分道扬镳的关键，裂谷西边依然是茂密的湿润的树丛，不需做出太大的改变来协调。裂谷以东由于降雨量渐次减少，林地消失，出现了草原，大部分猿类祖先族群因此灭绝，其中一小部分猿类适应了新环境，学习在地上活动。

图6-24　东非大裂谷

尼安德塔人多被发现在洞穴中，伴以大量精巧的石器制品、薄石片、骨针、动物化石和用火痕迹等，他们可能开始穴居或半穴居生活，以火取暖和以火驱逐野兽，能用兽皮制衣蔽体等，尼安德塔人发明了葬仪，而且年长的成员会将生活经验传授给后代。

图6-25 尼安德塔人的工具

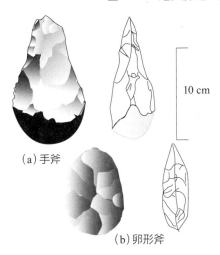

10 cm

（a）手斧

（b）卵形斧

旧石器时代的手斧、卵形斧等器具，是由不定型的打制石器逐渐发展而来的，这一点毋庸置疑，虽然旧石器时代的人经历了很长一段时间才将这些斧子制成精品。石头特性影响着裂片的结果，但更有用、更方便形式的器具制作出来后被认为是值得模仿的，因此在旧石器时代早期的欧洲以及其他一些地区，最终形成了大型的标准化石斧。

图6-26 手斧、卵形斧

递物大致相同，而且猴类、猿类和人类大脑最外层的皮质组织构造也近似。换句话说，人类许多大脑特征和其他物种并无二致，不同之处只在于脑部某些区域的大小，以及这些区域的链接方式，而这些差异造就了人类在动物界中无可比拟的思考能力。

在连贯新事物时，人类大脑中最重要的部位是只有2mm厚的大脑皮质。人类的大脑皮质布满了褶皱，若是将它全部摊平，面积大约是四张A4纸平铺的面积；黑猩猩的大脑皮质面积可盖过一张纸；猴子的只有明信片那么大；大鼠的则相当于一张邮票。

脑部的特化让人类的灵活度和预见能力得以飞跃演进，远远超越猿类。脑部的特化可能牵涉到语言、手部运动、音乐与舞蹈共通的核心技能，如果真是如此，它将更能解释人类为何智能。

对大部分的人来说，脑部掌管语言最重要的部位是位在左耳正上方的位置。猴子缺乏这个左侧语言区，它们的发声和人类的简单情绪表达声一样，是利用位于胼胝体（连接左右半脑的神经纤维束）附近一个较原始的语言区。

小博士解说

语言是最能界定人类智能的特征，如果没有语言，我们只比黑猩猩聪明一点点。

（一）灵长类动物的出现

地球上最早出现的灵长类动物大约是5000万年前的猿猴类，它们广泛分布于北美洲、欧洲和亚洲。灵长类动物的特征有：1. 第一指与其他四指对合；2. 指的末端有扁平的指甲；3. 前后肢具有灵活的关节；4. 立体视觉。在第三纪末期气候变得寒冷和干燥，猿猴类逐渐灭绝，少数进化成现代的猴类。

人猿类大约是在 3600 万年前地球处于渐新世时从一组猿猴类进化而来的。开始它们主要分布于非洲（在亚洲也可能有分布），后来很快在非洲、亚洲和欧洲都有分布。人猿类分为两支，一支进化成猿猴，另一支进化成为人类的祖先。

人和黑猩猩在进化路线上分开大约在 500 万年前，那时，灵长类中的一个小系，从树上下来，将前肢的指节离开地面，采取后肢直立的姿势，因此其他身体构造同时发生了与直立相适应的变化，于是这一支灵长类动物便进入到人的进化阶段。

表6-8　人类与猿类的特征比较

共有特征		其他灵长类	大猩猩	黑猩猩	人
骨骼与牙齿	臂长	前后肢几乎等长	前肢长	手较长	后肢长
	犬齿	大	大	大	小
	拇指	长	短	短	长
头发		短	短	短	长
腹肌		小	小	小	大
臀部		瘦小	瘦小	瘦小	肥大
染色体		>42个	48	48	46
分子结构		多处不同	1个氨基酸不同	一样	一样

（二）人类登上舞台

人类的进化最早发生在非洲，最早的人科化石是发现于非洲的阿法南方古猿。阿法南方古猿生活在迄今 390 万年至290 万年前，它们的脑容量较小，大约是现代人脑容量的三分之一。化石证据显示，在大约 250 万年前，出现了更进步的人种——西方古猿和早期猿人（又称能人）。

人类学家根据对爪哇人和北京人的化石研究结果，确定了另一个化石人类的物种，即直立人。直立人的化石广泛分布在非洲、亚洲和欧洲，因此他们是最早离开热带进入寒带的人种。直立人的骨骼支架与现代人相似，身高约 1.6 m。

早期智人（又称古人、尼安德特人）生活在 20 万年至5 万年前的旧石器时代中期。晚期智人（又称新人）出现于距今 5 万年前。

早期智人与晚期智人都属于同一个物种，形态上的差别在于后者的前部牙

托马斯·赫胥黎的《人类在自然界中的位置》有5种可能源自共同祖先的动物骨架。由左至右分别是长臂猿、红毛猩猩、黑猩猩、大猩猩与人类。

图6-27　人类和其共同祖先的动物骨架

齿和颜面都较小，眉脊降低，颅骨增大。晚期智人能制作复杂的工具，掌握了原始的绘画和雕刻技术。

（三）现代智人

　　自从500万年前人类始祖出现后，世上一直有一个以上的人类物种生存。即250万年前人属物种（如巧人）出现了，南方古猿仍继续生存到100万年前才灭绝。

　　智人的祖先大概20万年前在非洲出现，当时世上已有尼安德特人。15万年前的人属前辈种已呈现现代智人的特色，与尼安德特人截然不同。10万年前，现代智人的祖先甚至与尼安德特人在同一地区生活过（今日的以色列）。到了3.5万年前，尼安德特人消失了。因此学者认为智人在3.5万年前成为世上唯一的人。

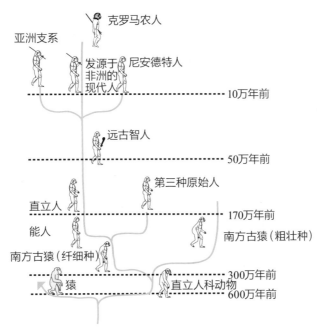

图6-28　人类的族谱

小博士解说

　　现在世上只有一个人类物种，就是人属智慧（物）种，简称智人。尽管我们凭感官经验把世上的人分为白人、黑人、黄人，其都属于智人。

未来人类

（一）人类的进化仍在持续

未来人类的模样，让人充满想象的空间。有些人会提起旧时科幻小说的描述：额头凸起、智商更高的大脑人；另外一派会说人类身体不会再进化，科技已终结了残酷的自然选择，只剩文化仍在继续进化。

分析人类过去几千年的头颅化石记录，可知人类脑容量的快速增长时期在很久以前就结束了。人类和其他生物一样，在物种形成初期，体型会经历最剧烈的改变，然而之后在人类的生理（可能还有行为）上，基因仍继续引发着改变。

一般认为现代智人在更新世之后就不太进化了，然而探讨全世界种群基因信息的新研究发现，人类进化速度在农业和城市发展后反而加快了。如果我们持续进化，1000年后，在经历了环境和社会带来的意外发展后，人类会是什么模样？

直到5000年前，至少还有7%的人类基因经历过进化，大部分的改变都与适应特殊环境有关，而这些环境有自然的，也有人为的。举例来说，大多数非洲人成年后都无法消化吸收新鲜牛奶，而在瑞典和丹麦，几乎人人都能消化牛奶，这种能力是为了适应北欧丰富乳品的环境。

图6-29　未来的人类猜想

（二）不自然的“自然选择”

近百年来，现代智人的环境再度改变。便捷的交通打通了过去地理造成的隔离，也打破了种族互不往来的社会藩篱，人类基因库从来没有像现在一样，广泛混合着以前完全隔绝的地方种群。事实上，人类的迁移能力可能让各种族越来越像。与此同时，科技和医学也阻碍了人类受到“自然选择”，现在全世界各地的婴儿死亡率都不高，原本带有致命遗传缺陷的人，现在也能活下来并结婚生子，生存法则中的自然淘汰对人类已经不再适用。

（三）聪明又长寿的未来人类

筛检遗传组成将会成为司空见惯的程序，人们也可以根据检验结果选择适合的药物，改变相关器官中的基因（基因疗法），或改变整个基因组内的某个基因，这些防止疾病遗传至后代的做法，近年来大行其道。最新研究指出，老化并不是单纯的身体器官耗损所致，而是由基因控制早就设定好的。果真如此的话，未来的遗传学研究将可揭露许多控制老化的基因，并且修改那些基因。

（四）人机合体

比基因更难预测的是我们对机器的操纵，或者是机器对人类的操控。人类最后会进化成与机器共生的新物种吗？

人类制造机器来满足自身的需求，相对地人类也为了机器而调整生活习惯和行为，当机器变得越复杂、机器间的联系越多时，人类也被迫适应它们。

人工智能正在以前所未有的方式“进化”，在50年的时间里，人工智能在一些领域就已经超过了人类本身。另一方面，从人工心脏、人工视网膜到越来越智能化的假肢，在身体中加入了智能机器后，人类作为一个自然物种还会存在吗？

表6-29　未来人类大胆猜测

未来的人类	特征
单一人	世界大同，人种融合
基因人	药理超人，抑或怪物
半机械人	人工智能，人机合体
天文人	征服太空，适者生存
幸存人	浩劫过后，人类分化

科幻小说中描述的大脑人

 **性联遗传**

（一）性联遗传概述

性联遗传疾病大多是由位于性染色体 X 上的缺陷基因所引起的，而这些疾病大部分是隐性遗传疾病。由于女性的性染色体为 XX，若只一个隐性缺陷基因时，隐性缺陷基因通常不表现出来，所以并不会发病；但是男性的性染色体为 XY，所以当唯一的 X 染色体上的基因有缺陷时，隐性不正常基因就会表现出来，故一般的性联遗传的疾病患者都以男性为主。

（二）性染色体

大小仅次于第七号染色体的 X 染色体是一个奇特的染色体，它的同源染色体是Y染色体，X 和 Y 染色体就是性染色体，它们决定我们的性别。每个人都会从自己的母亲身上得到一条 X 染色体，若是从父亲那得到一条 Y 染色体，就是男性；若是得到X染色体，就是女性。

性染色体携带的遗传性疾病主要是借由 X 染色体来进行遗传的。父母所遗传的基因，如果是显性基因，一对染色体中只要其中一个有异常，后代就会发病；如果是隐性基因，一对染色体中两个染色体都异常才会发病，如果只有一个有异常则不会表现出来，但是该基因还是会继续传给下一代。

（三）性联遗传疾病

蚕豆病：是一种很常见的 X 染色体性联遗传的先天代谢异常疾病。在体内协助葡萄糖进行新陈代谢的重要酶（G6PD）缺乏，它是保护红细胞的物质，以对抗特别的氧化物，此病患者因缺乏这种酶，食用蚕豆后或接触到具氧化性的特定物质或服用了这类药物，红细胞就容易被破坏而发生急性溶血反应。

色盲：也称色觉障碍，是一种由于视网膜的视锥细胞内感光色素异常或不全，以致缺乏辨别某种或某几种颜色的能力，通常色盲发生的原因与遗传有关，但有些色盲则与视神经和脑的病变有关，或由于接触某些化学物质导致的。

眼睛之所以能辨识颜色，是由于眼睛存在三种能辨色的锥状细胞，这三种锥状细胞分别能吸收不同波长范围的光。如果任何一种或两种，甚至三种锥状细胞功能变差或失去功能，则产生不同类型的色盲。

黏多糖症：是先天代谢遗传疾病的隐性遗传，由无症状携带者的母亲或父母双方，将基因缺陷传给子女。不同类型黏多糖症的患者，其遗传基因缺少了黏多糖分解酶，令黏多糖聚合物在体内堆积，使细胞胀大并破坏细胞的生理，从而使患者身体愈来愈差。

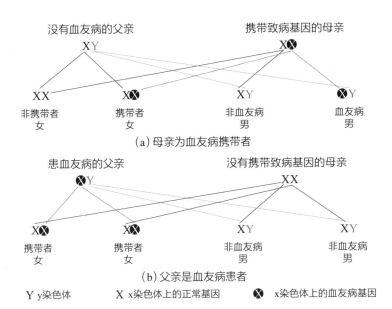

没有血友病的父亲　　　　　　携带致病基因的母亲

XX　　　XⓍ　　　XY　　　ⓍY

非携带者　　携带者　　非血友病　　血友病
女　　　　女　　　　男　　　　男

(a) 母亲为血友病携带者

患血友病的父亲　　　　　　　没有携带致病基因的母亲

ⓍY　　　　　　　　　　XX

XⓍ　　　XⓍ　　　XY　　　XY

携带者　　携带者　　非血友病　　非血友病
女　　　　女　　　　男　　　　男

(b) 父亲是血友病患者

Y y染色体　　　X x染色体上的正常基因　　Ⓧ x染色体上的血友病基因

　　血友病中最常见的一种类型，是缺乏一种叫作第八因子（FVIII）的凝血因子。血友病病人的出血并不比正常人快，而是出血时间比正常人长很多。图a是母亲为血友病携带者时的情况，每个儿子患血友病的概率是50％，每个女儿是基因携带者的概率也是50％。图b是父亲是血友病患者时的情况，所有的儿子都不会受影响，所有的女儿都是携带者。

图6-30　血友病遗传

表6-10　性联遗传（控制性状的基因位于性染色体上）

性联遗传的基因	大多为隐性，位于X 染色体上
显性的性联遗传	躁郁症、血脂肪偏高
隐性的性联遗传	红绿色盲、血友病、肌肉萎缩症、蚕豆症、黏多糖症、白化症、免疫缺乏症、痛风、重症肌无力症、血小板减少症、裂颚

患病母亲

正常父亲	-	X	x
	X	XX	xX
	Y	XY	xY

生下病童的概率是50％，而且男女患病比率均等

患病母亲

患病父亲	-	X	x
	x	Xx	xx
	Y	XY	xY

女儿的患病概率是100％，儿子的患病概率是50％，另外50％男孩是正常的

正常母亲

患病父亲	-	X	X
	x	Xx	Xx
	Y	XY	XY

生下男孩是健康的且不带致病基因，但如果是女孩则一定会患病

　　"显性遗传"的遗传模式，就是只要有一个突变基因即会表现疾病，没有携带者，如果父亲是患者不会遗传给儿子。X、Y代表性染色体，XX代表女性，XY代表男性。大写X及Y代表正常染色体基因，小写x代表突变基因。

图6-31　性联遗传低磷酸盐佝偻症的遗传可能模式

🧬 数量遗传

（一）遗传学

遗传学一般可以分为经典遗传学与分子遗传学两大研究领域。群体遗传学及数量遗传学，属于经典遗传学的研究领域。

遗传学家先有了各式各样的问题，因为要回答这些问题，所以遗传学家发展出各种不同的研究方法，为使其研究的目标更易完成。

遗传学也常以其研究的对象为领域进行区分，如微生物遗传学、真菌遗传学、果蝇遗传学、人类遗传学。

遗传学是探讨生物个体的遗传性特征，在不同世代间如何传递，如何受环境因子的影响，遗传密码如何复制、如何表现、如何发生变异，生物基因体的基因定位与完全译码，及在一生物种群中，遗传基因在不同世代间出现的频率如何受环境因子（如种群的大小，环境的选择，基因的突变和生物迁移）影响的一门学科。

（二）数量遗传概述

人类的身高、智商、肤色；植物果实的颜色、重量；动物的产奶量等性状，是由两对或两对以上的基因控制的，且这些基因对该性状的影响力有累加的效果，即依据显性基因的数目决定性状的强度，这样的遗传模式称为数量遗传，又称为多基因遗传。

数量遗传是在讨论生物的可计量的遗传特征，在亲子代间的传递机制。

在种群中，表现型常呈现不同程度的连续差异，各种表现型呈钟形常态分布曲线，种群中的分布情形多集中于平均值附近，极大值或极小值的个体较少。

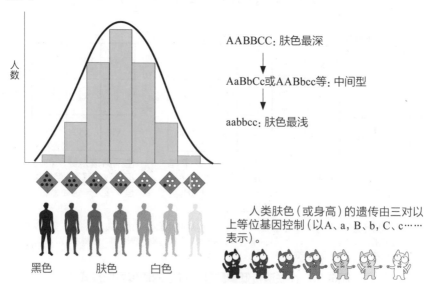

AABBCC: 肤色最深

↓

AaBbCc或AABbcc等: 中间型

↓

aabbcc: 肤色最浅

人类肤色（或身高）的遗传由三对以上等位基因控制（以A、a, B、b, C、c……表示）。

黑色　　肤色　　白色

图6-32　肤色遗传

（三）分离定律

分离定律是孟德尔提出的第一个定律，也是遗传学上的第一定律，分离定律是在一生物体中，决定生物遗传特征的成对基因在由亲本传至子代时会分开，分开的基因会各自进入一个配子中，在授粉时，由父本、母本所来的配子结合，而会有基因的重新组合发生。

以紫花与白花的杂交为例，紫花对白花为显性，一般在植物学遗传学家的表示法中，显性基因以大写英文字母来表示，隐性基因则以小写的英文字母来表示。所以以 PP 代表开紫花的豌豆的显性基因；pp 代表开白花豌豆的隐性基因。当以开紫花的豌豆与开白花的豌豆进行杂交实验时，由于紫花为显性，所以拥有 PP 与 Pp 的个体都拥有紫花的表现型，总共为 75% 的出现机会。拥有隐性基因型 pp 的个体为白花的表现型，其出现的概率为 25%。由此计算，开紫花与开白花的植株在第二子代中数值比就为 3∶1。其中 X 表示杂交。

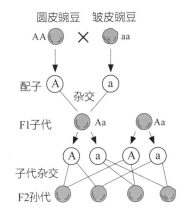

奥地利生物学家孟德尔借由豌豆杂交实验发现遗传法则，选择豌豆作为遗传实验材料的原因是：豌豆易于栽培，成长时间短，不同品系间容易进行杂交，自然状态下自花授粉易得纯种，可以人工异花授粉进行杂交。

图6-33　孟德尔的分离定律

```
              1
            1   1
          1   2   1
        1   3   3   1
      1   4   6   4   1          两对基因的多基因遗传之表现型比例（5种表型）
    1   5  10  10   5   1
  1   6  15  20  15   6   1      3对基因的多基因遗传之表现型比例（7种表型）
```

图6-34　帕斯卡原理的应用

表6-11　紫花和白花杂交的过程

P	PP(100%)	X	pp(100%)
F1		Pp(100%)	
F2	PP(25%)	Pp(50%)	pp(25%)
	表型都为紫花	表型都为紫花	表型为白花

种群遗传

（一）种群遗传概述

种群遗传学是研究在4种进化动力的影响下，等位基因的分布和改变。这4种进化动力包括：自然选择、遗传漂变、突变以及基因流动，是遗传学的分支学科。是以孟德尔定律及达尔文进化论为理论依据的学科，它的特色是利用数学的方法来研究受到选择、突变、迁移、近亲交配及其他因素影响下的种群基因结构。

从生态学的角度来看，了解一个种群的基因组成及其变化，就可以了解一个种群如何适应一个环境。因此，种群遗传、生态变化乃至于物种的进化是分不开的。

（二）哈迪-温伯格平衡定律

哈迪-温伯格平衡定律有3个基本假设：

1. 考虑的种群必须是随机交配的，而且种群必须大到可以忽略突变等随机因素。如讨论血型、色盲时，我们可以假设住在某地的居民是一个随机交配的种群，可是当考虑高矮肤色等因素时，这个假设就无法适用。在哈迪-温伯格平衡定律里，这是一个非常重要的假设。

2. 种群里的生物均为二倍体，而且无性别之分。我们假设在基因座上有两个对位基因 A 及 a，因此种群里有三种可能的基因型 AA、Aa、aa，而其频率（即百分比）分别为 P、2Q、R，P + 2Q + R = 1。

3. 种群中无自然选择的干预，且假设世代不重叠。换句话说，我们假设第一代在第二代到达生育年龄之前死亡，或者考虑问题时不把第一代算在内。

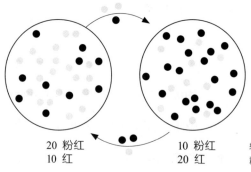

20 粉红
10 红

10 粉红
20 红

在种群遗传学中，基因流动（基因转移）可发生在同种或不同种的生物种群之间。

图6-35　基因流动

（三）种群遗传应用

依据哈迪-温伯格定律指出，假设某性状为一个基因座上两个等位基因，A 与 a 所控制，且分别以 p 与 q 代表其等位基因频率，意即 Pr（A）= p 与 Pr

（a）= q，则种群中各种基因型出现的频率如下：

$$[Pr（A）+ Pr（a）]^2 = [Pr（A）]^2 + 2[Pr（A）Pr（a）] + [Pr（a）]^2 [p + q]^2 = p^2 + 2pq + q^2 \rightarrow Pr（AA）+ Pr（Aa）+ Pr（aa）$$

因此，当调查种群中该性状的各个基因型数目后，便可据此计算各等位基因频率与基因型频率。例如，不论是人类的亨丁顿舞蹈症、美人尖、卷舌与苯硫脲（PTC）味觉敏感性等属于染色体上显性遗传性状；抑或是属于染色体上隐性遗传的地中海贫血症、白化症、苯酮尿症与耳垂紧贴（无耳垂）等性状，均可依种群中各种基因型人数推估基因型与基因频率。

例如，每两万个新生儿中会出现一个白化症（aa）：设正常肤色基因A频率为p，白化症基因a频率为q。

$$\because aa = q^2 = \frac{1}{20000} \qquad q = \sqrt{\frac{1}{20000}} = \frac{1}{141} \qquad p = 1 - q = 1 - \frac{1}{141} = \frac{140}{141}$$

$$\therefore Aa = 2pq = 2 \times \frac{140}{141} \times \frac{1}{141} = \frac{1}{70} \quad （每70人中就有一人为白化症基因的携带者）$$

表6-12 基因频率（等位基因在种群中所占有的比率）

种群总类 500	显性 480		隐性 20
	AA320	Aa160	aa20
基因频率	$AA = \frac{320}{500} = 0.64 \quad Aa = \frac{160}{500} = 0.32 \quad aa = \frac{20}{500} = 0.04$ $A = \left(\frac{320}{500} + \frac{160}{500} \times \frac{1}{2} \right) \times 100\% = 80\%$ $a = \left(\frac{160}{500} \times \frac{1}{2} + \frac{20}{500} \right) \times 100\% = 20\%$		

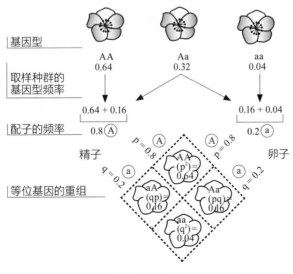

图6-36 基因重组

第七章

生态学

生物与环境是相互影响、相互依存而又不可分割的。生态系统并不是完全被动地接受环境的影响，在正常情况下，即在一定限度内，其本身具有回馈机能，使它能够自动调节，逐渐修复与调整因外界干扰而受到的损伤，维持正常的结构与功能，保持其相对平衡的状态。

生态学的概念

（一）生物与环境互动的科学

生态学就是研究生物与环境互动的科学，它是研究生物个体与其所处自然环境两者间的一门科学。生物与自然界环境关系错综复杂，借由对生态学的研究，归纳出一些原则与理论，进而知道生物体如何调节以适应环境的变化，以及预测环境改变后对生物的影响。

科学方法是研究生态学最基本的研究方法，生物种群的变动分析、栖地研究、环境因子的影响等，必须通过长时间的观察，甚至以田野调查的方法搜集无数的客观记录予以分析，才能窥见生态作用的端倪。所以，敏锐的观察与毅力是研究生态学的一个基本素养。

表7-1 生态学研究范围（应用领域是目前研究生态学的重要趋势）

范围	学科
依据生物分类系统归类	动物生态学、植物生态学、微生物生态学、鱼类生态学、鸟类生态学、昆虫生态学、藻类生态学
依据生物栖所归类	海洋生态学、陆地生态学、河口生态学、沙漠生态学、湖泊生态学
依据应用领域归类	农业生态学、渔业生态学、林业生态学、污染生态学、都市生态学、经济生态学、人类生态学

（二）生态系统的概念

生态系统就是在一定时间和空间内，生物与其生存环境，以及生物与生物之间相互作用，彼此经由物质循环、能量流动和信息交换，形成的一个不可分割的自然整体。

生物包括多种生物的个体、种群和群落，其生存环境包括光、热、水、空气及生物等因子。生物与其生存环境各组成部分之间并不是孤立存在的，也不是静止不动或偶然聚集在一起的，它们息息相关、相互联系、相互制约，有规

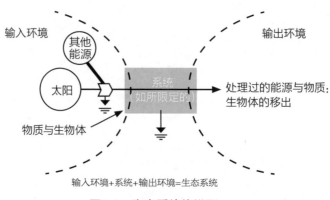

输入环境+系统+输出环境=生态系统

图7-1 生态系统的模型

律地组合在一起，并处于不断的变化之中。

各个生态因子不仅本身作用，而且相互发生作用，既受周围其他因子的影响，又影响其他因子。其中一个因子发生了变化，其他因子也会产生一系列的连锁反应。因此，生物因子之间、非生物因子之间，生物与非生物因子之间的关系是错综复杂的，在自然界中构成一个相对稳定的自然综合体。

（三）生态系统的构造层级

个体生态学：研究单一生物体与环境间的相互作用。其内容可包括个体生活史，环境对个体的形态、生理、心理的影响，以及个体对环境的适应过程和结果等。

种群生态学：研究同种生物形成的种群与其环境间的相互关系。内容包括种群形成的原因、成长、特性与变化，甚至探讨种群在环境中的领域分配、行为特质以及环境对种群的影响等。

群落生态学：研究生物群落与环境间的关系。包括群落的成因、组成、分工、分层等，同时也可能探讨气候、季节、纬度等环境因素对群落的影响。

生态系统生态学：以生态系统中的生物组成与环境条件为研究对象，探讨各种群落间的生态地位及彼此间的依附性与制约性，甚至分析环境因子对生物群落的刺激与影响等。

全球生态学：将整个地球视为一个生态系统的观念，就是将整个地球的能源流动、大气循环、水循环、生物圈等当成一个整体性的相关范畴。地球的总体生命活动，其实与地球本身的温度、气候、化学组成等，均是相互调节的动态平衡关系。

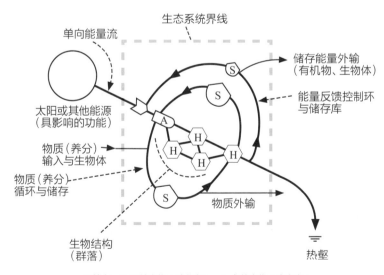

S 储存，H 异养生物（消费者），A 自养生物（生产者）

图7-2　生态系统的功能

物理因子和植物分布

（一）植物生活的需求

所有植物对太阳能、水和营养物质都有着基本相同的需求。植物的分布取决于它们忍耐环境胁迫的适应性、自身的扩散能力以及生物间的相互作用。

温度：在水分充足的条件下，群落中的植物种类随温度的升高而增加。对许多植物而言，霜冻是一种致命威胁，植物要防止组织受冻。

水分：世界上大多数地区，水的供应在一年中是有限制的，植物必须能够忍受干旱。热带山区降雨量大，湿度高，会导致蒸发作用降低，植物生长矮化。

养分和离子：土壤中各元素的总量和相对量随深层地质构造、土壤形成时间和厚度的不同而有很大差异。各种植物对元素的需求和对有毒元素的忍耐能力各不相同，不同条件下的群落也不尽相同。

灾害：周期或突发性的灾害，例如，火灾、台风、泥石流等主导植物群落。稀树草原上常发生火灾，而针叶林100年也难得发生一次大火，但火灾的影响仍然是很大的。

冰川和植物迁移：过去的100万年里，北半球冰川的扩展和退缩，使得许多受冰川影响的地区只能形成类似苔原的植被带。各种植物迁移方式的差异造就了可变的群落结构，像在热带或是冰川期干旱时期，热带雨林呈现更多的破碎化。

（二）热休克蛋白质

有机体暴露在高温时，所诱导产生的特殊生理反应，称为热休克反应。热休克反应除了抑制部分蛋白质的正常合成外，也会合成一类新的蛋白质，称为热休克蛋白质。

诱导热休克蛋白质产生所需的时间和温度随生物种类不同而有差异，但此类蛋白质却普遍存在于各种生物体中：从低等的原核生物（细菌）到酵母菌、果蝇，乃至于大豆、水稻甚至人类等高等生物。

由于热逆境伤害细胞内的蛋白质，一方面已存在于细胞内的蛋白质会因高温作用而变性，另一方面翻译作用无法正常进行而造成许多不正常蛋白质的形成，而具备分子伴护功能的热休克蛋白质，能结合这些累积在细胞内的不正常蛋白质，防止其凝集，以免造成更严重的危害；或者保护这些蛋白质，使其能在高温逆境解除后可以恢复正常的功能。热休克蛋白质可保护正在进行翻译的蛋白质，使其能正常合成，或协助新合成的蛋白质转运到适当的细胞器。

生长在高光度下的植物，其叶片较小，叶缘缺刻较深，在生态学上深具意义，图7-3表示单位面积的叶片有较大的表面积，而有利于散热。

图7-3　各种形态的叶片

生物体对特殊的地区产生特殊的适应，这就是这种生物的一种生态型。如图7-4是高海拔和低海拔的西洋蓍草植物的种子栽种于同一地区的生长高度。

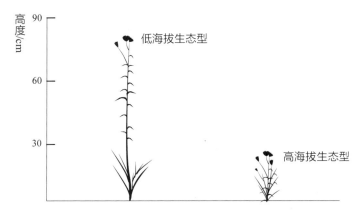

图7-4　高、低海拔植物生态

(a)没有火的情况下,灌木排挤禾草的生存　　(b)林火过后,禾草恢复速度

图7-5　火灾对于灌木和禾草的影响

植物与其他生物的相互关系

（一）食植作用

食植作用包括动物咀嚼叶片、吸食汁液、摄食种子、引发虫瘿及潜入植物组织内等，可造成温带森林植物的叶片面积失去 3%~17%，或可导致陆域植物生物量减少 18%，水域生物量减少 51%。

植食动物通常对植物有重大的影响，因其会造成植物体直接受损，减低生长及繁殖，而在植食动物大爆发时，叶片丧失极高，甚至可导致植物死亡，有时也会改变植物和其他食草动物、共生生物及病原体的关系。

绿色植物代表着丰富的资源，且以植物为食最大的好处莫过于食物不会逃跑。植物细胞外除了覆盖几丁质，还包括建构细胞壁的纤维素（可消化性）、半纤维素（部分可消化性），以及木质素（不可消化性），这些成分使植物体纤维化，造成植物难以被咀嚼或消化，也因碳/氮比值增加而降低其营养价值，且必须被缓慢地消化。

许多植物还含有各种不同的机械性和化学性的"防御武器"，如有苦味、有毒、难闻，或具有抗营养的效用。

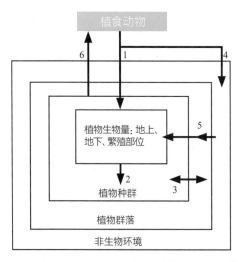

植食动物可能影响植物（极地和较温带地区）的概念模型，其中粗箭头符号表示极地和较温带地区的作用显著。

（1）动物取食造成植物地上和地下，以及繁殖部位生物质量降低；

（2）植物大小及生殖输出的改变造成植物种群的变动；

（3）物种间的交互作用因植物群落组成改变所造成的竞争形态而改变；

（4）植食动物的存在影响非生物环境；

（5）由于非生物环境的改变，影响植物个体的生长率和竞争能力；

（6）植物群聚对于植食动物的选择、运动和物种数量的改变的反馈作用。

图7-6　植食动物对植物的影响

（二）动物传粉作用

高等植物的有性生殖需要传粉作用，即花粉从雄蕊的花药上传到雌蕊柱头上的过程，而昆虫、鸟类、哺乳类更是大多数显花植物传粉成功的功臣。

为了能够吸引传粉者且成功地完成传粉受精，传粉动物的相关特质（行为、体型、生理）便对花的形态构造产生了强烈的选汰压力。

同时，植物也采用各种手段来选择自己中意的媒人，如借由提供高养分

表7-2　传粉动物与传粉作用相关的性状

	鸟类	蝙蝠	蝴蝶	蜜蜂	蚂蚁
开花时间	白天	夜间	白天	大多白天	白天
颜色	鲜明, 通常鲜红色	通常黄褐色, 绿或紫色	黄色、橙色、红色	黄色及蓝色为主	绿色
气味	无	强烈, 腐坏味	弱至适中	多种气味	弱至无
花型	通常筒状而无降落平台	大, 口宽; 有时呈刷状	花筒内有花蜜	通常复杂; 深且有降落平台	小, 开放
花的位置	通常突出, 但亦成水平	水平, 通常位于树梢	直立或水平	任何; 通常突出	直立, 接近地面
奖赏类型	花蜜	花蜜、花粉	花蜜	花蜜、花粉、树脂、气味或无	花蜜
蜜源标记	很少	无	通常没有	通常具有	无

的花蜜或花粉作为传粉者的回馈，只不过传粉者的进化相对地就很少受植物影响，因为特定的植物通常只是它们食物来源的一部分而已。

（三）动物传播种子

种子传播是种子远离植物母株环境，使种群一部分个体至另一新环境生长繁衍的运动过程。成熟的种子借由动物的携带而传播至他处繁衍，较常出现于高等植物，分别占裸子植物和被子植物科数的 64% 和 27%。

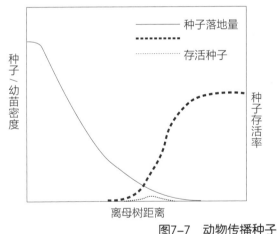

动物播迁种子对于种子萌芽及幼苗生长的可能影响，以及和母树距离的关系。

图7-7　动物传播种子

✕ 小博士解说

植物借由自力或外力扩展，离开母体（也就是逃避假说）的相关好处，已有不少理论。包括避免同种相克效应，因为母树会分泌具有抑制其他种类及同种的种子的物质至周围环境；或随离母树的距离增加，种子密度随之减少，与其他幼苗竞争的压力减少，提高存活率。此外，不利于种子和幼苗生长的因素，如病原、食植物和种子掠食者的密度，也常随靠近母树而增加。

鱼类的生态

（一）高歧异度的鱼类

鱼的简单定义是变温、以鳃呼吸、具鳍及鳞的水生动物。但像鲔和鼠鲨，为满足在大洋中长距离洄游的需要，可以保持体内恒温；肺鱼、鲶鱼、弹涂鱼则可以周期性地利用肺或其他呼吸辅助器官，离水生活。

鱼的体型大小及形状变化非常多，小的需要用显微镜观察，如体长 8mm 已成熟的细虾虎鱼，大到体长超过20m的鲸鲨或体长15m的象鲨，令人叹为观止。

鱼类历经多次大灭绝后，迄今几乎仍栖居于地球上所有的水生环境中，此数目已超过地球上脊椎动物总数的二分之一，且目前平均每年仍有新种的鱼类被人类发现。

（二）鱼类的适应

鱼类除了在种数上的高歧异度外，它们在基因、形态、生态、生理与行为等各方面也非常多样化。如在栖所方面，鱼类几乎已适应全球各地的水域，从极地-2 ℃的海洋，到热带沙漠44 ℃的水域；从5200 m 的高山温泉，或3812 m 的高山溪流，到海岸潮池、浅滩，万余米的深海，乃至缺氧的沼泽、暗无天日的洞穴均有分布，可以说是无所不在。

鱼类不但是水生生态系统中最重要的成员，也是脊椎动物亚门进化的第一步。

（三）洋流

洋流主要是由信风造成的。这种水流不但分布到广大的地区，而且形成一定的形态，称为洋流系统。洋流同时也受地球自转的影响，使其流向不完全和信风的方向一致。在深海，北半球的洋流流向，可由风向向右偏

活化石——腔棘鱼，它一度被认为早在大约八千万年前就灭绝了。

图7-8　腔棘鱼

表7-3　影响鱼类分布的因素

海流	能促成或阻止鱼类的分布
水温	各种鱼各有其适温范围
盐分	外洋性鱼类好较高的盐度，沿岸鱼类可适应较低的盐度
深度	造成水压及光度变化，影响鱼相的垂直分布
饵料	饵料生物的不同分布模式能影响外洋洄游鱼类的分布
陆地的存在	造成地理阻隔
地壳变动	地理阻隔的消失或形成

30°~45°；在南半球则向左偏。地球上的洋流系统主要由大西洋洋流、太平洋洋流及印度洋洋流所组成。

　　全球上升流显著的区域也都是鱼产量较多的地区。海中的鱼类对于海水温度变化非常敏感，上升流海域一旦受到干扰而突然消失时，会对海中鱼类在内的生物造成灾难性后果。如秘鲁海岸原有秘鲁暖流通过，1925年初，秘鲁暖流突然消失，变成其他暖水流流入，海水温度骤升7℃左右，并维持两个月之久，结果造成该海域中生物大量死亡。

寒、暖流交会，带来丰富的浮游生物，吸引大批鱼群觅食，变成重要的渔场。如日本沿海有日本暖流、千岛寒流相会，渔业资源丰富，是世界主要渔场之一。

图7-9　全球洋流分布

✖ 小博士解说

　　洋流除了影响气候与雨量外，也对生物影响甚巨。冬天中国台湾海峡附近海域常迎接的"乌鱼季"就和洋流有关。原本栖息在黄河流域沿海的乌鱼，秋冬时节会找寻温暖的海域产卵。冬至前后，中国台湾岛沿岸线与日本暖流支流会在澎湖附近交会，使得中国台湾海峡西南海域的温度达到20~22℃，正好是乌鱼最喜欢产卵的温度，因此吸引大批乌鱼从北至此产卵，渔民便趁此时捕获许多乌鱼和乌鱼子。

个体聚集成为种群，意指同种类的生物聚集在同一区域生活。不同的种群组成群落，群落再结合成为地球生物圈。种群的个体之间一般享有同一个基因库。

种群如取得丰富的资源之后，会渐渐增加个体数目，使种群扩大，最后到达一个稳定的状态；而后可能会因为资源不足而使种群渐渐衰退。

在自然界，种群是物种存在、进化和表达种群内关系的基本单位，是生物群落或生态系统的基本组成，同时也是生物资源开发、利用和保护的具体对象。因此，种群已成为当前生态学中一个重要的研究方向。

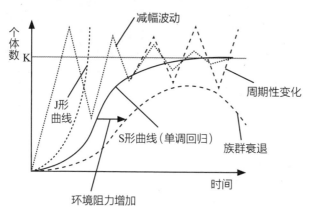

任何一种生物种群的成长变化依科学家的研究，都是在停滞期后呈对数式的成长，其所呈现出来的生长曲线为 J 形。但是，生物种群的成长不会是没完没了的。

图7-10　生物种群的成长变化

（一）生物潜能

在自然界中一个生物种群究竟能发展到多大规模，是随着该生物种群的生育率和死亡率两种速率而定的。当生育率大于死亡率时，该种群就会不断地变大，相反，则该种群就会变小。

在最适合的生长条件下，一生物种群成长的最大速率就是所谓的生物潜能。生物潜能越大，生物种群的成长越快，依据这种说法，J 形图的上升是几近以垂直线上升的（指数式）。这种种群成长方式难道是永无止境的吗？它会随着环境的变化而发生变化吗？

（二）种群分布

一般把种群个体的分布归纳为三种基本类型：随机分布、集群分布和均匀分布。在自然界，个体均匀分布的现象是极少见的，只有在农田或人工林中出现这种分布格局。集成群分布的形式较为普遍，如森林中各个树种或林下植物多呈小簇丛或团片状分布。影响个体分布形式的因素很多，主要决定于物种的生态、生物学特性和环境条件的状况。

1. 均匀分布：均匀分布又称为规律分布，在生存资源十分有限的环境中（如沙漠），每一生物个体都互不兼容，抢占自己的领域。

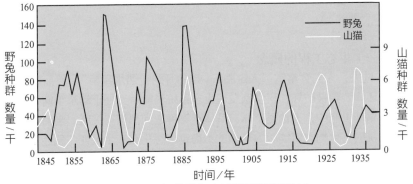

图7-11　野兔种群与山猫种群数量消长

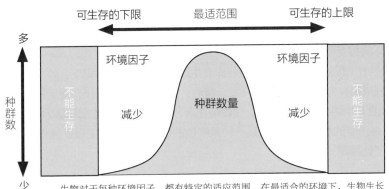

生物对于每种环境因子，都有特定的适应范围，在最适合的环境下，生物生长得最好而且种群的数量最多；在不良的环境范围下，因受到环境因子的抑制，生物虽然生长较差而且种群数量较少，但仍可存活；但当环境因子超过生物所能适应的范围时，生物无法生存。

图7-12　生物对环境因子的适应

2. 集群分布：该种生物以群聚为其社会行为，或在地理空间的分布上，因只有少数栖地，所以生物呈现聚集，不同生物个体共享自然资源。

3. 随机分布：在地域上的生物个体，彼此没有交互（共斥或吸引）的行为。

（三）最大利益的生存方式

生物在环境中该以何种生存方式才能得到最大的利益?

1. 生物体积越大，世代越长。如大肠杆菌只能存活20分钟，大象则能生存数十年。

2. 动物的死亡率与生育数量成正比，死亡率越高的动物，生育后代的数目越多。

3. 生物最重要的目的在于生殖与维持生存，生物体若着重于繁殖上，则维持生存的相对能力变弱；若生物体着重于生存时，则生殖能力变差，这是一种形式上的能量交换。

以一种浮游生物为例，当季节不同时，其体型形态会随之改变。春天时，体型为产卵作准备，夏天时，体型为防御而改变，体内卵的数目随即减少。

4. 生物有一定的寿命，生物的生存形态决定其寿命的长短。

（一）生态工程的概念

在过去，人们会常常"人定胜天，逢山开路，遇水架桥"。然而随着气候变迁和环境资源被破坏，科学家发现生态系统其实一直处于动态平衡中，而且在这个平衡机制中，无论是个体、群体和物种之间都相互关联。当面临天然或人为干扰时，生物有可能因为环境的不稳定或恶化而产生致死（急性）或非致死（慢性）的反应，进而表现在种群数量的增减中。

为了达成人类与自然永续共存的目标，最早由德国学者提出生态工程的概念，当时的学者认为在整治河流时，应该以较经济的方式减少人工建构物的介入，且尽量接近自然，保持天然景观。

生态工程的概念，主张自然环境的整治应维护生态环境，注重人为环境与自然环境相互依存的关系。

生态工程就是尽可能在不破坏原有生态和环境景观的原则下，就地取材，利用工程或保育方法进行环境的开发、整治、复育和改良的工作，使工程质量达标且当地的自然生态能获得保障，生物能在人为扰动后的空间中继续繁衍和成长。

最重要的是，生态工程是一种系统性的设计。而传统工程的施作，常常只是为了处理单一的课题。

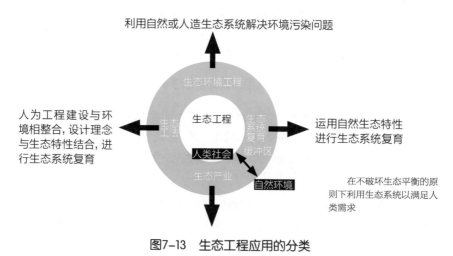

利用自然或人造生态系统解决环境污染问题

人为工程建设与环境相整合，设计理念与生态特性结合，进行生态系统复育

运用自然生态特性进行生态系统复育

在不破坏生态平衡的原则下利用生态系统以满足人类需求

图7-13 生态工程应用的分类

（二）栖地碎裂化

栖地削减是公共工程建设中无法避免的事实。道路、轨道的构筑必然会侵占栖地环境中的土地，然后随之而来的干扰与障碍效应的影响范围更深更广，适合野生物种生活的空间与土地将受到压缩。

运输网络的建设使景观破碎，将大面积连续分布的栖地切割成孤立的块状，造成生态环境区域化，使生长在其中的生物只能在更小的范围内求偶和觅食，生存条件因此下降。如果隔离延续若干世代以后，则有可能发生种内分化，不利于生物多样性的维护。

（三）生态工程的设计原则

1. 最少干扰原则：除非必要不要破坏既有生态、景观，尽量保全所有的生态结构与功能并维持其多样性。

2. 工程规模最小化原则：人为的构造设施越少越好。

3. 自然环境自我设计原则：运用自然演替、物质循环与河川自净能力，工程行为不应超过生态系统的涵容能力。

4. 生态景观连续性原则：将人造环境和谐地融入自然环境中。

5. 能源使用最小化原则：使用绿色材料，善用太阳能。

6. 生物多样性原则：营造栖地的多样性与生态过程多样性。

7. 污染物与废弃物最少化原则：不要增加环境压力。

8. 循环再利用原则：建构循环型工程营建系统。

9. 在地原则：地方特色、地方观点、地方智慧、小区参与。

10. 避免二次伤害原则。

表7-4　生态工程与传统工程的区别

类别	传统工程	生态工程
能源类型	石化燃料、非再生性资源	太阳能为主，非再生性资源为辅
构造物的组成	钢筋水泥、人工材质	自然界取得
人类社会的定位	与自然区隔	成为大自然的一部分
形态及组成	硬性、单一化	柔性、多元化
与其他物种的互动	排斥	共荣
生物多样性	减少	增加、保护
永续性	低	高

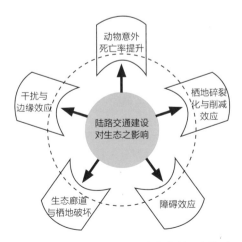

图7-14　陆路交通建设对生态的5大影响

（一）外来入侵物种

外来物种是指在某一段时间内出现于一个地区的、由外地引进的生物物种。这些外来物种，从原产地被人蓄意或非蓄意地引入后，经过一段时间的适应与归化，一般会扩散入侵该地的自然生态系统。外来物种生物的基本特性是传播扩散能力强、适应环境能力强，同时具有较强的生命力，所以常能赢过原生生物，甚至取而代之。

外来入侵物种指已于自然或半自然生态环境中建立一种稳定种群，并可能进而威胁原生生物多样性者。

从以上的定义，可以了解到入侵物种可以是动物、植物或微生物等其他生物。只要有一种并不属于原生态系统的动物、植物或其他生物突然间被引进，并通过生态环境的考验，而且能够繁衍生存，就很有可能会对原有生态系统造成严重的破坏。

全球各地都有外来物种引进的现象，其中包括有意引进及无意引进。有意引进主要是基于功能性、观赏性的考虑。无意引进是指许多外来物种隐藏在船舱、货车中，或是藏在蔬果、木材中而进入另一个新的生态系统。

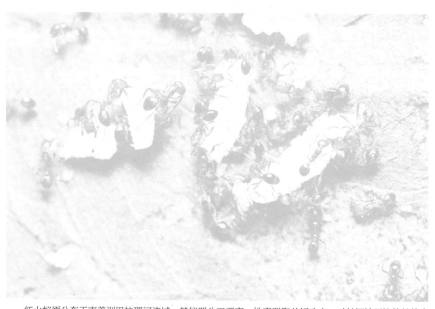

红火蚁原分布于南美洲巴拉那河流域，其蚁群分工严密，性喜群聚并好攻击，对其栖地环境的其他生物深具威胁。与一般蚂蚁不同，红火蚁攻击性强，毒液成分特殊，被叮咬者若为过敏体质，可能引发过敏性休克。

图7-15　红火蚁

（二）外来物种的5种障碍

任何外来物种都需要经过对环境的适应，才能生存下来。

第1个是"地理环境"障碍，也就是自然的地理障碍，让该物种不容易跨越，一旦跨过并抵达到新生态系统，就有了第2个"立足点环境"障碍，这时候该物种已经变成外来物种，必须适应新生态系统的气候、土壤、物种、食物链。有了立足点之后，紧接着要面对的是第3个"繁殖"障碍。

若是能够繁衍子孙，但却不能通过第4个"扩散"障碍，即使有危害也只是局限在某些地区，甚至可能会慢慢地融入当地生态系统。若外来物种具有扩散能力，且对原生物种与原生态系统产生负面影响，就成为入侵物种。

表7-5 评估外来种的危害等级

生物名称	分布
尚不具威胁性	野外尚未建立生殖种群，其生态习性可能不适应当地
潜在威胁性	野外尚未建立生殖种群，但已有零星个体在当地存活
具威胁性	野外已建立生殖种群，但仍属局部分布，尚未全面扩散
高度威胁性	野外已建立生殖种群，且逐渐扩散并威胁当地原生种或生态系统

如果再顺利通过第5个"干扰栖地"障碍，就会仗恃物种优势干扰或侵占栖地，造成原生物种减少，被它干扰的势力范围愈大，该栖地就会成为入侵物种的自然栖地，甚至消灭该栖地的原生物种。

✕ 小博士解说

> 防治外来种转成入侵种，一方面要加强侦测通报，一方面要强化检疫措施，所有动植物进入他国之前，都必须接受检疫，要严格控制外来种的引进。

生态复育

（一）生态复育的目标

生态复育具有某一程度的风险与不确定性，其主要以自然再生为基础，辅以人工措施，依靠生态系统的自我调节能力恢复其原本的面貌。而完备的生态规划、决策架构，可减低生态复育的风险与未确定性，以最小成本达到复育计划的成功。

复育是恢复生态系统到一个接近它原来不受干扰的状态。复育可以大到整个生态系统，如空气污染的改善、酸雨的防治、栖息地的恢复等。也可以对特定残块体做小尺度的恢复，如湿地若无法恢复则可以用沼泽或生态池来取代。

生态复育最基本的方法是调查当地的动植物数据，因为动植物数据是最好判断该地区生态复育潜力大小的关键因素。运用科学方式将被破坏或被污染的地区复原当然是最理想的。如一些受重金属污染的耕地运用植物复育法来修复。

目前有许多区域，如高尔夫球场在开发前是荒地，该地区的生态早已破坏，很难再恢复成过去的样貌，而且原来的野生动物可能早已绝种，可以通过生态设计，尽量恢复原来栖息地的面貌，或自然景观的设计，让未知的野生动植物可以栖息于此，我们称为无目标性的设计。因此，许多城乡绿地如公园、河滨、农地、林地、绿廊道或高尔夫球场等，都应该采用自然景观的设计方法，让残块体可以尽可能地串联起来。

（二）生态复育的目的

生态复育的目的主要是：

1. 创造一个更健康的永续景观，特别是要复育已成为残块体的区域。
2. 维护动植物的多样性。
3. 保育特有动植物的基因及品种，使之能更好地生存。
4. 保育生态系统的完整性。
5. 减少水土流失并保育水资源。
6. 提升自然本身的美感价值。
7. 低度的维护管理取代过度使用化学物质。

（三）森林生态复育

新建的生态系统若只有单一而纯化的结构（如人工同龄纯林）使之未能达到预期的功能，或与自然的生态系统的功能差距太远，就不足以称为生态复育。

依据林地破坏状况及微环境的条件，需复育地大致可分成三类：一类为崩塌和严重地表径流冲蚀地、火烧迹地；二类为海岸不稳定的低生产力的且自然更新困难的砂地；三类为大面积受干扰而呈现出低密度林地或结构单一化纯林。

生态系统受害越严重，物理环境的改善越重要。就一般复育基地而言，表面的粗糙化可减少地表径流。若为崩塌地，必须重新塑造一个稳定的地形——用打桩、编栅等方法来稳定地形。

复育基地所残存的林木、禾草类植物、枯枝落叶及腐殖质会显著改善微环境条件，但禾草类也会抑制其他植物的重建。木本植物是生态复育中较为有效及持续较久的植物种类，必须列为主要重建植物。

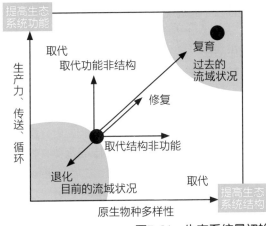

结构是指生态系统的原生物种多样性，功能是指生态系统的生产力、水文功能、营养结构与传送。

图7-16　生态系统最初始的目标

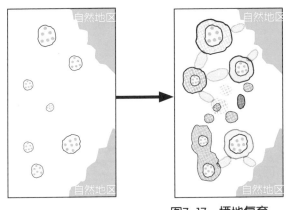

栖地复育可形成缓冲区，连接碎裂的区块，帮助生物于各区块间移动或栖息，形成完整的生态网络。

图7-17　栖地复育

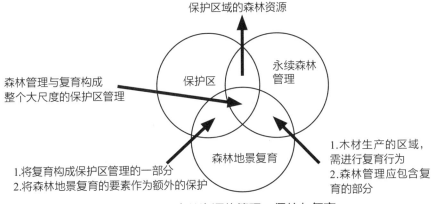

图7-18　森林资源的管理、保护与复育

生物物种间的关系

（一）生物之间的有利关系

互利共生：指两种以上生物生活在一起的现象，至少有一方得利，无任何一方不利。互利共生可分为：

1. 义务性互利共生：两种生物生活在一起，可互相得利，共生关系是长久的且有义务（强迫）性。如白蚁与其肠中共生的多鞭毛虫，白蚁以木材为食，但其消化道不能分泌消化木材的酶。多鞭毛虫则有消化木材的酶。二者共生互相得利，分开则都不能生存。

2. 非义务性互利共生：两种生物因生活在一起而互获利益，但二者分开时，亦不会因此死亡。如寄居蟹与海葵的共生，寄居蟹借助海葵伪装且海葵有刺丝细胞可攻击敌人，海葵因寄居蟹走动而获得充分的氧气及食物，二者互获利益。

偏利共生：指两种不同生物间，其中一种因联合生活而得利，另一方并未受害或得利。偏利共生可分为：

1. 长期性接触的偏利共生：如兰花等着生植物利用大树作为附着物，借以得到光线及其他生活条件。

2. 暂时性接触的偏利共生：印头鱼暂时吸附于鲨鱼的腹部。

大多数寄居蟹与刺胞动物的共生关系并非绝对的，其间的关系亦非一对一。多数的关系是互利共生，海葵的刺丝胞能提供给蟹类某些程度的保护，而海葵可在壳上获得栖息的硬基质、在蟹觅食时可获得碎屑。在建立寄居蟹和海葵的共生关系时，双方均可能采取主动，视种类而异。二者均有固定的行为过程完成此关系。

图7-19　海葵与寄居蟹

（二）生物之间的有害关系

生物之间的有害关系，指两种以上的生物生活在一起的现象，有时至少有一方受到伤害。

抗生：两种不同种类的生物在一起生活，其中一种生物产生的物质，对另一种有毒害。属于原生生物的涡鞭毛虫类（甲藻），体呈红色（红潮），会产生有毒代谢废物，会毒害许多海洋动物。

剥削及捕食：如蚂蚁有奴役情形，悍蚁属的工蚁会侵入蚁属蚂蚁的巢穴，将其幼虫和蛹带回，等其成熟就需担任建巢或饲育工作。在捕食过程中，捕食者加害被食者。如食虫植物、草食、肉食或杂食动物。

寄生：当两种生物在一起时，一种寄居在另一种体内或体表，并依赖它的营养生活之关系。通常捕食会杀死对方，但寄生不会。捕食者数量较猎物少，寄生反之。

（三）竞争

两种生物利用相同的资源，就会发生竞争，包括食物、栖息空间。同种间与不同间的资源竞争，以同种间较激烈。异种间具有相同资源利用时，会导致两种结果：

1. 竞争取代（或排斥）：如金草履虫和尾草履虫。

2. 共域：特性取代，包括形态适应和生理上的适应，使重叠变小则竞争变小。

进化过程中减少竞争，对物种有好处，让物种可以繁衍下去。如中国台湾的画眉鸟种类有 16 种之多，它们一样利用森林，但用不同的生态区位（如树冠层：白耳画眉；树中层：绣眼画眉；底层：头乌线），它们对资源的区隔非常明显（包括食物、筑巢），为了有效的资源分配，这就是进化适应的结果。

表7-6　生物种间的相互作用
〈○表无直接影响、＋表有正面影响、－表有负面影响〉

关系	A生物	B生物
互利共生	＋	＋
偏利共生	＋	○
互容性	○	○
抗生	○	－
捕食	＋	－
寄生	＋	－
竞争	－	－
合作	＋	＋

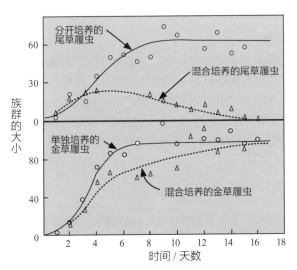

以两种草履虫的培养为例，二者生活在相同的生态位置。两种草履虫分开培养，各自生长良好，倘若混合培养，则尾草履虫被消灭。

图7-20　两种草履虫的竞争取代

 **生态旅游**

（一）负责任的旅游

生态旅游一词最早见于1965年，发展至今生态旅游已成国际保育和永续发展的基础概念。我们将生态旅游归结出三大特点：生态旅游是一种依赖当地资源的旅游、是一种强调当地资源保育的旅游、是一种维护当地小区概念的旅游。

生态旅游，单纯就字面意义可解释为一种观察动植物生态、自然环境的旅游方式，也可诠释为具有生态观念、增进生态保育的游憩行为。国际保育团体将其定义为："是一种负责任的旅游，顾及环境保育，并维护地方住民的福利。"也就是一种在自然地区所进行的旅游形式，强调生态保育的观念，并以永续发展为最终目标。

生态旅游也可能遭受负面冲击，在环境方面——栖地破坏、污染；在经济方面——土地炒作；在文化方面——强势文化入侵、传统文化灭绝等。

（二）资源的适宜性

生态旅游重视资源供给面的开发强度与承载量管制，通过"资源决定型"的决策观念，进行基地的生态旅游适宜性评估。评估指标包括自然与人文资源的自然性或传统性、独特性、多样性、代表性、美质性、教育机会性与示范性、资源脆弱性。

高规格的生态旅游活动，其实是包含许多环境使用限制的，如应保持地方原始纯朴的景观与生态资源，不因旅游活动而大规模地建设交通与游憩等相关硬件设施，或大幅度改变既有产业结构，以小规模的旅游方式带领活动团体等。因此地方居民与业者的接受度与参与力等程度，应优先评估，评估指标包括居民对地方的关怀程度、对生态旅游的接受度、当地主管机关或民间主导性组织的支持态度、居民与业者的参与程度及民间自愿性组织的活力。

（三）消极和积极的旅游

生态旅游分为简易型和深入型，建立在一个以"旅游责任"为基础的连续体上，一端为简易型又称消极的生态旅游（同意任何形态、强度的活动发生），以满足一般大众需求，期望在满足游客自然体验之余，也能减少环境冲击；深入型是积极性的旅游（不允许任何冲击产生），注重环境伦理，期望维护环境的健康状态，深入型是负责任的旅游方式但也往往伴随专业取向，通常以特定人士为目标，故又称专业型。

 **小博士解说**

为能确实推广生态旅游活动的成功、提升非消耗行为的生态旅游意识，需通过了解游客、居民与业者的认知态度及行为模式，提供经营管理者规划适当的教育推广策略，以引导参与者正确的环境伦理观念、行为规范与学习体验；并借由生态旅游基础面的健全优势，达到环境资源的保存与满足游憩需求的永续目的。

表7-7 传统大众旅游与生态旅游的差异

项目	传统大众旅游	生态旅游
游憩目的	自然与文化环境的破坏,首要重视经济效益,普遍泛商业化	自然与文化环境的保护,以永续发展理论为主导,尊重生物多样性
旅游形态、特色	传统消费行为,安排热门观光景点	深度体验欣赏当地原貌和特色,环境生态解说
对环境资源影响	如利用不当,容易被破坏	强调尊重环境伦理,不损耗资源,强调永续利用
对旅游地居民影响	仅开发单位与游客受益,对当地社区与居民无回馈	开发单位、游客、当地社区居民分享利益,即对旅游地社区提供一定比例的回馈
对旅游地文化影响	不特别重视,追求新鲜感	尊重当地传统文化、风俗习惯和价值观
旅游后拥有	纯粹带来休闲上的效用,欢愉快乐	希望接触生态、文化、心灵与知识的提升

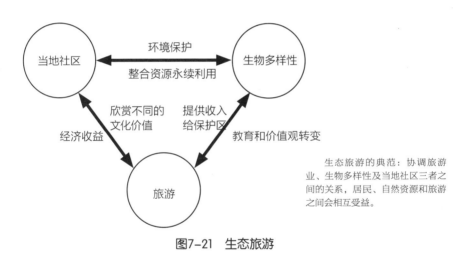

生态旅游的典范:协调旅游业、生物多样性及当地社区三者之间的关系,居民、自然资源和旅游之间会相互受益。

图7-21 生态旅游

在序列的右端,生态旅游是不存在的,因为任何的观光活动都会带来冲击,在序列的左端,则认为所有的观光活动都可以说是生态旅游。

图7-22 消极和积极的旅游

第七章 生态学

第八章

生物多样性与
环境变迁

生物多样性是人类赖以生存的物质基础
和未来工农业、医药业发展的基础。它为人
类提供了食物、能源、材料等基本需求，同
时生物多样性对于维持生态平衡、稳定环境
具有关键的影响作用。

生物多样性的概念

（一）生物多样性概念的解构

生物多样性又被称为生物歧异度，一开始泛指地球上所有动物、植物、真菌及微生物的物种种类。后来这个概念可以解构为一个整体、两种性质、三个层级与两个角度。一个整体是指所有生命与其赖以生存的环境，是环环相扣的整体，不可分割；两种性质为变异与可变异性；三个层级为生态多样性、物种多样性、基因多样性；两个角度为歧异度与丰富度。

变异与可变异性的分别，如基因变异与基因突变能力、生物物种数量与物种的种化能力，或生态系统内的生物组成与其能量与物质循环机制。变异只是表象，可变异性才是变异背后的驱动力。

生物多样性并不完全等于基因多样性、物种多样性及生态系统多样性。生物多样性是指生命现象中所有的变异。基因、物种及生态系统这三个层次，只是生命现象中的三个非常重要的层次。

（二）生物多样性的量化

生物多样性的描述可经由适当的模式假设而量化成各种指数，借由指数的测量，达到对群集的客观评估，并得以进行多个群集的比较，或对时空的变化进行解释。这些量化用来描述生物多样性情况的工具，一般称之为歧异度指数。

生物多样性的生物歧异度指数，是由族群中的种类数与个体数所构成，可以反映群集的特性及功能。生物种组成的多样性与群集的稳定程度有密切关系，也是借由生物歧异度，得以了解一群集之物种组成分布状况，或是各群集内物种的差异，而描述的角度及方法有许多种。

自然界中的群集需要以三种层次来区分生物歧异度，分别为某一特定群集或是某一生物阶层、群聚的 α 歧异度；测量复杂环境梯度或模型群集组成的改变程度，或是群集的变异程度，称之为 β 歧异度；部分环境范围内的一些群集样本结合起来，同时包含 α 与 β 歧异度，这第三类可称之为 γ 歧异度。

这三者的关系可以简单地表示为 $\gamma = \alpha \times \beta$。其中较为人所熟知的 α 歧异度，是指在均质生育地内所有物种的数量，即为生育地内的歧异度，可反映出某群集内部物种的歧异度或生态资源竞争分化的程度，也可以表示出种类的丰富度，以及适当测量一定面积内物种的数目。

（三）生物多样性的重要性

为人类提供必需的物资、药物和工业原料。

1. 提供农林渔牧品种改良的基因库。

2. 为人类提供稳定水文、调节气候、促进养分循环以及维持物种进化等功能。

3. 在音乐、美学、科学、教育、社会文化、精神与历史各方面扮演着重要的角色。

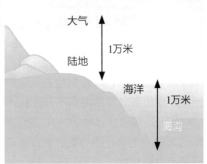

生态多样性是指一个地区的生态系统的等级。森林、沙漠、草原、海洋、小河、湖和其他生物的群落和非生物环境之间的互动。环境需要有多样性，才能为各式各样的生物提供栖息地，形成各种不同的生态系统。

图8-1　生物多样性

生物圈是人类所定义出来的区域，会随着生物的发现或灭绝而扩大或缩小。生物圈包含了水域、低层大气及部分地表区域，大约是海平面垂直上下各1万米的范围，它只占了地球的一小部分。

图8-2　生物圈

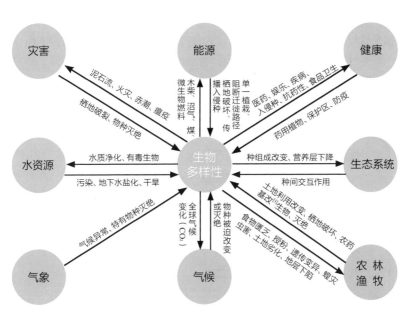

图8-3　关联性资料

---

[1] 基改：指通过基因转殖技术使某生物带有其生物特性。

生物多样性的消失

（一）生物多样性的消失速度

生物多样性的消失速度，以生态系统多样性最容易推估，物种多样性次之，而基因多样性则最难，几乎没有办法进行全观性的估计。生态系统多样性消失速度的推估，牵涉到生态系统的定义、分界与分类，以及生物群落的演替问题，侧重不同常常得到不同的估计结果。

目前，湿地与森林的生态系统消失速度最快。以森林为例，截至20世纪80年代末期，全球有四分之三的原始森林、二分之一的雨林或已被摧毁，或已被改变或已被干扰。

物种多样性的消失速度，目前纪录最完整的是鸟类与哺乳类。自 1600 年至今，已知约有 113 种鸟类与 83 种哺乳类完全消失。但这个数字明显是被低估的，因为很多物种在科学家发现之前便已灭绝。

虽然地球上曾经出现过的物种，有 98% 已经灭绝，但是目前的物种灭绝速度远超于前。以哺乳类为例，人类文明出现前，平均每1000年会有一种哺乳类灭绝，但在过去400年，平均每16年就有一种哺乳类灭绝，约为背景灭绝[1]速度的50倍。

（二）生物多样性消失的原因

生物多样性迅速消失的主要原因，是近百年来人类以及所耗用资源的爆炸性增长。而生物多样性迅速消失的原因，有栖地减少与破坏、栖地破碎、外来物种入侵、过度猎捕以及环境劣化。

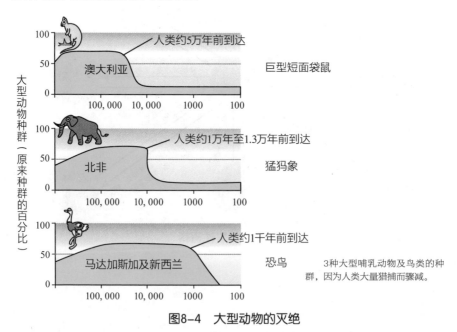

图8-4　大型动物的灭绝

3种大型哺乳动物及鸟类的种群，因为人类大量猎捕而骤减。

---

[1] 在没有人类活动的前提下，环境变化导致的物种自然灭绝（编者注）。

人类由于农业、商业、工业、住宅等需要，大量且大幅改变天然栖地，使之地成为农田、牧地、城市、建地等土地类型。许多野生动植物无法生存在这些人类所主控的环境中，因此，栖地减少常常造成生物的灭绝。

人类对各类生态系统的减少与破坏，虽然程度不一，但是目前地球上所有的生态系统都不可避免地受到人类活动的负面影响。其中以森林、红树林、湿地、珊瑚礁、温带草原等生态系统所受到的破坏最大，关注也最多。全球主要的陆域生态系统中，除了荒漠生态系统与冻原生态系统因人类在此生活不易，受到的破坏较少，其余所有的生态系统都已经受到人类相当深远的负面影响。

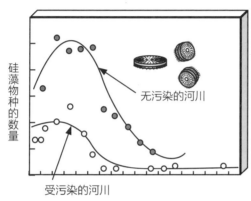

图8-5　污染对群落中物种多样性的影响

（三）栖地破碎

人类由于公路、沟渠及种种其他人为设施的建设，造成的原本面积已大量缩减的天然栖地地形破碎，被称为栖地破碎化。栖地破碎化造成栖地区块间生物不容易互相补充，栖地区块内的生物族群比较容易绝种。因此，整体性的栖地破碎化会导致生物物种减少。

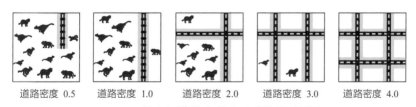

道路密度 0.5　　道路密度 1.0　　道路密度 2.0　　道路密度 3.0　　道路密度 4.0

图8-6　道路与轨道建设导致动物栖地消失

 小博士解说

在栖地经营理论中，边缘效应原本被认为对生物多样性是有益的。所谓的边缘效应是指栖地边缘由于拥有不同的栖地类型，因此常常拥有较多的物种。但由于天然栖地日益破碎，在栖地边缘由于微栖地环境常常大不相同，而且各项生物种间作用（如捕食、寄生）较易发生，造成物种死亡率较高。

生物多样性的价值

自然界中任何事物的价值与功能，是多元而复杂的。以不同的价值系统来评断同一样事物的功能，可能会得出相反的结论。

（一）生物多样性的道德与伦理诉求

传统上，人类对地球环境、生物及资源的对待方式，是以人类利益作为出发点的，此即人本主义。此观点认为人类对自然环境没有道德关系，人类对待其他生物及资源的最高指导原则，是在于谋求人类的最高可能。

近百年来，另一个相对的观点渐渐兴起。此观点是以所有生命个体与生态体系的整体健全性为中心出发点，即生物中心主义。此观点认为人类与其他生命皆为平等，并具有相等的道德关系存在，同时人类需要尊重并保存自然生态体系内互动互依的复杂关系网。

人本主义可以简单区分为两类，狭义人本主义与广义人本主义。广义人本主义，以全球所有人类的长期和持续发展为出发点，谋求全体人类的长期利益。狭义人本主义，以少数人类的短期利益为出发点，追求短期或狭域的人类利益。毫无疑问，狭义人本主义应是被扬弃的，广义人本主义应是被推广的。

表8-1　生物多样性的实用价值

分类		说明
使用价值	直接使用价值	薪材、食物、医药、工业原料及生物科技所需素材
	间接使用价值	维持生态系统的基础（土壤形成、水文循环）、启智与音乐（美学、文化、休闲、如娱乐及心灵方面资源）、永续发展之希望
非使用价值	选择价值	未来有直接或间接使用价值
	存在价值	知晓资源的存在
	遗赠价值	在未来世代可以由该资源获取效益

一般而言，经济学者认为环境资源财货的总价值，可以区分为使用价值（实际使用生物多样性资源而产生的价值）与非使用价值（生态系统具有的功能而产生的价值）两大部分。

（二）生物多样性的实用价值

生物多样性的价值，可分为两种：一是可用经济价值衡量的实用价值，另一种是难以用经济价值衡量的公益功能。

生物多样性的实用价值，可包含许多层次，如粮食生产、医药保健、工业原料、病虫害防治、渔猎收获及生态观光等。

在全世界25万种维管束植物中，约有3000种被认为是可食用的，其中大约有200种已被人类驯化成为食物来源。目前全球有超过90%的植物性粮食，仅靠约20种植物供应，而其中的玉米、水稻、小麦更提供了全人类50%以上的食物热量。

虽然人类所食用的植物，仅占全球所有植物的一小部分，但是全球的野生植物物种，是一个相当庞大的基因库，此基因库可经由增加农作物产量、病虫抵抗力或环境耐受力，改善人类的培育品种。

（三）生物多样性的生态功能

在20世纪90年代，一个新的衍生假说被提出，即物种多样性与生态系统作用稳定性。分为几个层面：

1. 生物是生态系统内的各种作用（如光合作用、养分循环）的关键角色。

2. 生物多样性增加，会增加生态系统内各种作用的效果。

3. 生物多样性会增加生态系统内各种作用的稳定性。

生物多样性形成了生态系统，人类提供了许多非常重要的环境服务，如保持土表、维护集水区、提供授粉的昆虫、益鸟及其他生物的地区性气候、维持氮、磷、碳及其他元素的循环、保护表土、减少湖泊淤积、污水净化、暴风防护及洪水控制缓冲干扰。

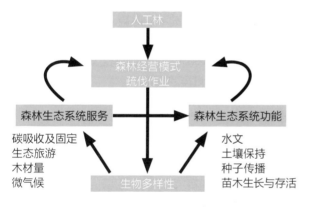

完整的森林生态系统对于本地的生物多样性保育、生态系统的服务、功能与碳吸收上，日益重要。我们应该积极地处理人工林，使人工林在未来能发挥上述的功能，以符合现代保育潮流及社会期待。

图8-7　森林生态系统

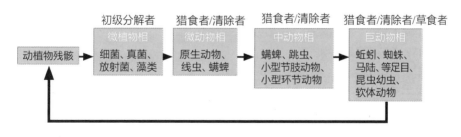

土壤生态系统中的生物多样性。土壤生态系统提供许多的生态系统服务，这些服务大部分来自微生物的作用，以及微生物与微生物间所组成的食物网的性质。

图8-8　土壤生态系统

生物多样性公约

（一）生物种源

生物种源主导了人类文明的发展。生物种源的丰富与否，常常会影响人类历史上文明间冲突的结果，生物资源丰富的文明，常常是胜利的那一方。

生物种源的取得也经常引发人类政治上的纷争。如我国汉武帝欲买汗血马不成后，派李广利以数年时间远征大宛，以求汗血马的种源。今日，生物种源的保存与取得，更是影响全球经济活动的兴衰。

生物种源的取得与利用，在分子生物技术兴起后，更为人所关注。生物种源的争议，一般常分为南、北两大阵营。北方国家，多位于北温带，科技先进，但是生物多样性贫乏。南方国家多位于热带和南半球，科技较为落后，但是拥有丰富的生物多样性。

北方国家在利用南方国家的生物资源（遗传多样性及物种多样性）后，衍生出的利益，常常没有分享给生物种源的原产国家。

南方国家与第三世界国家，多年一直谋求公平的对待，终于在 1991 年多国达成共识，倡议种源是国家主权。这个共识具体地呈现于一年后的《生物多样性公约》（Convention on Biological Diversity），因此南方国家得以据之在 WTO 知识产权的协商中进一步提出针对先进国的立场。

表8-2　国际上有关生物多样性的公约

名称	通过时间 / 年	主要内容
华盛顿公约（濒临绝种野生动植物国际贸易公约）	1975	保护濒临绝种的野生动植物
拉姆萨尔公约（特殊水鸟栖息地国际重要湿地公约）	1975	重视特殊水鸟，加强湿地及动植物保育
伦敦废弃物投弃公约	1972	界定含重金属、有机氯化物等有害废弃物的投弃标准
联合国海洋法公约	1982	海洋环境的保护
远距离越境空气污染条约	1979	对于越境大气污染采取妥善的防止措施
保护迁移野生动物种公约	1979	跨国性迁移物种的保护
维也纳公约	1985	臭氧层和破坏臭氧层物质的研究
国际防止船舶造成污染公约	1978	限制船舶及其他海洋设施所排放的油污及有害物质
蒙特利尔破坏臭氧层物质管制议定书	1987	控制氟氯碳化物（CFCs）排放量
控制危险废物越境转移及其处置巴塞尔公约	1989	控制有害废弃物越境移动
国际	1989	地球温室效应的防止
赫尔辛基宣言（保护臭氧层）	1989	对破坏臭氧层缩物质加以限制
诺德韦克宣言（大气污染与气候变迁）	1989	控制造成温室效应的二氧化碳等气体浓度
里约宣言	1992	揭示永续发展理念
关于森林问题的原则声明	1992	森林维持永续经营
联合国防治沙漠化公约	1992	保护干燥地、半干燥地与湿地
京都议定书	1997	管制三十八个已开发国家及欧洲联盟的温室气体排放
卡塔赫纳生物安全议定书	2000	确保生物多样性，成立生物安全资料中心
斯德哥尔摩公约	2001	针对持久性有机污染物采取国际管制

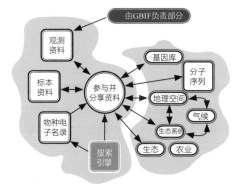

《生物多样性公约》中要求各国要加强分类学的能力建设并推动全球分类学倡议，制订全球生物多样性资讯交换机制，于2001年正式成立了"全球生物多样性资讯机构"（Global Biodiversity Information Facility, GBIF），积极收集、整合全球生物多样性的相关资讯，并公平合理地与世界各国分享。

图8-9 全球生物多样性信息机构

（二）生物多样性公约的宗旨

《生物多样性公约》是一项保护地球生物资源的国际性公约，于1992年在内罗毕由联合国环境规划署发起的政府间谈判委员会第七次会议上通过，由各签约国在巴西里约热内卢举行的联合国环境与发展大会上签署。

该公约旨在保护濒临灭绝的植物和动物，并最大限度地保护地球上的生物资源，以达到永续生存与利用的目的。保护以及维持生物多样性是《生物多样性公约》所阐述的重点，同时也是全球人类必须共同关切的议题。

制定《生物多样性公约》最主要的目的就是要通过缔约国的努力，来推动并落实公约的三大目标：保育生物多样性、永续利用其组成及公平合作地分享由于利用生物多样性遗传资源所产生的利益。

《生物多样性公约》不但包含就地和迁地保育野生和畜养物种、复育工作，更跨过了生物多样性本身和生物资源的永续利用，进而涵盖遗传资源的取得，分享利用遗传物质所产生的效益、技术取得和技术转移等议题。

《生物多样性公约》认为，各国对其生物资源拥有主权，同时各国也有责任保育自己的生物多样性，以永续的方式利用自己的生物资源。同时表明，当生物多样性因人类活动而遭受严重减少的威胁时，各国应该果断采取避免或减轻威胁的措施；而为拯救濒危的生物多样性，各国不仅应该补足该物种的信息和知识，积极提高科学、技术能力，还要提供充分的资金，以提高处理生物多样性丧失问题的能力。

表8-3 传统的物种保育与生物多样性保育的区别

	传统的物种保育	生物多样性的保育
保育目的与重点	物种及保护区保护为主	保护生态多样性、物种多样性、基因多样性、文化多样性，强调全面、整体与永续性
利用	限制利用	永续利用
参与人士	保育行政部门、保育人士	涉及影响、利用、保护、买卖生物多样性的政府民间企业等单位
生物技术	未强调	利用生物技术开发新药、食物等管制生物技术安全
利益	生态功能维护之有形、无形利益	长期、持续、利益分享
受破坏地区	闲置	保育生物、环境工程、遗传工程指导下恢复或重建自然环境

（一）生物多样性保育的目的

地球上的生物，彼此之间都有非常紧密的相互依存关系。假若以人的立场来思考，生物不仅提供人类粮食的来源，对于医药、生物防治、废弃物处理等方面，都有极大的用途。例如，近年来，科学家从植物中萃取出多种可以对抗癌症的新成分。

生物多样性是人类生存的生态与物质基础。生物多样性的保育，不仅可以保护人类将来可利用的生物资源与遗传资源充足，也可解决人类目前或未来可能面临的问题。

生物多样性的保育，不能完全以人的角度来思考，因为生物多样性保育最主要的意义在于保护自然界所有生物的生存权，以维持地球上整个生态系统的稳定和平衡。

（二）保育的核心课题

生物多样性保育的核心课题，是栖地和生态系统的保育，因为生物栖地和生态系统是物种赖以生存的家园。过去的生物多样性保育，主要着重在拯救及保育濒临绝种或受到生存威胁的物种，而忽略了生物栖地和生态系统的保育。

栖地和生态系统的保育才是生物多样性保育的根本，甚至比个别物种的保育还要重要且有效，因为遗传、物种、生态系统三个层次的生物多样性彼此之间关系密切。某一物种的灭绝，往往是因为失去遗传多样性和生态系统多样性所致。

生物多样性保育的关键，在于深切认识人类与自然生态环境密不可分的关系。当我们思考人类的生存时，不要忽略了所有生物都和人类一样，都有权在这个地球上一代一代地生存及繁衍。维持生物多样性的方法很多，可归纳为两种方式：域内保育与域外保存。前者是将生物保育在其自然栖地内，维持域内物种繁衍不息及自然进化；后者是将特定生物移出其自然栖地，而加以保存在某个特定地域内。此外域内保育生物多样性的方式包含：设置国家公园、自然保护区、野生物庇护区、原生区基因库等。实施域外保存的手段可实行搜集或集中饲育生物物种，如设置动物园、植物园、复育园、水族馆或种子与花粉库、胚质库、微生物培养与组织培养中心。

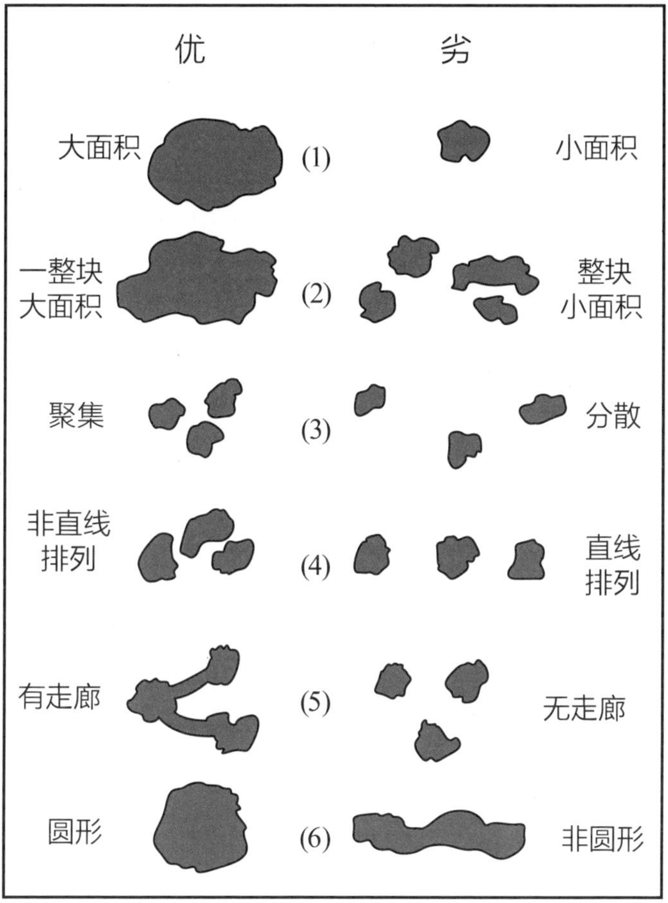

图8-10 生态保护区或自然保护区划定原则

（1）大面积比小面积要好。
（2）同样的面积，一整块大面积要比好几块小面积好。
（3）生态系统完全维持比部分维持好。
（4）面积形状为圆形比不规则形好。
（5）小块的保护区之间最好以非直线的方式排列，使族群间的隔离越短越好。
（6）直线排列的小区域最好有"生态走廊"连接或"踏脚石"维系。
（7）保护区包括核心区及缓冲区的设计与管理。

（一）大灭绝的特征

一般而言，生物会自我变化，造成生物多样化随时间而增加。生物多样化的速度，一开始相当缓慢，在寒武纪之后才比较快速。

如果在某个时代，数以百万计的生物种类在短暂时间之内突然灭绝，就称作大灭绝。在地球历史中，有5次生物物种经历大灭绝时期。

5次生物大灭绝中，最为人所知的是6500万年前白垩纪至第三纪之间的大灭绝，估计有一半的生物种灭绝，其中包括恐龙与许多其他生物。

大灭绝的特征是进化到一定程度的物种悉数灭绝，而比较原始、易适应环境变化及分布广泛的物种得以继续生存。

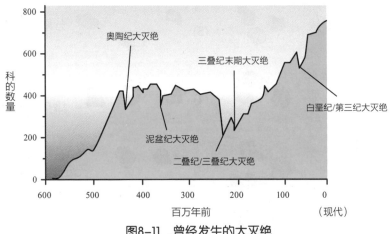

图8-11　曾经发生的大灭绝

（二）"5+1"次大灭绝

大灭绝在地球上已经发生过5次。第一次大灭绝发生在距今4.4亿年前的奥陶纪末期，大约有 85% 的物种灭绝；在距今约3.65亿年前的泥盆纪后期，发生第二次大灭绝，海洋生物遭到重创。这两次大灭绝的主要原因都是气候变冷和海洋退却。

第三次大灭绝发生在距今约2.5亿年前二叠纪末期，是史上最大最严重的一次大灭绝，估计有 95% 的海洋物种和 70% 的陆地物种灭绝。主因是地壳频繁活动和盘古大陆形成引起的；第四次发生在约2亿年前的三叠纪晚期，约有80% 的爬行动物灭绝。

第五次大灭绝发生在6500万年前的白垩纪，也是大家所熟知的一次。统治地球达1.6亿年的恐龙灭绝。科学家的观点倾向于"陨石撞地球"。此前地球上的生物种类已相当丰富，光恐龙就有近五百种。大灭绝后，陆地上仅剩 12% 的物种。

地球正面临第六次生物大灭绝——更新世大灾难。以目前每天有40种生物绝种的平均速度估计，1.6万年后 90% 的现代生物便会从地球上消失，与二叠纪大灭绝消失的物种数量相当。

科学家坚信，在第六次生物灭绝过程中，人类扮演关键角色。任何一个生态系统的正常状态是其自我调节能力。但只要人类介入，自然调节便宣告失守，进入危急状态。

（三）大灭绝的成因

古生代末期（二叠纪）大灭绝是目前已知的最大的灭绝事件。大多数的海洋生物消失，三叶虫全数灭绝。大多数的研究者认为，这是由地球上大规模的火山爆发，盘古大陆的形成改变海流与气候所致。

中生代末期（白垩纪）大灭绝导致恐龙和菊石等生物灭绝。白垩纪大灭绝可能因为陨石撞击。陨石撞击地球造成数十倍陨石重的爆炸落尘从地壳爆破上冲至大气层，导致遮蔽阳光，使植物光合作用暂时终止，因此食物链受到破坏，并且因阳光大量减少，地表温度明显下降，导致各种生物相继灭绝。

此种论点的证据包括：在白垩纪与第三纪的交界发现铱元素含量异常高的黏土层、地层交界有煤灰的出现、地层中含有因高压而形成的斜硅石颗粒等。

表8-4　地球主要的大灭绝事件

时间	事件	简介
46亿年~38亿年前	撞击灭绝	地球表面生物数次灭绝。
25亿年~22亿年前	氧的出现——雪团地球	厌氧细菌灭绝。
7.5亿年~6亿年前	雪团地球事件	3~4次不同灭绝事件，叠层藻和疑源类群的浮游生物大规模灭绝。
5.6亿年~5亿	寒武纪大灭绝	短时间内所有地球现存的动物全部出现，寒武纪后再也没有新的门进化出现，且出现于寒武纪的部分门也未留存许久，例如伯吉斯页岩动物群。寒武纪大爆发之前发生一次灭绝事件——埃迪卡拉动物群消失，消失原因可能是与新进化物种的竞争，或环境突然改变。第二波发生前者事件后约2000万年，并持续数百万年，第一种形成礁岩的生物（原细胞海绵类群）、三叶虫和早期软体动物群，灭绝原因似乎与全球海平面改变和底层海水开始缺氧有关。
4.4亿年~3.3亿	奥陶纪和泥盆纪大灭绝	1.海洋动物群锐减，无陆地生物纪录。消灭超过20%的海洋生物"科"。 2.是否由撞击造成尚待求证，但温度变化、缺氧和海平面改变是较为确信的。
2.5亿年前	二叠纪——三叠纪事件	1.最严重的一次，50%海洋生物"科"灭绝，绝种的物种比率为80%~90%。 2.成因：海床中被隔离的沉积物在短期内排出二氧化碳，海洋生物因此中毒死亡，且温度上升5~10℃，持续1万~10万年；火山爆发喷发的火山气体。
2.2亿年前	三叠纪末大灭绝	1.50%的属消失，海洋生物受创严重。 2.成因：巨大外星天体撞击，加拿大魁北克的曼尼古根陨石坑，直径10×10^3m，存在2.14万年；海洋改变使浅水呈现缺氧。 3.陆地生物不详。
6500万年前	白垩纪——第三纪事件	1.包括恐龙在内的50%或更多物种灭绝。 2.意大利、丹麦、新西兰发现白垩纪至第三纪地层的铂元素高浓度。 3.1984年发现50处以上白垩纪至第三纪地层的铱元素高度集中，以及被撞击过的石英微粒。 4.全球大气存量改变、温度剧降、酸雨和自然野火。
现代	1.2万年前最后一次冰河结束	1.全新世成为灭绝率显著上升的时期。 2.海洋了解不深，不知变化为何，但冰融及化学污染愈趋严重，海中灭绝率应该会上升。 3.成因：智人不断增加。

（一）岛屿生物的种群遗传

岛屿的面积大小与隔离程度，会影响岛屿生物的许多层面，包含种群遗传结构、族群动态、生理生态、行为生态、生物种间关系及物种多样性等。

岛屿不可避免的宿命是隔离，岛屿上生物的迁入与迁出会受到限制。

岛屿可分为全新生成的岛屿和与旧陆块地理割裂生成的岛屿。新生岛屿如海底火山爆发所生成的岛屿，像印度尼西亚的喀拉喀托（Krakatoa）岛。旧陆块的地理割裂，如中国台湾岛一样，在过去曾与亚欧大陆右侧相连。

新生岛屿内的物种，几乎都是由其他地方迁入，因此播迁能力较高的物种才比较有机会迁入且建立种群。旧陆块割裂所造成的岛屿，可以包含原有陆块的生物物种。

旧陆块割裂成岛屿后，原先陆续分布的生物物种，会因地理割裂的生成而成为多个隔离的族群，而逐渐产生异域种化，由于生物迁入与迁出受限，个体竞争程度较低，因而容易保存古老基因。岛屿隔离程度越高，越容易保存古老基因，如马达加斯加的狐猴、新西兰的奇异鸟。

岛屿由于生物迁入与迁出受限，基因交流受限，加上生物种群量较低，容易近亲交配，造成遗传结构较单调。一般岛屿面积越小，遗传结构越单调。

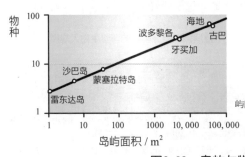

岛屿生物的平衡定律认为：
1. 岛屿面积越大，物种数量越多。
2. 岛屿距离大陆地区越近，物种数量则越多。
3. 当岛屿生物灭绝与移入的速率相等时，此岛屿的物种数量将达到平衡。

图8-12 岛屿与物种数量

（二）岛屿生物的适应

由于岛屿所受到的自然选择压力多异于大陆，岛屿生物的体型常常会异于大陆上的姐妹种或是同种生物。就动物而言，有些动物体型会更加巨大，这种现象称为岛屿巨型化；如科隆群岛的象龟、印度尼西亚科莫多岛的科莫多巨蜥。也有些岛屿动物，体型会变得更加娇小，这种现象称为岛屿微型化；如印度尼西亚巴厘岛的峇里虎。岛屿由于面积受限，生物种群量较低，造成物种较易受到灾难性事件而局部灭绝。面积越小，生物越容易灭绝。

（三）岛屿生物的种间关系

岛屿由于整体生物种类较少，加上生物迁入不易，造成物种间竞争关系较缓和。面积越小、隔离程度越高，物种间竞争程度就越低。物种间竞争不剧烈，造成物种的种群密度常常较高。岛屿的生物种类越少，生物种群的单位密度常常越高。

岛屿由于物种间竞争并不剧烈，加上遗传结构大多单调，造成物种应变能力低，竞争力低。岛屿的生物种类愈少、地理状况越隔离，生物竞争力常常越低。

岛屿由于整体生物种类较少，整体生物数量也不多，造成食物网较扁平、营养阶层较少，缺乏大型掠食动物。岛屿的面积越小、地理状况越隔离，食物网越扁平。

由于岛屿的食物网较扁平，整体种类较少，植物抵抗植食动物的机制和动物逃避掠食性动物的行为常常退化或消失。

岛屿生物由于分布范围受限，种群生物量较低、基因变异较低，因此更容易受到人为干扰而灭绝。人类所带来的扰动，以外来种及栖地流失的威胁最大。

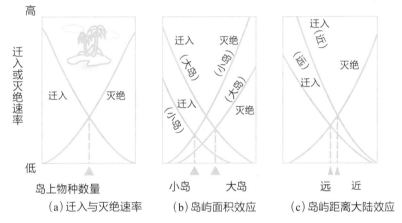

（a）迁入与灭绝速率　　（b）岛屿面积效应　　（c）岛屿距离大陆效应

岛屿由于面积受限，生物移动受阻，造成物种不易迁入。隔离程度越高，物种就越不易迁入。

岛屿由于生物种群量较低，物种较易局部灭绝，造成整体物种较少。岛屿面积越小、隔离程度越高，物种越少。

岛屿的隔离程度越高，物种就越少，而且较容易形成特有种。在两个机制拉扯下，隔离程度很高的岛屿，特有种生物比例会特别高。

图8-13　岛屿与生物的灭绝

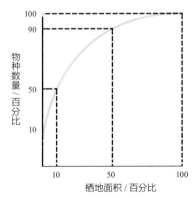

岛屿生物地理学可用来预测由于生态栖地遭破坏而可能灭绝的物种数及其比例。

1. 若一个岛屿50%的栖地面积被破坏则该岛上分布的物种会有10%消失。

2. 当90%的栖地面积被破坏则该岛上的物种会有50%消失。

3. 当99%的栖地面积被破坏则该岛上的物种会有75%消失。

图8-14　岛屿栖地破坏面积与物种数量

全球生物多样性的危机

（一）生物多样性的危机

生物多样性的危机主要来自三种威胁：栖地的破坏、外来物种的入侵、过度的猎捕采集。

1.外来物种的入侵

人类为了特殊的目的（食用、控制病虫害、水土保持、观赏休闲）引进外来物种至本地。若引进的外来物种具有强大的生存竞争力，则会取代当地原生物种的地位，导致原生物种的灭绝，甚至可能瓦解本地生态系统原有的平衡。由于外来物种的入侵，导致本地原有生态系统的食物链中某一原生物种的灭绝，将可能会危及整个食物链中所有物种的生存，从而导致整个食物链的瓦解。

2.过度地猎捕采集

人类为了食用、衣饰、休闲娱乐，而过度狩猎陆地生物、捕捞海洋生物、采集植物，也是威胁生物多样性的主要原因。

表8-5　受威胁物种划分等级

灭绝	对过去物种的分布地点，以及其他已知或可能存在的地点反复调查之后，认为野外不会再存在的那些物种
濒危	若导致其族种衰落的因素还在作用，就会灭绝。在20年或10个世代或以上期间，都有50%的灭绝概率
易危	若导致其种群衰落的因素还在作用，据信在不久的将来就可能成为"濒危"类别的物种。在100年内有10%的灭绝概率
稀有	目前虽不是濒危或易危，但有生存危险，而且种群在全世界都很小的物种
未定	可能为濒危、易危或稀有，但究竟要归类于哪个类别才适当，尚无足够资料来说明的物种
不足	由于缺乏资料，只是怀疑，尚无法肯定地归属于上述任何类别的那些物种

（二）人口成长与资源过耗

地球上各生态系统、物种及基因资源迅速流失的主要原因，是在于近数百年来人类族群以及所耗用资源的爆炸性成长。地球上的人口由一万年前的数百万急剧扩增，迄今已超过 70 亿。根据联合国对世界人口成长的估计，到2050年将达85亿人，而到21世纪末将跨越100亿人口大关。

人类已消耗或已浪费了地球上大约 1/4 至1/2的生物生产力（陆生生物光合作用净产能）及超过一半的可再生淡水，并且耗尽了地球上 1/4 的表土和 1/3 的森林……

（三）热带雨林的破坏

由于砍伐森林、兴建道路、开发住宅与农地等人类活动，使许多物种的自然栖地受到分割或永久性的破坏，加速地球上物种的灭绝，如果不正视此问

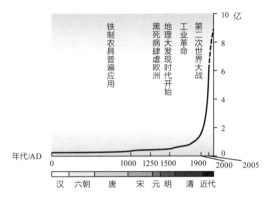

图8-15　2000年以来的世界人口成长

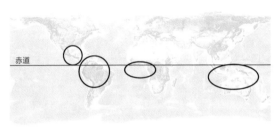

图8-16　热带雨林

热带雨林虽然占全球7%的土地面积，却拥有全球50%~70%的生物物种，可以说热带雨林是地球上最丰富、最古老、最有生产力、也是最复杂的生态系统。热带林面积减少、恶化的直接原因是过度火耕（是一种原始的耕作法，先挑选林地，直接放火烧地，将一切野生动植物烧尽，之后才耕作）、农地转用、过度放牧、薪柴过度取用、商业用材的不当砍伐及森林火灾等，造成雨林快速消失，大约每秒钟消失1万m²，相当于两个美式足球场的大小。

题，则地球的生物圈在21世纪很有可能面临历史性的物种大灭绝。

　　人类以经济发展的需求为理由，正在以惊人的速度破坏全球各地的生物多样性，热带雨林就是其中一项典型的例子。

　　热带雨林是地球上生物多样性最大的地区，孕育了地球上大多数的生物种类，其中有许多生物对医药、农业、废弃物处理等，都具有重要的贡献。

　　热带雨林的砍伐和破坏，可能使地球温室效应恶化。栖息在热带雨林中的许多生物，在人类还来不及认识或了解它们之前，就可能随着热带雨林的砍伐、栖地的破坏而灭绝了，对医药、农业、废弃物处理等可能具有重要贡献的物种，也将不复存在。

（四）栖地的破坏

　　栖地的破坏主要是由于人口增加和经济发展所导致的农、林、矿业的开发，以及都市发展和环境污染等因素造成的。人类密集的活动，不但破坏了陆地上的生物栖地，就连海洋生物的栖地也难以幸免。

小博士解说

　　有科学家估计出目前生物物种灭绝速率人约为每年1000种。在2050年时高达1/3的全球生物物种将灭绝或濒危，另外的1/3也许将在21世纪末走向绝路。

第八章　生物多样性与环境变迁

第九章

生物与医学

医学运用现代生物科技，在疾病诊断、癌症治疗、试管婴儿方面均有明显进步。克隆技术、人工器官、人造组织、生物材料等已有长足进步，而且仍在持续扩张其应用的领域。

（一）癌症概述

癌就是恶性肿瘤，形成的主因是细胞内多种基因发生突变，导致不正常的细胞快速增殖。癌细胞除了生长失控外，还会入侵周围正常的组织，经由循环系统或淋巴组织转移到其他器官。

传统的癌症治疗方法，主要是抑制癌细胞的生长速度和让其凋亡。细胞凋亡是细胞的一种基本生理现象，在多细胞生物的发育过程中以及个体存活时，扮演去除不需要的或异常细胞的角色。在凋亡过程中，细胞会缩小，其 DNA 被核酸内切酶降解成含 180~200 个碱基的片段，最后裂解成多个凋亡小体，并被周遭的吞噬细胞等吸收。

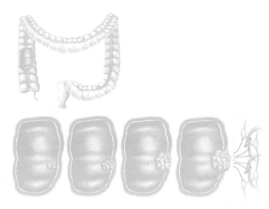

从正常组织到肿瘤组织的形态变化。

图9-1　大肠直肠癌

（二）肿瘤干细胞

科学家在包括血癌、乳腺癌、脑癌、肺癌、肝癌、卵巢癌、前列腺癌、大肠直肠癌、口腔癌等不同的癌组织内，发现了肿瘤干细胞的存在。肿瘤干细胞与正常干细胞有许多相似之处，如自我更新与分化的能力，而肿瘤干细胞很可能源自发生多种突变的正常干细胞。

肿瘤干细胞一方面因其增殖速率极为缓慢，甚至处于停止分裂的状态；另一方面因其 ABC 运输蛋白的表现量远超过一般的肿瘤细胞，因此不易被化疗药物或放射线杀死。肿瘤干细胞不但是癌症在治疗后复发并丧失对原本有效药物反应的主因，也很可能是癌症恶性转移的元凶。

ABC 运输蛋白是一大群借由 ATP（腺嘌呤核苷三磷酸）水解提供能量的运输蛋白，最早发现于大肠杆菌的双层膜的内膜，目前在包括人在内的物种中已找到超过 100 种ABC运输蛋白，其中又以造成多种癌症化疗失败的多重抗药性的 P- 糖蛋白最著名。P- 糖蛋白能和多种抗癌药物结合，通过 ATP 水解提供能量，把药物从细胞内排出，降低其胞内浓度，减弱甚至抑制其毒杀作用。P-糖蛋白表现量高的癌症患者通常预后较差，如低缓解率、高复发率、短存活期等。

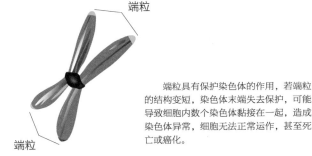

端粒具有保护染色体的作用，若端粒的结构变短，染色体末端失去保护，可能导致细胞内数个染色体黏接在一起，造成染色体异常，细胞无法正常运作，甚至死亡或癌化。

图9-2　染色体

（三）端粒酶与癌症的关系

染色体末端具有特殊序列的端粒，能够保护染色体避免被降解。在生物体内找到了能够合成这种特殊序列的端粒酶。

在正常情形下，老化的现象是生命必然的周期，而如果这样的周期失去调控，常常会有可怕的后果。如癌细胞原本是身体的正常细胞，这些正常的细胞由某些因素导致基因不正常的"开启"或"关闭"，于是伤害逐渐累积，细胞进而癌化。

相较于正常人体细胞不表现端粒酶活性，癌症细胞会活化端粒酶的表现，借以维持端粒长度供细胞复制用。

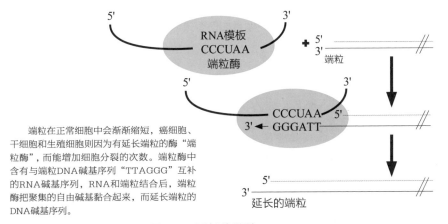

端粒在正常细胞中会渐渐缩短，癌细胞、干细胞和生殖细胞则因为有延长端粒的酶"端粒酶"，而能增加细胞分裂的次数。端粒酶中含有与端粒DNA碱基序列"TTAGGG"互补的RNA碱基序列，RNA和端粒结合后，端粒酶把聚集的自由碱基黏合起来，而延长端粒的DNA碱基序列。

图9-3　延长的端粒

✂ 小博士解说

约90%的癌细胞组织中，端粒酶的活性处在一个"开启"状态。端粒酶活性的活化维持了端粒的长度，可使细胞不能进入复制性的老化。因此癌细胞不会产生复制性的老化现象，可以不受限制地增生复制。

基因治疗

（一）基因治疗概述

基因隐含的信息，告诉细胞在什么时间制造出什么蛋白质。若体内制造某些蛋白质的功能出了错，疾病就随之而来。

有许多遗传疾病是由于基因缺陷，造成某种蛋白质制造太少或过多所造成。如苯丙酮尿症是由于体内不能正常制造苯丙氨酸羟化酶，以致无法代谢血液内的苯丙氨酸，因此造成新生儿的智力发育障碍。

虽然有些遗传疾病可借由药物与饮食控制，但毕竟不是治本之道，因此基因治疗便应运而生。

所谓基因治疗，指的是利用适当方法将一个完整的正常基因送入适当的细胞内，希望此完整基因在细胞核内可借由基因重组的过程正确地嵌入染色体，而将有缺陷的基因修复，或至少可在细胞内表现以弥补未正常表现的蛋白质。其最终目标是希望此修复后的基因能长期稳定地持续表现所缺少的蛋白质。

目前基因治疗的目标细胞主要为体细胞，生殖细胞则由于伦理关系仍属禁区。根据给药途径基因治疗可分成体外治疗与体内治疗两大类，前者是将患者本身体细胞取出大量培养，并在实验室中导入正常基因，将基因缺陷修复后，再将细胞输入患者体内。后者则是直接将正常基因以各种方法送入患者体内，希望正常基因能进入人体细胞并修复缺陷基因。若无法修复，至少也希望此基因能表现以弥补缺乏的蛋白质。

（二）基因治疗的载体及策略

目前基因治疗面临的首要问题是如何有效地将基因送入细胞，并且维持一

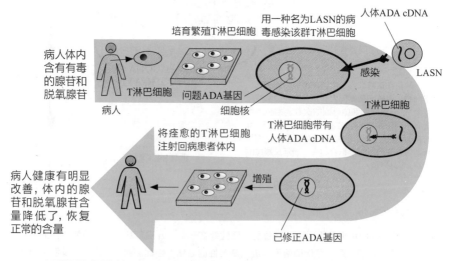

应用基因治疗法治疗因ADA（腺苷酸脱氨酶）基因缺乏所造成的重症联合免疫缺陷（SCID）。

图9-4 用基因治疗法医治重症联合免疫缺陷

定时间的基因表现。

一段裸露的基因很难进入细胞，而病毒可经由感染方式进入人体细胞，因此病毒可当作媒介（载体）将基因转植入细胞内。

根据缺陷基因的不同，基因治疗可有不同的策略：基因置换、基因矫正、基因增补及基因失活等。

前三种方法主要是使修复的正常基因在细胞核表现以弥补蛋白质的不足，但有些疾病却是因为蛋白质表现过多造成，这种情形则需抑制其基因表现。目前常用的策略有利用反义 RNA。当基因转录后，首先形成单股 RNA，此时可导入与其序列互补的反义 RNA 使二者结合，因此后续的翻译过程便被阻止，而使蛋白质的合成无法继续进行。反义 RNA 可在体外合成或以质粒形式送入细胞内表现，以达到抑制基因表现的目的。

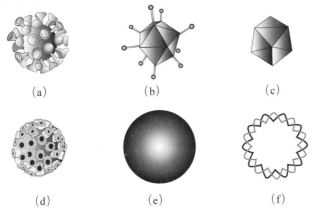

（a）　　　　　（b）　　　　　（c）

（d）　　　　　（e）　　　　　（f）

将DNA传送入细胞中的不同方法。（a）反转录病毒，（b）腺病毒，（c）腺病毒相关病毒，（d）单纯疱疹病毒，（e）微脂粒，（f）裸露的DNA。

图9-5　基因治疗的载体

（三）基因治疗的风险

作为载体的病毒不断增殖，经过长时间后，患者可能有致癌的危险。病毒的 DNA 嵌入人体本身基因，也可能发生癌化现象，或可能产生针对 DNA 的抗体，进而攻击自己的细胞，造成自体免疫疾病。而在细胞内的 DNA 如果不停表达、不断产生蛋白，将会造成不当反应。

表9-1　基因治疗使用的载体种类及其优缺点

基因治疗使用的载体	种类	优缺点
病毒载体系统	反转录病毒、腺病毒、腺相关病毒与简单疱疹病毒等	病毒可自然感染细胞，通常是把某个病毒基因拿掉，然后以治疗基因取代而制备出具有感染力的病毒。会产生强烈副作用
非病毒系统	裸露DNA、磷脂质形成的微脂粒	DNA送入细胞的效率不高；即使DNA进入细胞，裸露DNA也容易被细胞内的酶分解，而无法进入细胞核内表现，或者表现时间短暂而需重复注射基因。主要优点在副作用及潜在毒性较小。微脂粒传送效率并不高

# DNA的鉴定

（一）法医鉴定

无论活着还是死亡的人，甚至过世久远者，都有机会从他们身上取得DNA。对于活着的人，其唾液、血液、皮屑、毛发中都有DNA；对于死亡的人，从死亡那刻起，身上的细胞已开始遭到细菌破坏，DNA分子也开始裂解，但是只要肉身不坏，仍可萃取到DNA；万一肉身已坏，如木乃伊，就必须从密质骨里萃取DNA。

人体骨头分为海绵骨组织与密质骨组织。海绵骨周围有许多骨髓，在人活着的时候，这些骨髓会造血，DNA也最多；但当生命结束时，这里的细胞会很快地被细菌侵蚀，DNA即遭破坏。密质骨正好相反，当骨母细胞长出来时，会立刻被钙化，而且被包埋在致密骨组织里，只要没有骨质疏松或流失现象，这些细胞与里面的DNA就一直被坚固地保护着。

人类在传递"母系遗传信息"的卵子细胞里，有一种物质称为线粒体，当精子与卵子结合时，它就是受精卵中线粒体的来源。当受精卵长成一个新个体时，新生命体中的mtDNA就成为传递母系遗传信息的一个代表性标记。

从上一代传到下一代的遗传过程中，mtDNA几乎未因基因重组而产生过混合。万一当中的基因序列出现改变现象，有可能是基因复制时发生错误，或是基因诱导突变所造成，而后者发生的概率虽比细胞核基因来得高，但也微乎其微。就算真的发生基因突变，如果以两个族群的mtDNA序列做比较，仍可获知他们在何时有共同祖先。

（二）亲子鉴定

DNA亲子鉴定是基于子女的对偶基因型有半套来自于父亲，半套来自于母亲，因此若孩子与母亲的关系确定，就可以判定孩子的另半套是否来自于父亲（此称假设父）。DNA鉴定于1985年开始被应用在亲子鉴定上。

由于每一个人都有两条DNA，其中所有的基因都是成双成对，被称为对偶基因，所有对偶基因的遗传标记一半来自于父亲，另一半来自于母亲，因此要判断父母与子女间的亲子关系，就必须将父母的DNA型别与孩子的DNA型别加以比较。简言之，所谓的亲子鉴定即是借着遗传标记的分析来鉴定子女与父母亲的血缘关系。

体细胞中的DNA富含许多短串联重复序列（Short Tandem Repeat, STR），这些DNA片段在不同的个体间有着不同的重复次数，也分别代表DNA在每个片段的不同型别，借由每个人特有的DNA片段综合起来，即可将不同的个体加以区分，这就是人类身份鉴定的原理。

这种个体间彼此存在的相异点称为多型性，即代表人与人之间的不同之处。基于这样的特点，我们可以利用PCR-STR（聚合酶链式反应–短串联重复序列）技术来正确地分析出每个人特定的遗传标记。

图9-6　PCR应用于刑事案件的嫌疑犯鉴定

图9-7　PCR应用于亲子关系鉴定

为保障花生品种的知识产权，避免冒充，花生分两阶段进行鉴定：

第一阶段：

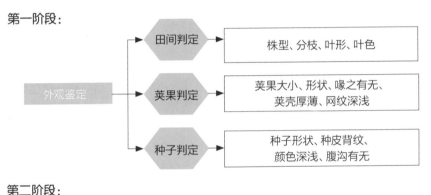

第二阶段：

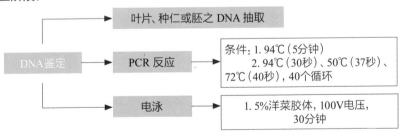

作物品种鉴定是保护育种家知识产权及确保优质农产品的有效途径。花生品种鉴定因为待检材料不同或目的不同，一般可分为五种类型，1. 鉴定两样品是否为不同品种；2. 鉴定两样品是否为相同品种；3. 鉴定未知样品为何品种；4. 鉴定待检样品是否为混合两个以上的品种；5. 鉴定样品是否为基因改造品种。

✖ 小博士解说

就国际上的惯例而言，亲子关系概率超过99.9％即可视为彼此确有亲子关系。

单克隆抗体

（一）单克隆抗体概述

抗体是一种用以抵抗外来物侵袭的蛋白质。由血液中的抗体产生细胞即B细胞产生。该蛋白质是生物体内众多防御物质中的一种，当外物侵入生物体时，该生物体内血液中的细胞会对此外物产生反应而采取防御措施。经过有系统的命令传达之后，某些血液细胞会接受这些命令而进行分化作用，从而会生产对此外物具攻击性的抗体的抗体产生细胞。每一个抗体产生细胞只生产一种抗体。

单克隆抗体是一群可辨识特有抗体结合位的抗体，由同一B细胞分泌出的抗体就是单株抗体，只是这些抗体被分泌到血液后全混在一起，因此称为多株抗体。

（二）单克隆抗体制造

会分泌抗体的B淋巴细胞寿命很短，大约2~3周，这么短的时间不符合大量生产的需求；但如果利用细胞融合技术，将产生抗体的B细胞与不断增殖分裂的癌细胞相融合，制造出一个具有二者特性的融合细胞，那么该融合细胞就可以一面生产抗体，同时又不断地增殖。

柯勒与米尔斯坦在1975年发表了一篇论文，介绍利用细胞融合技术成功地将B细胞与骨髓瘤细胞融合成B细胞杂交瘤。该细胞可以用细胞培养的方法在培养瓶中不断地增殖，并且生产构造与性质相同的抗体，这就是目前已广为人知的单克隆抗体。

单克隆抗体是一群由同一个母细胞分裂出来的子细胞所分泌生产的抗体群，此抗体群有完全相同的构造与性质，因此具有相当高的特异性。此后单克隆抗体就大量而广泛地应用于医学、农业、化学等不同领域上。

（三）单克隆抗体的应用

医学检验试剂：用人工方法制造单克隆抗体与可测量物质（如放射性物质、酶、荧光剂等）的结合体，再依据此结合体与抗原的结合数目，即可测得检验体中抗原的数量。目前已用单克隆抗体做出的人体外检验试剂，包括激素、细胞表面抗原、癌细胞指针、病毒、细菌、寄生虫、核酸等。用于人体内的则有癌肿瘤及侦测心脏病等的检验试剂。

医学治疗上的应用：将药物连接在单克隆抗体上，即可利用单克隆抗体的专一性而将药物带至目的地。

工业纯化的应用：将单克隆抗体与胶质物结合，做成亲和性管柱，用以纯化并浓缩有用物质，例如，尿激素、因子Ⅷ、重组人白介素-2、酶等的纯化，均可利用单克隆抗体亲和性管柱完成。

农业上的应用：发展无病毒植物，或检验植物的病原、食品的菌原等。

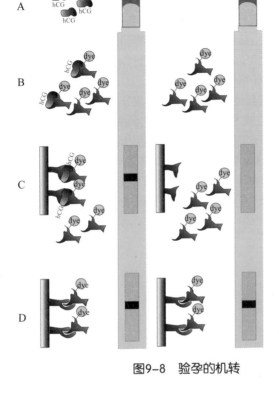

怀孕　　　未怀孕

A

B

C

D

以单株抗体侦测人类绒毛膜性腺刺激素，验孕准确性在90%以上。

图9-8　验孕的机转

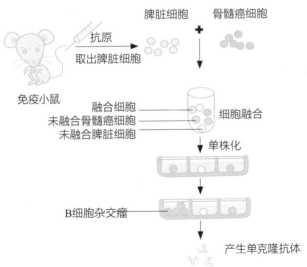

脾脏细胞　　　骨髓癌细胞

抗原
取出脾脏细胞

免疫小鼠

融合细胞 —— 细胞融合
未融合骨髓癌细胞
未融合脾脏细胞

单株化

B细胞杂交瘤

产生单克隆抗体

　　1975年，柯勒与米尔斯坦成功地将B细胞与骨髓瘤细胞合成B细胞杂交瘤，开启了应用单克隆抗体的新纪元。

图9-9　单克隆抗体的产生

 干细胞

（一）干细胞概述

简单来说，有能力产生其他种类的，并能不断自我更新的细胞就是干细胞。

目前，科学家发现也可以从成体获得干细胞，所以干细胞依照其来源不同可分为胚胎干细胞和成体干细胞。

若依照干细胞转变成其他细胞的能力大小来分，又可分为以下三种：1. 全能性干细胞，泛指有能力成为一个完整个体的细胞，可分化的路径有两百多种，如受精卵。2. 多能性干细胞，指的是从胚胎内部取得的内细胞群，有分化成三种胚层能力的细胞。3.专能性干细胞，存在于成体的各部位组织，专能分化成某一类型的细胞。如血球干细胞能分化成红细胞、白细胞等血球细胞，以进行组织修复及更新。由于干细胞的能力有强弱之分，以应用性来讲，全能性和多能性干细胞最强。

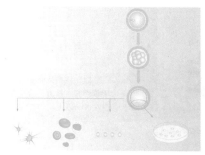

相同的干细胞，只要用不同条件的培养基，它可以发育为神经细胞、肝细胞、心肌细胞等。

神经细胞 血球细胞 小肠细胞 胚胎干细胞

图9-10 干细胞的分化发育

（二）在哪里找干细胞

在受精后的第一个小时，细胞分裂成两个完全相同的细胞，这些细胞又称为全能细胞，因为每一个全能细胞都可以发育成一个完整的个体。

除了胚胎干细胞，在成人的器官或组织中，科学家们也发现了干细胞的踪迹，这些细胞统称为成体干细胞。目前发现成体干细胞的组织包括骨髓、周边血液、大脑、脊椎、牙髓腔、血管、骨骼肌、皮肤上皮、消化器官的表皮、眼角膜、视网膜、肝脏、脾脏及大腿骨等，成体干细胞被归类为多向性干细胞，其所能分化的细胞及组织种类较胚胎干细胞少。

造血干细胞最早是在骨髓中发现的，在身体的周边血液中也可以找到。新生儿的脐带及胎盘血液中含有大量的造血干细胞。

骨髓除了含有造血干细胞外，还含有间充质干细胞，这些细胞在骨髓中所扮演的主要角色是和造血细胞产生交互作用，提供造血细胞生长所需的基质及生长因子。

间充质干细胞具有分化成脂肪细胞、软骨细胞、硬骨细胞、肌腱细胞、造

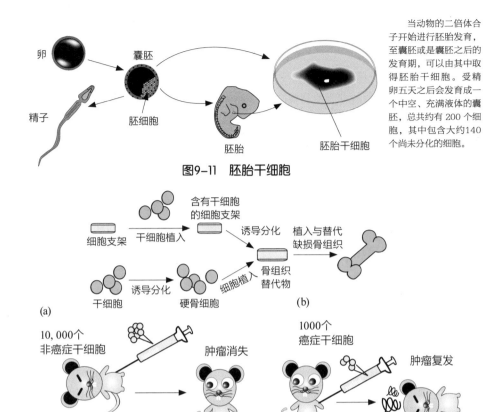

当动物的二倍体合子开始进行胚胎发育，至囊胚或是囊胚之后的发育期，可以由其中取得胚胎干细胞。受精卵五天之后会发育成一个中空、充满液体的囊胚，总共约有 200 个细胞，其中包含大约140个尚未分化的细胞。

图9-11　胚胎干细胞

只需极少数的从患者体内分离出的肿瘤干细胞，便可在免疫缺失的小鼠体内形成肿瘤。

图9-12　干细胞在组织工程上的应用步骤

血细胞支持基质、骨骼肌细胞、平滑肌细胞、心肌细胞、星形胶质细胞、神经胶质细胞及神经细胞等不同细胞的能力，间充质干细胞也可以在新生儿的脐带血或脂肪组织中找到。

（三）干细胞的功用

在再生医学的研究领域里，科学家也积极探讨利用干细胞配合组织工程的发展，期望用它来修复因物理性、化学性、生物性所造成的机体损伤，和遭疾病侵害的成体细胞、组织以及器官。

运用这项技术，对于一些因为细胞损伤或功能异常而产生的机体病变和退化性疾病，如帕金森综合征、阿尔茨海默病、糖尿病、慢性心脏病、神经源性肌肉萎缩、骨质疏松症、脊椎损伤等，这些被认为是永久性失能的损伤，提供了一个矫正或治愈的愿景。

小博士解说

若将干细胞配合适当的基因修饰操作，则可对人类的遗传疾病，如白血病、地中海型贫血症、苯丙酮尿症、黏多糖贮积症、严重复合型免疫缺乏症等进行基因治疗。

细胞死亡有两种主要的途径，细胞坏死及细胞凋亡。

（一）细胞坏死

细胞坏死是一种非专一性的死亡过程，通常是因为高浓度的有毒物质介入造成的。这种因毒性快速进入所造成的死亡，可从形态的观察上得知。细胞外形初期呈不规则状，细胞膜的通透性增加，内质网扩张和染色质不规则移位，接着细胞内细胞核肿胀、溶小体破裂使具分解作用的酶流出。最后细胞膜破裂、细胞内线粒体涨破和染色质流失，整个细胞结构被破坏从而死亡。

（二）细胞凋亡的特征

细胞凋亡又称程序性细胞死亡，简单来说，就是不健康的或有危险的细胞停止生长，并利用新的蛋白质合成特殊细胞信息和蛋白，使它在自然的环境中自体分解。从胚胎发育形成开始，组织交换、免疫发育、防御和保护人体对抗肿瘤生成等，细胞凋亡在人体生长的阶段中扮演了相当重要的角色。

细胞凋亡的特征有6类。

1. 细胞膜萎缩。

2. DNA 片段化。没有结合在组蛋白上的 DNA 又称为裸露 DNA，裸露 DNA 受到核酸内切酶作用而断裂，剩下结合在组蛋白上的 DNA 就形成约 180~200 碱基对的 DNA 片段。经由细胞萃取出的 DNA，利用琼脂凝胶进行电泳，

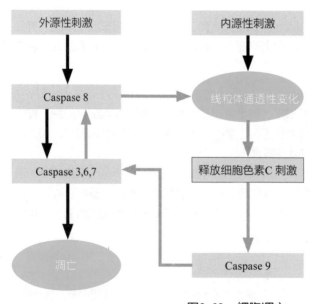

不同来源的死亡信号，经由癌细胞内各种信号传导途径，使凋亡机制被开启而导致癌细胞死亡。在这个特殊传导途径中，Caspases（含半胱氨酸的天冬氨酸蛋白水解酶）扮演了至关紧要的角色。Caspases负责启动和执行身体内防护机制——细胞凋亡。Caspases将体内已变异的细胞通过一连串的信号传导使变异或癌细胞进入一种细胞自然死亡程序，即凋亡。

图9-13 细胞凋亡

可观察到 DNA 如阶梯般的排列，这种片段化常用来判断细胞是凋亡还是坏死的重要指标。

3. 染色质浓缩。由于核膜的构造受到损坏和 DNA 片段化所致。

4. 细胞膜结构改变，磷脂酰丝氨酸外翻。正常细胞膜在结构上维持着不对称性，当细胞的不对称性受到破坏时，PS 就会因细胞膜外翻而裸露出来。

5. 细胞凋亡小体产生。细胞膜上的不对称性和细胞连接功能丧失，造成细胞膜集中，形成泡状凸起后再分裂成凋亡小体，最终消失于吞噬细胞中。

6. 细胞膜完整。在整个细胞凋亡的过程中，细胞膜都是保持完整的。

表9-2　细胞坏死和细胞凋亡在形态上和特性上的差异

	细胞坏死	细胞凋亡
性质	病理性，非特异性	生理性或病理性，特异性
诱导因素	强烈刺激，随机发生	较弱刺激，非随机发生
生化特点	被动过程，无新蛋白合成，不耗能	主动过程，有新蛋白合成，耗能
细胞数量	成群细胞死亡	单个细胞丢失
细胞形状	破裂成碎片	形成凋亡小体
形态变化	细胞结构全面溶解、破坏，细胞肿胀	胞膜及细胞器较完整，细胞皱缩，核固缩
染色质	稀疏、分散，呈絮状	致密、固缩、边集或中集
DNA电泳	DNA 随机降解，电泳呈弥漫条带	DNA 片段化（180~200 bp），在电泳下呈梯状条带
发炎反应	溶酶体破裂，局部发炎反应	溶酶体较完整，局部无发炎反应
基因调控	无	有
自噬反应	无	常见
潜伏期	无	数小时

（三）细胞凋亡与疾病

疾病与细胞凋亡的关系可分为两类，一类为因细胞凋亡的抑制而增加细胞的存活，另一类为因细胞凋亡的过度作用而加速细胞的死亡。

当细胞凋亡过度抑制而使细胞过度累积产生的疾病，如癌症、自动免疫系统失调（如红斑狼疮）、发炎和病毒感染。癌症的产生被认为是细胞的过度增生，利用细胞存活的角色或了解细胞不正常增生的调控机转，进而利用细胞凋亡来解决癌症，是一个令人兴奋的方法。

因细胞凋亡的过度促进所引起的疾病，如获得性免疫缺陷综合征（AIDS）、神经性退化症（如阿尔茨海默病、帕金森病）、血液细胞异常（如再生不良性贫血）及器官损坏（如心肌梗死）。

性别鉴定在医学上的用处

人类应用性别鉴定技术，主要是希望在胚胎的早期发育阶段，即能诊断出性联遗传的疾病并有效地加以预防，避免出生有遗传缺陷的婴儿。在畜产动物方面，应用性别鉴定技术来选性繁殖，则具有重要的经济价值。

（一）鉴定动物性别的必要性

鉴定动物性别无论是对经济动物的生产效益还是宠物买卖等方面，皆有其实质的必要性，而且是越早越好。对畜产业而言性别更是重要，牲畜性别不同，在饲养管理、市场的价格及经济收益皆有不同。选性繁殖亦有其经济上的价值。如公奶牛不会产奶，母的才会产奶；鸡蛋生产者只饲养雌性鸡，至于雄性鸡刚好一孵化出来便淘汰，以免只吃饲料而不下蛋；在鸟类方面，基于配种或买卖上的需要，大部分的鸟类雌雄外形非常接近，不易准确从外表判断性别，如果利用侵入性的方法进行鉴定，如外科解剖，除了造成鸟类伤亡，在非生殖季时因生殖腺萎缩，也难以判定其性别。

（二）性别鉴定的方法

动物性别在受精时即已决定，哺乳动物的性染色体，雌性为 XX，雄性为 XY。鸟类的性染色体，雌性为 ZW，雄性者为 ZZ。性别对动物的生长发育、疾病感受性、外在形态与生态特性有重大关联。

生殖细胞的性别鉴定，可以借由精子与着床前的胚来着手。精子的性别鉴定，可利用精子分离仪来筛选带有 Y 或 X 染色体的精子。其原理是带有 X 染色体的精子所含的 DNA 较带 Y 染色体的精子为多，利用能够与精子头部 DNA结合的荧光染色剂处理后，借由产生的荧光量高低差异而加以分离筛选。

着床前动物胚的性别鉴定方法有数种，包括：染色体图谱分析、存在于雄性动物胚表面 H-Y 抗体的测定、X 染色体酶量的测定及利用 Y 染色体特异探针进行杂交反应等。

近年来，因为分子生物技术的快速进展，加上聚合酶链式反应技术的发明，使原本极为微量的 DNA 样品，能够在数小时的反应时间内大量地复制，因此只要应用显微镜操作技术，抽取少许的胚层进行聚合酶连锁反应，即可快速准确地分析出胚的性别，达到控制家畜后代性别的目的。

 小博士解说

利用性染色体上特异DNA序列作为引子，配合聚合酶链式反应增殖DNA的技术，是目前应用在动物胚性别鉴定上最准确、效率最高的方法，此方法在敏感度上也相当高。

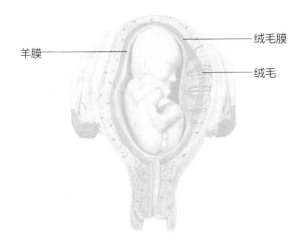

羊膜

绒毛膜

绒毛

　　绒毛取样主要是用在基因诊断，禁止用于性别筛选，而且如果技术不熟练或过程中造成感染，有可能影响胎儿健康。

图9-14　绒毛位置

表9-3　数种性别鉴定方法说明

性别鉴定方法	说明
染色体图谱分析	采集部分的胚叶组织，经过培养后固定有丝分裂的细胞，进行细胞核的染色体标本制备，再根据呈现的XX、XY染色体组合来判定胚的性别
H-Y抗体的测定	H-Y抗原是雄性哺乳动物细胞膜所特有的蛋白质，雌性动物的细胞膜上没有这种抗原。检测胚的细胞膜上是否存在H-Y抗原，即可鉴定胚的性别
X染色体酶量的测定	X染色体酶量的测定是因为雌性胚的性染色体组合为XX，较雄性胚多一个X染色体。因此测定在X染色体上特定酶的含量差异，即可判定胚的性别
Y染色体特异探针	在哺乳动物已发现一些仅存在于Y染色体上的DNA序列，例如*SRY*（雄性的性别决定基因）基因，是睾丸决定因子。这些DNA序列可以作为胚性别鉴定时杂交反应的探针

（一）组织工程

组织工程主要是致力于人体组织和器官的再生与形成，利用材料科学与生物科技的进步，在一个模仿组织与器官形状的材料中植入细胞，使细胞依照模型来长成新的组织与器官，以供修复人体的组织缺损。这项技术对于世界上许许多多因器官衰竭而亟待修复的患者来说，无疑是一大福音。

组织工程所涵盖的领域涉及细胞学、生医材料、生理学、分子生物学、临床医学、外科及病理学等。目前科学家致力研发的组织工程人造器官有皮肤、软（硬）骨、心脏瓣膜、血管、再生神经、眼角膜、肝脏与结缔组织等。

（二）人体组织与器官的基本结构

人体的各项组织与器官，基本上是由细胞与支撑细胞的细胞外间质所构成的，而细胞外间质主要是由结构性纤维和亲水性物质组成。

结构性纤维的主成分包括胶原蛋白和弹力蛋白，胶原蛋白的合成主要在成纤维细胞中进行，一开始先形成胶原蛋白分子，分子的两端有非螺旋的部分，当一些分子分泌到细胞外时，分子尾端非螺旋的部分会被折断，形成一典型的三股螺旋结构的胶原蛋白分子。之后胶原蛋白分子再借由自身交联反应，聚集形成胶原蛋白微原纤维，然后再进一步形成胶原蛋白纤维。胶原蛋白的特殊结构，使得人体的组织具有一定的机械强度。

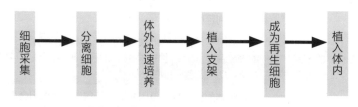

将细胞取出，快速培养后再植入支架，使细胞依着支架材料的形状长出新的再生组织，最后长好的组织再移植入人体。

图9-15　组织工程的步骤与方法

（三）组织工程三要素

支架、细胞及信息因子，是构成组织工程不可缺的三大要素。支架就像是果农种植葡萄时所搭起的棚架，细胞就是种下的种子，而信息因子就好比所施予的肥料。

组织工程利用特殊的生物高分子材料建构出三维空间的立体框架，让植入的细胞可以在其中生长并增生。支架的功能不仅仅当作细胞生长的框架结构，更可以进一步地控制引导细胞朝特定的方向生长、分化。

无论所使用的材料是什么，它们皆具有两个共通的特性。首先是可塑性，可按照不同的组织器官构造，塑造出我们所想要的形态；其次是支架内部的孔洞结构。

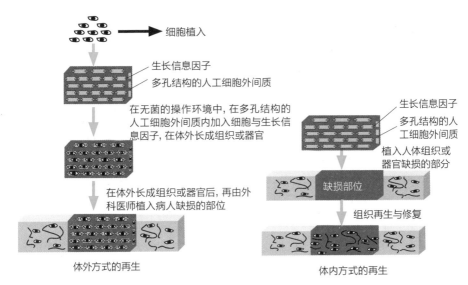

细胞植入

生长信息因子

多孔结构的人工细胞外间质

在无菌的操作环境中，在多孔结构的人工细胞外间质内加入细胞与生长信息因子，在体外长成组织或器官

生长信息因子

多孔结构的人工细胞外间质

植入人体组织或器官缺损的部分

缺损部位

在体外长成组织或器官后，再由外科医师植入病人缺损的部位

组织再生与修复

体外方式的再生

体内方式的再生

组织工程的执行，可利用体外或体内的方式来进行。所谓体外的方式，即在实验室内以人工细胞外间质、细胞与生长信息因子三种组织工程要素，在体外培养出人体组织或器官后，再植入病人缺损的部位；而体内的方式，则仅提供人工细胞外间质与生长因子，植入病人缺损的部位后，病人体内的细胞会迁入、增生，完成修复的动作。

图9-16　组织工程的执行方式

组织工程的最终目的是让细胞在体外生长分化为功能性的组织器官，采集少量的自体细胞加以培养，在体外大规模地增殖，再运用于体内器官的修复上。细胞的类型大致上可分为两种：已分化完全的成熟细胞，以及具有分化成其他细胞能力的干细胞。

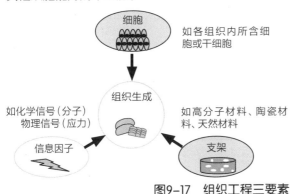

细胞　如各组织内所含细胞或干细胞

组织生成

如化学信号（分子）物理信号（应力）

信息因子

如高分子材料、陶瓷材料、天然材料

支架

组织工程三要素：细胞、支架、信息因子。

骨折是外伤中重要的事件，美国每年花在骨折治疗上的费用约4亿美元。较大项目的骨缺损是医疗上的一大挑战，理想的骨组织再生应使用具有骨传导功能的生物材料、具有骨诱导的生长因子及具有造骨能力的细胞，如图9-17所示的组织工程三要素。

图9-17　组织工程三要素

✖ 小博士解说

唯有合适的信息因子加入，才能诱导细胞在支架材料上正确地分化、迁移及生长，最后才有功能性正常的组织器官诞生。

刺激组织器官再生的信息因子并不局限于有形的分子，其他如机械应力或超音波等物理信号，也会对细胞的增生与分化产生正面的作用。

研究各种信息因子对于不同细胞类型的分化、生长、代谢所产生的影响，揭开信息因子作用机制的神秘面纱，具有较高研究价值。

（一）仿生学

人类效法自然，并且从自然中学习、模仿或是取得启示，进而用于人类科技文明的发展，这就是仿生学。这个名词始于1960年，它横跨了生物、物理、化学、数学等基本学科，更结合了新兴的纳米科技、智能工程以及组织工程等三类热门主流，为人类21世纪的科技发展开拓了一条崭新的道路。

模仿自然提供了许多优势，因为自然界的各项功能存在既久远，并且又方便有效，是历经进化所保留下来的最佳方式。

（二）人工内耳

轻微的听力障碍，可以借由助听器辅助或进行听力复健而达到改善的目的。内耳神经受损严重的患者，助听器就无能为力了。这时必须借由外科手术，植入人工内耳才能改善听力。

人类耳朵的听觉机制，大致上是耳廓收集声波，穿过听道震动鼓膜，推动听小骨（包括槌骨、砧骨及镫骨）把声波放大，传到耳蜗上的前庭窗，引起耳蜗内淋巴液的流动，带动耳蜗内纤毛的摆动，使得与纤毛相连的神经细胞产生微小的电位变化。神经细胞再把信号传进大脑听觉专区，经过解读后便产生了听觉。

人工内耳是借由模仿人类的听觉机制，使失聪者可以恢复听觉。人工内耳系统包括外部的麦克风、声音处理器和发送器，以及内部的接收器和电极。先由体外的麦克风收集外界的声音，并转为电子信号，传送到声音处理器加以放大或过滤，再借由体外的发送器，将信号传送到植入皮下的接收器。

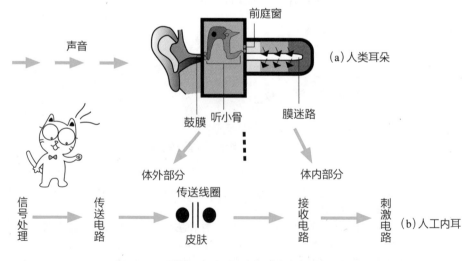

图9-18　人类耳朵与人工内耳传送机制的比较

目前人工内耳的研究方向，在于设计出更好的声音处理程序、降低刺激电极之间彼此干扰产生噪声的机会、改进电池耐用度、组件材料的选用，以及体积微小化。

（三）电子鼻

哺乳动物的嗅觉机制可以分成三部分：接受、传导及显示。不同的气味分子，经由呼吸进入鼻腔，与鼻腔中嗅觉细胞纤毛上的嗅觉受体蛋白发生作用，形成各种不同的特殊键结，造成不同的神经脉冲信号。再借由嗅觉神经发出动作电位，传输到大脑的嗅觉专区，通过大脑的判读，利用从前的学习经验来判别气味的种类。

电子鼻的技术是利用计算机仿真嗅觉受体蛋白与气体分子之间的作用，进一步以人工方式合成受体蛋白，并把人工受体蛋白制成接受膜，取代人类嗅觉细胞，用来连接传导介质。

传导介质则是以压电石英晶体所制成的模块芯片，采用矩阵式排列，气体经由接受膜吸收后，增加的质量导致谐振频率的改变，通过谐振频率测量出气体物质的质量与浓度。并通过统计分析或人工神经网络处理，与预先建立的数据库比对出气体的种类，最后通过电子屏幕以图像及数据显示气体的来源。

电子鼻用于香水、葡萄酒和食品工业等方面，担任食品保存监控及风味鉴定的工作，也应用于环境中有害气体的监测和疾病诊断上。

表9-4　人类嗅觉系统与电子鼻系统的比较

	接受	传导	显示
人类嗅觉系统	嗅觉细胞及其纤毛上的嗅觉受体蛋白	嗅觉神经	大脑嗅觉专区
电子鼻系统	人工受体蛋白制成的接受膜	压电石英晶体构成的矩阵式排列模组晶片	电子荧幕

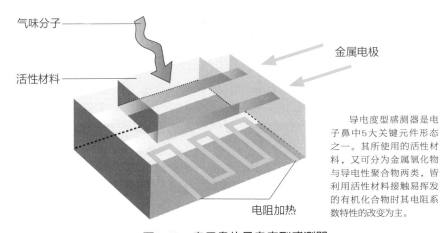

气味分子

金属电极

活性材料

导电度型感测器是电子鼻中5大关键元件形态之一。其所使用的活性材料，又可分为金属氧化物与导电性聚合物两类，皆利用活性材料接触易挥发的有机化合物时其电阻系数特性的改变为主。

电阻加热

图9-19　电子鼻的导电度型感测器

（一）基因与疾病的关联

在人类疾病与医疗应用方面，基因科技的进展非常快速，使得我们越来越了解某些疾病与基因之间的关系。如患有唐氏综合征的患者是因为身上多了一个第21号染色体；蚕豆症和亨廷顿舞蹈症则是因为单一基因的缺陷或变异导致的疾病，这些疾病称为单因性基因疾病。

此外，某些疾病可能与基因有关，但并非因为单纯基因的缺陷或变异，环境或饮食等其他因素也会有所影响。如特定的心脏病、癌症（如乳腺癌）等，称为多因性基因疾病。

基于疾病与基因间的关联性，医学界逐步发展出各种检测方法，让我们可以在尚未有任何病征之前，即能预先知道自己是否有某些基因上的缺陷或变异，而可能罹患某些基因疾病。检测的方法，并不一定要直接针对基因或DNA，以染色体或生化检验的方法，也可以得知基因是否有缺陷或变异。

（二）遗传病筛查与基因检验

遗传病筛查是指受筛查的个人并未表现出任何特定的病征，对于其个人缺陷或其他状态的存在，也没有如家族病史等其他预先证据。而对其所实施的检查而言，通常遗传病筛查的对象，是较广大的群体，如对于所有新生儿所实施的筛查，或对于可能罹患某种特殊遗传疾病的族群所实施的筛查。

反之，基因检测，则是在已有家族病史或其他证据暗示某种基因的缺陷可能存在时，对个人所实施的检查。

从检测结果的可预期性来看，遗传病筛查或检测，对于受试者而言，其冲击力不同。在基因检测的情况下，因为受试者从家族病史或其他相关证据，已经可以某种程度地对于检验结果有所预期，故其冲击往往不大；但在遗传病筛查的情况下，受筛查者往往很难预期筛查结果，所受的心理冲击也许会非常大。

受筛查者，一时之间往往很难接受自己是某种疾病基因的携带者，或是自己的基因已有某些变异或缺陷而可能罹患某些疾病，如晚发的单一性基因疾病的亨廷顿舞蹈病，或多因性基因疾病的乳腺癌等。

（三）胚胎植入前遗传病筛查

胚胎植入前遗传学筛查是指早期胚胎基因诊断技术，此技术的发展主要是用来筛查具有遗传疾病的早期胚胎，避免不正常遗传基因的小孩被生出来，属于优生遗传诊断的一环。

常见的性联遗传疾病如血友病、色盲、地中海贫血等，都可利用此技术将异常胚胎早期筛选出来，以便植入正常胚胎来确保子代的健康。

此技术利用显微操作技术将早期分裂中的胚胎细胞取出一部分胚叶，利用基因探针进行遗传疾病的致病基因的侦测，目前最常用的方式为应用胚胎切片合并荧光原位杂交法或聚合酶链式反应来进行筛选。

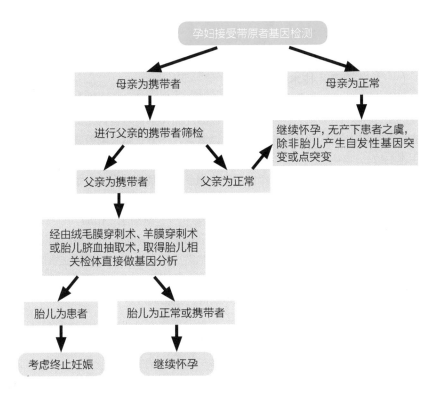

图9-20 孕妇脊髓性肌肉萎缩症携带者基因检测流程

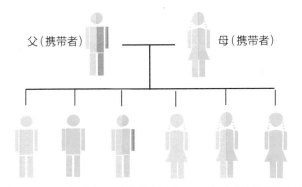

图9-21 甲型/乙型地中海贫血属常染色体隐性遗传

（一）试管婴儿技术发展

不孕症有各种不同的原因、仔细鉴别原因是治疗成功的重要条件之一。不孕症的原因中，有些可以单纯地通过药物治疗而怀孕，有些则无法利用药物。过去经常需要依赖不孕症手术，但如今试管婴儿的方式越来越重要，已逐渐取代手术治疗。

英国生理学家爱德华兹早年由研究小鼠到兔子精卵的实验，继而投入研究人类体外受精。在备受各方阻挠的恶劣环境中，他坚守自己的理念二十余年，终于在1978年诞生了人类史上第一名试管婴儿——露易丝·布朗。

试管婴儿就是合并体外受精和胚胎植入两个名词的简称，是使精子和卵子在孵育箱内受精，培养发育成早期的胚胎然后植入母体。所谓的试管婴儿技术，包括诱导排卵、卵泡成长的追踪监测、取卵手术、配子（卵子与精子）的体外处理、体外受精、体外胚胎的培养发育、胚胎植入。

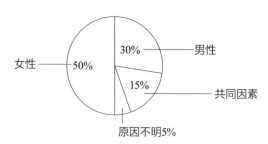

图9-22　造成不孕因素的比例

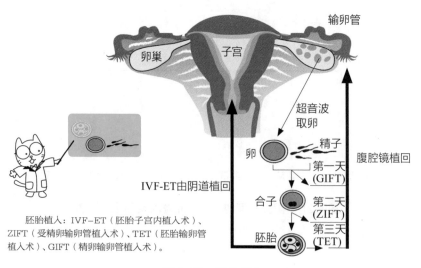

胚胎植入：IVF-ET（胚胎子宫内植入术）、ZIFT（受精卵输卵管植入术）、TET（胚胎输卵管植入术）、GIFT（精卵输卵管植入术）。

图9-23　胚胎植入

（二）试管婴儿手术过程

目前都采用阴道超音波手术取卵，而腹腔镜取卵手术目前仅在以阴道超音波取卵不易时，或极少数进行礼物婴儿（配子输卵管内植入术）时才使用。

取出的卵子以优质的培养液培养 4~6 小时，待卵子更成熟之后，再和精子受精。在授精前，必须用特殊的培养液使精液中的精虫和精浆分离，并筛选出健康且活动力强的精子，和卵子在培养皿中受精。

精子和卵子受精后称为早期胚胎，从形成受精卵后，早期胚胎便每天不断地分裂发育。精卵结合后大约 12~18 小时称为原核期，约 20~24 小时后会分裂成两个细胞，48 小时后会分裂成 4 个细胞，72 小时后会分裂成 6~8 个细胞，96 小时后会分裂成桑葚期。质量良好的胚胎会在 5~7 天内发育至囊胚期。囊胚期的胚胎可以直接植入子宫，并且和子宫的蜕膜组织同期化，理论上可提高着床率。目前国际生殖医学界实行的胚胎植回时间，多以受精后第 3 天，即6~8个细胞，或受精后第 5 天的囊胚期植回母体子宫。

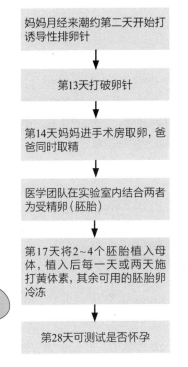

妈妈月经来潮约第二天开始打诱导性排卵针

↓

第13天打破卵针

↓

第14天妈妈进手术房取卵，爸爸同时取精

↓

医学团队在实验室内结合两者为受精卵（胚胎）

↓

第17天将2~4个胚胎植入母体，植入后每一天或两天施打黄体素，其余可用的胚胎卵冷冻

↓

第28天可测试是否怀孕

图9-24　试管婴儿制作流程

（三）辅助生殖技术

单一精虫显微授精术：把单一精虫直接注入卵子细胞质内，使卵子受精，可改善精子的浓度、活动力、形态上有多重缺陷时，体外授精的成功率；睾丸／副睾丸取精术：经皮下副睾丸穿刺术或睾丸切片取精术，取得精虫；激光辅助胚胎孵育术：人类的胚胎必须经过卵壳透明带脱壳而出的程序，胚胎的细胞才能直接和子宫内膜接触，达到着床的目的。利用激光束，瞬间在卵子透明带上造成一个缺口；冷冻胚胎：冷冻胚胎是利用冷冻保护剂处理人类胚胎，可分慢速冷冻法逐步降温和玻璃化超高速冷冻法，胚胎冷冻后保存在零下 196℃ 超低温的环境中。可以留下一些胚胎，用于将来有再度植入的需要，也可避免一次胚胎植入数目过多。

（一）克隆羊多莉的诞生

借由有性生殖产生的新个体，所带的基因组合与父亲或母亲并不会完全相同，当然也不会长得完全一样，这样的有性生殖方式，在进化上是有它的意义，因为它可让生物产生多样性而在"物竞天择"中存活下来。

复制则是借由将细胞核转移至另一个已移除细胞核的卵细胞中，再使其模拟受精过程，在代理孕母的子宫内发育成新的个体。因此，这样复制出来的个体，其基因体主要是来自提供细胞核的细胞，而非如有性生殖中来自精子与卵子双方。

在高等哺乳动物内，由于卵细胞直径仅是两栖动物卵子的十分之一到十五分之一，数量上也少了许多，且哺乳动物的受精需在体内进行，更重要的是卵细胞外有一层透明带保护卵子及受精卵。因此，如何进行细胞核转移而不损伤这层透明带，在技术上困难许多。

长久以来我们都以为哺乳动物是较高等的生物，不能做基因转殖，然而1996年绵羊多莉的成功，无疑否定了这个说法。

复制的过程包括了下列的步骤：

1. 先从一（白）母羊乳腺中取出若干细胞（已分化成熟的细胞核），置于培养状态，给予很低的营养，使其陷于饥饿后，即停止分裂及其他基因活动。

2. 同时从另一黑面羊身上取出一个未受精的卵细胞，汲出这个卵细胞的核（连同其DNA），但使这一空卵细胞仍含有可以成胎的细胞成分。

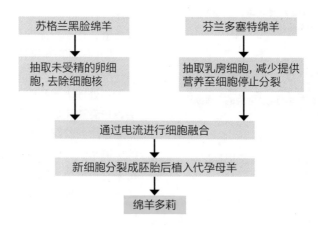

绵羊多莉从一只成年羊的乳腺细胞复制而来，1996年7月5日出生于苏格兰爱丁堡罗斯林研究所，6个月后才公于世，它是全世界第一只复制哺乳动物。

图9-25　多莉羊操作流程

3. 经过第一次电击，使两细胞融合，第二次电击，使细胞分裂，形成胚胎细胞。

4. 约于6日后，将胚胎细胞移植到另一黑面母羊子宫内。

5. 待孕期满后，怀孕的母羊即生出多莉（白）。在遗传上与自步骤 1 中 取出细胞的母羊几乎完全相同。

（二）为什么没有克隆人？

克隆人所克隆的只是基因，意识并不能被克隆，因此克隆人与被克隆人是两个独立的个体，两人有不同的思想和行为，这就引出道德问题。

将克隆技术应用在人类身上，所涉及的道德问题至少可分三个方面：克隆人、克隆人类器官、克隆带有人类基因的动物。

此外，还有一个问题：克隆技术的成熟度。在绵羊多莉诞生的研究中，科学家制造了 385 个胚胎才得到一只多莉；在另一只克隆羊的研究当中，成功率仅有 0.89％。克隆人的成功率能有多少呢？这背后有太多问题还需讨论，所以没有克隆人。

 小博士解说

如果要克隆人，注定有许多胚胎无法正常发育，即使生下胎儿也容易早夭。在道德上我们能容忍制造出许多畸形儿或早产儿的风险吗？由于这些难以预知的变量太多，因此克隆人在科学上也引起极多的讨论，更别说在社会、伦理、道德及宗教上造成的争议。所以，美国在1999年就已禁止用联邦经费赞助克隆人的研究。

（一）疫苗概述

疫苗概念的起源可追溯到 16~17 世纪时的中国和印度，当时人们发现天花病人的结痂制成的粉末可用来预防天花的感染。

现代疫苗的技术，则是 1879 年路易斯·巴斯德发现了减毒疫苗的原理才建立的。他先从患者身上取出病毒母株，把它的毒性减弱后进行繁殖，再制作成疫苗注入人体内，使人体产生抗体。因病毒毒性已减弱，所以不会引发疾病。

传染性疾病一直都是人类最大的死因，每年有约 1700 万人死于传染性疾病。在传染性疾病的预防上，疫苗的使用比任何医学方法对人类健康的贡献都要大。

疫苗接种的主要目的是使身体能够制造自然的物质，用以提升生物体对病原的辨认和防御功能，有时类似的病原体会引起同一类抗原的免疫反应，因此原则上一种疫苗是针对一种疾病，或相似度极高的病原体。

疫苗接种多数是一种可以激起个体自然防御机制的医疗行为，以预防未来可能得到的疾病，这种疫苗接种特称为预防接种。白喉、破伤风、百日咳、小儿麻痹、B型流感嗜血杆菌、B 型肝炎、麻疹、风疹、腮腺炎等的疫苗，都是目前常见的种类。

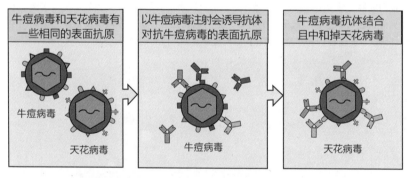

以牛痘病毒疫苗注射会产生中和性抗体对抗天花病毒相同的抗原决定位

图9-26　天花疫苗

（二）疫苗的种类

传统疫苗可分成去活性疫苗、活体减毒疫苗及类毒素疫苗三大类。去活性疫苗是通过化学药剂等人工方法，把致病微生物结构破坏或把它杀死所形成的，但因部分病毒结构仍保持完整，可诱发免疫反应达到免疫治疗的目的，如流感、霍乱、腺鼠疫、A 型肝炎等疫苗。但这类致病微生物毒性较低、时效短，无法引起免疫系统完整的反应，有时必须追打。

活体减毒疫苗是利用培养技术制造出的减低毒性活体微生物的品种。由于免疫反应主要侦测的是病菌本身外部的构造，因此减去毒性物质或微生物代谢产物仍可有效产生施打疫苗者的免疫力，如黄热病、麻疹、腮腺炎等疫苗。基因疫苗针对目标细胞，借由改造过的病毒或细菌感染，以插入基因或调节基因表现的手法，引起免疫系统的活化。若这些细胞因此在表面呈现异于接种者本身的物质，将会被免疫系统辨识而受到攻击。

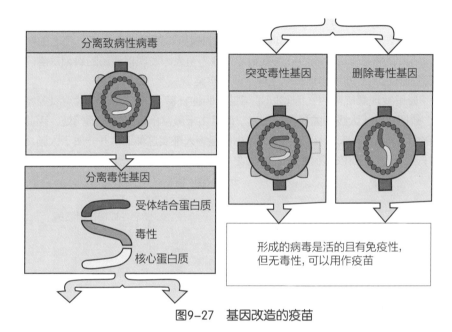

图9-27　基因改造的疫苗

（三）免疫反应

以激发个体自行产生抗体的免疫过程，称为主动免疫。免疫系统可分辨敌我，把外来物视为病原，产生相应的各种反应，包括一般性发炎反应：红、肿、热、痛，以及制造具有专一性的抗免疫球蛋白，利用中和病原、活化相关攻击活动等方式建立专一的防御机制，用以摧毁异物，并短期或长期地记忆这种外来物。被动免疫疫苗除了可提供主动免疫的防范措施外，也可以在状况紧急时，直接协助患者施打血清型疫苗。也就是由具备该疾病抵抗力的个体中，抽取血液并且纯化出该种抗体，或是经由生化合成出抗体，以直接注入患者体内压制病原的活动力。

表 9-5　主动免疫和被动免疫比较

	得到方式	来源	保护力
主动免疫	自然获得	感染疾病后幸运痊愈	保护力长，但风险太大
	人工获得	接种疫苗	保护力长，最安全有效
被动免疫	自然获得	借由胎盘与乳汁传输	保护力从出生后渐渐减弱
	人工获得	施打免疫球蛋白	保护力短暂

（一）幽门螺旋杆菌的发现

医学界对胃溃疡病因的认识是胃酸过多，常用止痛药处理，严重时，就得开刀。

1983 年，澳大利亚的实习医师马歇尔和病理医师沃伦共同发现胃溃疡的病因是幽门螺旋杆菌。

马歇尔医师为证实这种细菌是胃溃疡的病原，他还亲自吞下一汤匙的病菌，结果就罹患胃炎，服用抗生素后才痊愈。两人因发现胃溃疡的病因是幽门螺旋杆菌而荣获 2005 年诺贝尔生理学或医学奖。

最早发现螺旋菌时，因其同是革兰氏阴性杆菌，具有鞭毛及微需氧等特性，故把它纳入大肠弯曲杆菌这一属。而且由于最常出现在胃的幽门处，因此把它命名为胃幽门弯曲杆菌。1989 年古德温等人证实这种细菌并非属于大肠弯曲杆菌，于是重新依其螺旋特征独立成一个新属，并命名为幽门螺旋杆菌。

| 胃炎 | 胃癌 | 急性或慢性胃溃疡 |

　　胃幽门螺旋杆菌对胃黏膜造成的伤害。①胃幽门螺旋杆菌的鞭毛在胃黏液层内部移动，并附着于上皮细胞的表面上。②尿素酶遇上黏液中的尿素而产生氨，中和了胃酸。③没被胃酸杀死的胃幽门螺旋杆菌在黏液层增殖。此外，趋化因子把周围的其他幽门螺旋杆菌引来。④胃幽门螺旋杆菌产生的各种分解酵素破坏了黏液层，让失去黏膜保护的上皮细胞发炎。

图9-28　胃脏不适

（二）胃幽门螺旋杆菌与胃溃疡

胃幽门螺旋杆菌是革兰氏阴性、微需氧气的细菌，生存在胃部和十二指肠的地方。它会引起胃黏膜的慢性发炎，甚至导致胃和十二指肠溃疡与胃癌。全世界有超过50%的人的消化系统带有胃幽门螺旋杆菌，但超过80%的带原者并不会表露病征。

胃幽门螺旋杆菌病菌是从口腔进入胃肠，有可能是亲吻，上厕所后和人接触后不洗手就用手拿食物吃，从而感染病菌。这细菌会紧附在胃部的黏液内层膜，因此不会受到胃酸的影响，在内层膜繁殖，穿开了小孔洞，而经胃酸和消化液的作用更加恶化，就变成了内白外红的疮口，带来胃痛、胃灼热、胃溃疡等。

美国国家卫生研究院于近期发现，感染胃幽门螺旋杆菌会提高罹患胃癌的概率。目前 WHO 也宣布胃幽门螺旋杆菌是致癌病菌，感染胃幽门螺旋杆菌后得胃癌的概率会提高三倍。

根除胃幽门螺旋杆菌，第一线的用药应选择质子泵抑制剂或铋剂，合并抗生素开青霉素和阿莫西林，或合并开青霉素和甲硝唑的三合一疗法。当第一线的治疗失败时，可考虑第二线的四合一疗法，即质子泵抑制剂、铋剂、甲硝唑和四环素。

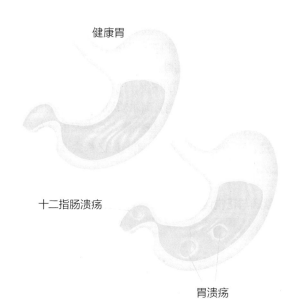

健康胃

十二指肠溃疡

胃溃疡

图9-29　消化道溃疡

（三）成功始末

意大利的朱利奥·比佐泽罗于 1892 年发现动物胃中有细菌存在，世人都说不可能。延宕近一百年才被沃伦与马歇尔证实，两人初期的研究成果却也遭到退稿的命运。要不是两人当初锲而不舍和追根究底的科学精神和马歇尔勇于推销自己的发现，胃幽门螺旋杆菌的发现恐怕是另一番结局，仅在某间实验室中留下所谓不可考的记录罢了。

发现胃幽门螺旋杆菌的故事深深地感动并震撼着我们，它告诉我们，不要轻易忽略自己的发现，就算一开始全世界都反对，只要有足够的证据，加上坚定的乐观精神，努力不懈，总有匡正错误、战胜错误的一天。

（一）阿尔茨海默病概述

阿尔茨海默病是一种由于蛋白质在脑部沉积，而造成脑神经细胞死亡的神经退化性疾病。

什么是阿尔茨海默病，一般得到的答案多半是老年痴呆症。阿尔茨海默病是众多痴呆症中的一种，由于这个症状常发生在 65 岁以上人类身上，所以一般习惯称它是老年痴呆症。据统计，在所有的痴呆症中，以阿尔茨海默病所占的比率最高（50%~60%）。

阿尔茨海默病会侵袭人的脑部，它并非正常的老化现象。患有阿尔茨海默病的人会渐渐丧失记忆，并且出现语言和情绪上的障碍。当这个疾病越来越严重时，病患在生活各方面都需要他人日夜的照护，因此病患亲友的生活往往也跟着受到很大的影响。目前阿尔茨海默病仍是一种无法根治的疾病。

有人将阿尔茨海默病对人脑造成的伤害，比喻成硬盘数据的删除：先从最近储存的文档开始，然后再删除旧的文档。阿尔茨海默病最先的征兆，是无法忆起过去几天发生的事件，如与友人通电话，或维修人员来家里修东西，但是旧的记忆则完好无缺。不过，随着疾病的进展，新旧记忆都会逐渐丧失，到最后甚至连最亲爱的人都无法辨认。

表9-6　阿尔茨海默病与正常健忘比较

症状描述	阿尔茨海默病的记忆丧失	正常的健忘
记忆力丧失	所有的经验	部分
忘记东西或人的名字	渐进性	偶尔
延迟叫出名字	经常	偶尔
遵循文字或声音的指示	渐渐不行	通常可以
使用标志或备忘辨识环境的能力	渐渐不行	通常可以
可以描述看过的电视或书中内容	渐渐丧失能力	通常可以
算数的能力	渐渐丧失能力	经常可以
自我照顾能力	渐渐不行	通常可以

（二）阿尔茨海默病的成因

阿尔茨海默病的主要特征，是负责高层次脑功能的大脑皮质与边缘系统会出现蛋白斑块与缠结，这是100 年前德国神经科医师阿尔茨海默最先指出的。斑块是神经元外面的堆积物，主要由称为 β 型类淀粉蛋白组成。缠结则出现在神经元本体及其树状突出（轴突与树突）的内部，由Tau蛋白纤维组成。

神经纤维缠结在神经内部被发现：这些有缠结产生的神经，它们的细胞形态严重变形，并且堆积成团。目前并不清楚神经纤维缠结是如何形成的。

蛋白质是维持生命所需的分子，在身体内控制着各种反应。类淀粉蛋白在我们脑中自然地产生，但是当我们老化的时候 β 型类淀粉蛋白过剩，遂以 β 型类淀粉蛋白的形式在脑中堆积，形成斑块。

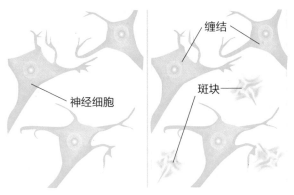

左图是正常神经细胞，右图是造成阿尔茨海默病的细胞，致病后在神经细胞周围产生斑块和缠结。

图9–30　正常细胞与阿尔茨海默病细胞比较

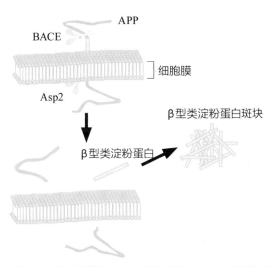

β 型类淀粉前驱蛋白分子位于细胞膜上，有一部分在细胞内，另一部分露在细胞外。有两种（BACE、Asp2）可以切割蛋白质的蛋白酶，可将 β 型类淀粉蛋白从APP切除下来。

图9–31　斑块如何产生

类淀粉蛋白前驱蛋白被酶切割后产生的新片段，称为 β 型类淀粉蛋白，此种蛋白质很容易聚集形成沉淀物。而这些沉淀是因为 β 型类淀粉蛋白生产过剩，或是因为负责分解此蛋白的酶无法适当地运作所致，原因尚待厘清。

第十章

生物信息

生物信息是一门跨领域且具整合性的新学科领域，它是综合生物学科领域与计算机学科领域所发展出来的。近年来，分子生物学发展的一个显著特点是生物信息的剧烈膨胀，产生了巨量的生物信息库。包括分子序列（核酸和蛋白质）、蛋白质二维结构和三维结构资料等。

生物信息的概念

（一）结合生命与信息的科学

人类基因组有30亿个碱基对，分散在23对染色体上，生物信息便是用来分析基因组信息的工具。目前人类基因组计划有如扫描后的硬盘，生物学者正利用生物信息工具，试着判断、收取基因片段，并重新组合分析。

生物信息是一门结合生命科学与信息科学的新兴学科，早期的目的是有效地处理基因组计划产生的大量序列资料，现在它的应用层面已延伸到所有生命科学领域，而生物信息本身也已成为另一项热门的研究课题。

许多生物信息工具及数据库，因为人类基因组计划的推展而得到资源，使得数据库快速扩充，如美国的GenBank数据库，在 GenBank 下的子数据库中，以表现基因标记数据库成长最为迅速。

目前人类为各物种的表现基因标记的数据库，数目总和已超过2000万条，而人类表现基因标记数据库就有600万条1000个碱基，如果善于利用人类表现基因标记数据库，会有助于研究人员的人类基因解密及批注的工作。

生物信息学的核心领域主要是基因组学及蛋白质晶体学，相关的研究领域还包括计算生物学及系统生物学等。

随着生物科技及信息科技的演进，生物信息学的研究课题日新月异，常见的包括序列组合、序列分析、比较基因组学、生物信息数据库、基因认定、进化树建构、蛋白质三维结构推测、微数组芯片分析、反应路径分析、分子进化、药物设计、计算遗传学等。

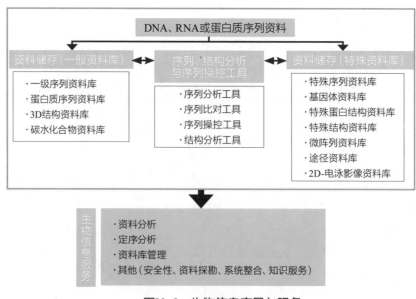

图10-1　生物信息产品与服务

生物信息学之所以能在短期内发展起来，最大的推动力应是来自刚完成的"人类基因组计划"。

（二）单核苷酸多样性

单核苷酸多样性是人类基因组计划中最有医学应用价值的数据。

单核苷酸多样性是指单一核苷酸的自然变异，它也是人类基因体中数量最多的序列变异，估计在 1000 个碱基上就有 1 个单核苷酸多样性存在。因此，了解每一个人体内的单核苷酸多样性分布情形，就有可能了解个体差异现象，更能全盘解析单一个体的生化、生物反应的分子机制。

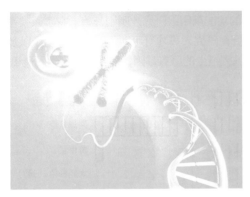

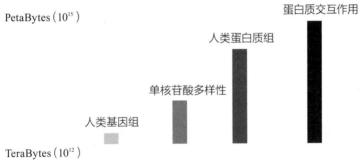

基因中含有制造蛋白质的指令，而蛋白质或复合体使细胞发挥各种功能。

图10-2　基因组与后基因组的信息复杂度

小博士解说

　　单核苷酸多样性源于自然产生序列误差的突变，再经由进化选择及种族繁衍，存在于人类族群中高于百分之一的序列差异，才有资格称为多样性。因为单核苷酸多样性的巨大数目，且高密度地存在于人类基因体上，预期未来单核苷酸多样性在种群遗传学、药物开发及应用、刑事鉴定以及人类疾病的研究及治疗方面，会有重大的影响，这也是未来生物技术产业及基因型鉴定的发展基础。

（一）人类基因组计划

20世纪80年代末期，以美国为首的数十个国家，开始了人类基因组计划的先期研究。首先是人类基因组的物理图谱，以及遗传基因图谱的建立，以此为蓝图，大规模的基因组定序工作便在全世界展开。由于计划规模庞大以及超高的研究经费，这项计划也被比喻为生物学界的登月计划。

在2003年，也就是发现DNA双螺旋结构的50年，完成人类基因组中30亿个碱基对初步的定序，这可以说是生物学界的重大成就。

但是，真正重要的功能基因组研究才刚刚开始。有了人类基因的完整信息以及生物功能全盘解析，研究人员才有可能了解细胞的运作以及病变的成因。因此发现及批注人类基因组上的所有基因，是当今生物学界最重要的课题。

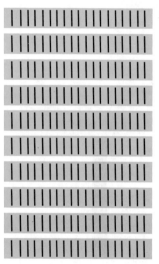

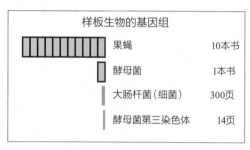

样板生物的基因组

	果蝇	10本书
	酵母菌	1本书
	大肠杆菌（细菌）	300页
	酵母菌第三染色体	14页

人类基因组的DNA序列可编成200册"电话簿"，每本有1000页。

图10-3　人类基因组数量惊人

（二）功能基因组研究

为何在完成所有人类基因组的定序后，仍然要花许多时间寻找人类基因？主要的原因是人类真正的基因序列大约仅占基因体的1％，其余99％的基因序列并不具有转录、翻译的功能，而且也不具备基因的基本要素。因此，基因辨识工作便成为首要的难题。

更复杂的是，人类基因并不是连续地存在于基因体上，而是在转录过程中由许多小片段（外显子，exon）组合而成的信息片段。

把基因或DNA片段植入动物的染色体中，以置换或破坏原有的基因，借以观察未知基因的功能，是现今生物科技发展中的一个主要方向。人类只有3万~4万个基因，然而其中50％的基因功能不详。

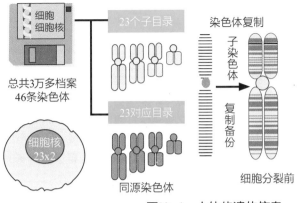

细胞核内的遗传信息好像存在一张磁片或光碟里，此光碟的根目录下面有46个子目录，分成均等的两大群，每群分别由精子与卵子获得（相似的一对称为同源染色体）。这些子目录总共有3万多个档案，每个档案都可以读出一个蛋白质（或核酸RNA），所有的档案加起来的容量共有3000M。

图10-4　人体的遗传信息

（三）生物信息序列比对

为了更有效率地应用表现基因标记数据库中的序列数据，研究人员便导入比较性基因辨识法，使用其他物种蛋白质氨基酸序列为模板，以及 BLAST（basic local alignment sequence tool）生物信息序列比对程序，获得进化中保存良好的人类直系基因信息，并加入类神经网络数据采掘工具，协助判断新的人类基因。

至今研究人员已找到人类的完整基因150 个以上，这项方法可应用在判读及批注人类基因的重要工作上。

表现基因标记数据库对于人类基因组计划有显著帮助，再加上生物信息比较性基因辨识法，更可创造出一个新的信息数据库，控掘应用范例于实际基因批注及验证。这表示利用旧资料及创新方法，可以使用在生物信息方面，协助生物学者进行研究，并作为未来的应用。

表10-1　与人类基因组计划相关的生物

物种	基因体大小 / 百万碱基对Mb	预估的基因数目
大肠杆菌	4.64	4300
酵母菌	12	6500
线虫	97	20,000
阿拉伯芥	120	20,000
果蝇	170	16,000
人类	3300	35,000

 小博士解说

在后基因时代，个人量身定做的疗法与药物配方是一个必然的趋势，它的可行性则全靠两个在20世纪90年代开发出来的科技，那就是DNA微距数组和蛋白质晶学。前者可提供我们同时观察数万个基因的表现，而后者可让我们观察到细胞内所有蛋白质的整体表现图谱。

（一）第一代测序技术

1977 年，弗雷德里克·桑格提出双脱氧终止法手动测序（Sanger测序法），在 1980 年获得诺贝尔奖。其原理是在反应试剂中，依 4 种碱基分类，分别加入一定比例而以放射性同位素标记的双脱氧核苷酸（ddNTP）材料，由于此材料移除了羟基，而于合成过程中随机中止聚合反应，造成不同大小的DNA 片段，再通过胶体电泳分析和显影后，可依据电泳带的位置读出待测的DNA 序列。

后来，在 Sanger 法的基础之上，出现了以荧光标记代替放射性同位素的标记方法与自动测序仪器。于20世纪 90 年代更发展出毛细管电泳技术，使得单位时间内的定序能力大幅提高，目前运用此方法的单次序列读取长度，可达近1000个碱基，而解读每个碱基的准确度达 99.999%，其读取1000个碱基的成本约为 0.5 美元。

此外，同时期还发展出其他的测序方法，如接合酶测序法、杂交测序法、焦磷酸测序法等。

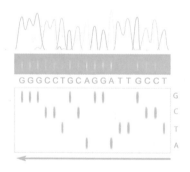

GGGCCTGCAGGATTGCCT

DNA的双股结构借由核苷酸的碱基，以腺嘌呤（adenine，A）配对胸腺嘧啶（thymine，T）；胞嘧啶（cytosine，C）配对鸟嘌呤（guanine，G），并通过氢键的键结方式所构成，往后各式DNA测序技术的蓬勃发展皆植根于此，并融合跨领域的工程技术扩展出来。

图10–5　DNA测序

（二）第二代测序技术

为了加快 DNA 测序的速度，由测序化学方法的改良与自动化工程技术的突破着手，可大幅减少试剂用量、同步进行多样本测序反应，以有效缩短并减少测序反应所需时间与成本。

首先通过基因工程的方法，将待测序的基因序列切成小片段，并接上转接序列，可选择加入微磁珠并配合乳液聚合酶链式反应或直接采用桥式聚合酶链式反应，以快速增幅待测基因片段，之后结合微制程、光学侦测与自动控制技术以不同测序原理的方法，可迅速解读大量的DNA 序列。

但是由于第二代测序技术的读取长度较短，比较适合用于对已知序列的基因组进行重新测序，因此，对全新的基因组进行测序时，还需结合第一代的测序技术辅助。

（三）第三代测序技术

第三代的 DNA 测序策略与技术为了突破价格障碍，于 2014 年以1000美元的价格进行，读取一个人的基因组序列计划。第三代 DNA 测序策略将朝向更为简化的方式，融合纳米科技的发展，针对单一分子进行实时测序，期望能以更低的检测成本，快速大量地直接读取 DNA 序列，使得将来个人基因测序更为普及、应用更加广泛。

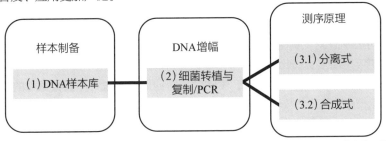

第一代DNA测序策略与技术概念图：现行主要的DNA测序策略多为通过基因工程的方法，将待测序的基因序列切成小片段以接入细菌质体，利用细菌生长繁殖快速的特性，大量复制待测质体片段，之后再以分离的电泳分析或合成测序方法，解读DNA序列。

第二代DNA测序策略与技术概念图：先解读各小片段的基因序列，再运用资讯科技协助进行片段接合，达成整个基因组测序的目标。

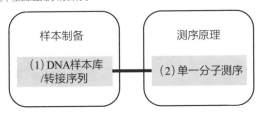

第三代DNA测序策略与技术概念图：尝试整合纳米科技，在不需要增幅的情况下，针对组成DNA的单一分子，同步进行高通量的直接测序，也因此更降低了错误率。

图10-6 三代测序技术

 小博士解说

综观三个世代的测序技术发展，朝向降低测序成本、增加测序读取长度与扩大单位时间测序数量的方向发展。随着测序成本的降低与人类对基因功能了解的提升，意味着基因检测应用的可行性大幅提高。1995年自动测序仪的出现，检测一个碱基的成本约1美元，后续逐步下降到0.1美元，第二代高通量测序技术平台的成本甚至更低。

而单次测序反应能读取的碱基长度越长，则更有利于后续的比对分析，大幅降低片段接合的工作量与错误。此外，扩大单位时间测序能力，也能有效降低成本并提高效率。

（一）序列比对

在诸多生物信息和计算生物的分析工具中，序列比对是一个基本且重要的研究工具，它可以比较及分析出两条或多条序列之间的相似程度。相似度高的序列彼此间会有相似的结构及功能，这意味着它们可能源自共同的祖先。

因此，生物学家一旦拿到未知功能的 DNA 或蛋白质序列时，最常做的事情就是利用序列比对工具搜寻数据库，看看是否有已知批注功能的序列与手中未知功能的序列相似者，借此推测手中序列的生物功能。

过去这种基因研究的工作，生物学家得纯靠手工进行序列数据库的比对和搜寻，通常得花费数年才能完成。现在利用计算机比对搜寻，可能只需几秒钟。

要如何才能设计出一套有效率的序列比对工具呢？关键在于算法。

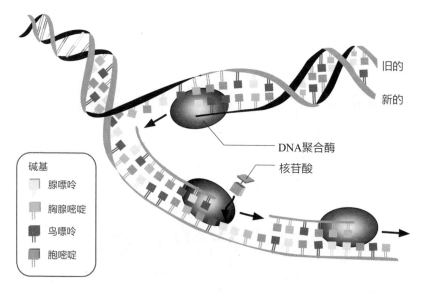

旧的

新的

DNA聚合酶

核苷酸

碱基
腺嘌呤
胸腺嘧啶
鸟嘌呤
胞嘧啶

双股DNA分开成为单股DNA，DNA聚合酶根据此单股DNA模板，各自合成其互补的单股DNA

图10-7 单股DNA模板

（二）算法

算法的时间复杂度往往表示成一个与 n 有关的函数，n 是输入数据的大小。若时间复杂度是一个多项式函数，如，n^k，其中 k 是常数，那么这个算法就被称为有效率的算法。反之若只能表示成非多项式函数，如指数函数 k^n，其中 k 是常数，则称其为没有效率的算法。

一般而言，我们会把 DNA 和蛋白质分别看成是由 4 和 20 个英文字母所组成的序列或字符串，因为它们分别是由 4 种核苷酸和 20 种氨基酸所组成的。

通常生物学家会利用所谓的编辑距离，来衡量两条 DNA 序列之间的相异程度。生命总是朝着最短路径进行进化，所以两条序列之间的编辑距离被定义为：把其中一条序列编辑转成另外一条序列，所需最少的编辑运算个数。

（三）序列的比对

两条 DNA 序列之间的编辑距离越小，代表它们之间的相似程度越高。从进化的观点来说，这意味着它们进化自同一个祖先（即所谓的同源），所以彼此间应该会有相似的结构及功能。

拿 GACGGATAG 和 GATCGGAATAG 这两条 DNA 序列来说，乍看之下这两条长度不同的 DNA 序列似乎不太相似。但是，当我们把它们重叠在一起，并在第 1 条序列的第 2 个和第 3 个字母之间、第 6 个和第 7 个字母之间分别插入一个空白字，就可发现其实这两条 DNA 序列还是挺相像的。这种序列重叠的方式，就称为序列的比对。

可以在两条序列的任意位置上插入一个或多个空白字，目的是让相同或相似的字母能够尽量对齐，但要注意的是不能让两个插入的空白字对齐在一起，因为这样对衡量序列之间的相似程度并无帮助。因此，字母之间对齐的方式就只有两种：字母与字母的对齐，以及字母与空白字的对齐。

当然，两条序列之间的对齐方式不止一种。例如，对 AGGACTA 与 ACGTATA 这两条 DNA 序列而言，至少就有三种对齐的方式。

```
GA-CGGA-TAG
GATCGGAATAG
```
两条DNA序列的比对

```
AGG-ACTA          A-G-GACTA          AGGAC-TA---
ACGTA-TA          ACGT-A-TA          ---ACGTATA
```

3种序列的对齐方式，若配对的栏位给1分，配错、插入和删除的栏位各给–1分，则图中最左边的对齐方式得2分，中间的对齐方式得1分，最右边的对齐方式得–2 分。最左边的对齐方式是 AGGACTA与ACGTATA之间最佳的对齐方式。

图10-8 序列的比对

生物信息数据库

（一）生物数据库的建立

生物信息最早开始于生物数据库的建立，最有名的就是 GenBank。GenBank 现在是由美国国家生物技术信息中心（NCBI）来管理。

这个数据库也是世界最大的公共生物数据库，收集来自不同物种的 DNA 序列。自从 1990 年人类基因组计划开始运作以来，存入的数据就以级数累积。

NCBI 提供了一个方便易用的整合型检索系统，以利于研究人员调阅 GenBank 的序列。生物数据库的建立仍然是生物信息学中很重要的课题，尤其是如何使数据库能够支持高效率的搜寻、数据的比对及不同数据库间的联系。

NCBI 成立的主要任务为：1. 提供生物医学的分析与计算工具，协助研究人员了解生物的语言——DNA，以及其在健康与疾病中所扮演的角色；2. 发展新技术协助了解调控健康与疾病的基本分子与遗传过程，包括建立储存与分析分子生物、生化与遗传学知识的自动系统、促进研究医学社群使用数据库与软件、协调生物技术信息的传递与管理、执行以计算机为基础的进阶信息分析过程，用以分析生物重要分子的结构与功能。

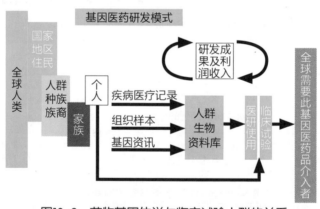

图10-9　药物基因体学与临床试验人群的关系

（二）基因组序列分析和基因预测

人类的 DNA 序列中大概仅有 5% 是能产生蛋白质的基因，因此要从人类基因组中辨认出有功能的基因，首先就必须先了解基因的结构。

一般来说，人类基因可概括分为以下几个部分：启动子、5' 非翻译区、表现序列、内含子、3' 非翻译区、聚腺苷酸化作用点。其中只有表现序列才携带产生蛋白质的信息。

因此，辨认基因的计算机程序，最主要的任务就是从 DNA 序列中，找出基因表现的开始与结束位置，即起始密码与终止密码，及接合点（分为提供点

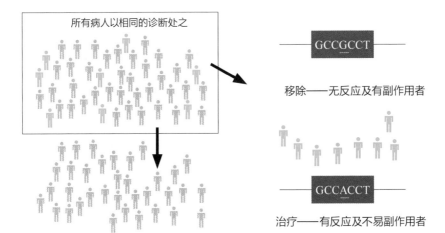

图10-10 药物基因组学与临床试验人群的关系

和接受点），进而将同一基因所有的表现序列拼凑出来，最终的目的就是建立出一个完整的基因。

科学家研究使用计算机方法去预测散布在基因组中的基因。目前预测基因的计算机方法大致可分为两种：一种是根据概率与统计的方法，另一种是寻找相似性的方法。寻找相似性就是运用和 BLAST（Basic Local Alignment Search Tool）相似的原理。随着已知基因的大量累积，新的计算机程序大都采用寻找相似性的方法。有些程序同时使用这两种方法来预测基因。

（三）全民基因库

冰岛是世界上最早完成全民基因库设立的国家，之前冰岛对于是否设立基因库的问题，支持与反对者人数差距不大。

建立全民基因数据库的优点在于可以预知人民身体情况，节省健保资源。其缺点是基因数据库信息容易被商业化或外流出去；若基因数据显示某一种族具有生物性的优势或劣势，基因库可能引起国家内部各种族之间的歧视。

这些决定权使原有属于个人隐私的部分，转变成政府可以介入的一部分，就此，国家的权力会相对增大，个人的自由和权力会相对受到挑战。

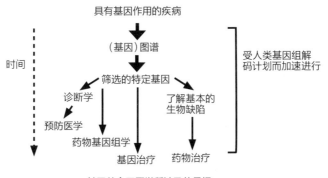

图10-11 药物基因组学在整体基因医学研究的位置

（一）蛋白质晶体

蛋白质晶体的观念于 1994 年在二维电泳会议中首度提出，并在 1995 年阐述于学术期刊论文中，其后蛋白质晶体便成为各学术会议的热门主题。

蛋白质晶体意指个体内所有被基因表达的蛋白质，包括特定的细胞、组织、脏器等的基因，经转录及翻译产生的全部蛋白质。蛋白质体会受成长分化、外在环境、疾病、老化等影响而变化，因此蛋白质晶体学是以广泛的角度，观察生物体面临生理转变或疾病反应时，整体蛋白质定性和定量的变化，以及蛋白质间交互作用等表现情形，并非针对单一蛋白质进行研究，而是探讨整个生物体内蛋白质的所有变化。

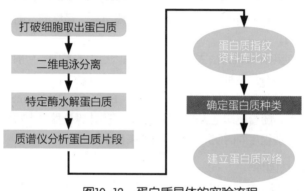

图10-12　蛋白质晶体的实验流程

（二）蛋白质晶体的应用

蛋白质晶体学在生物学上的应用，最常使用的是找出具有"质"与"量"改变的蛋白质。许多疾病的产生并非单纯是某一种蛋白质失调所造成的，而是整个蛋白质网络发生改变所造成的。蛋白质晶体的技术常应用在临床医学上，因为分析病变细胞的蛋白质作用网络，让我们有机会发现致病的关键蛋白质，进而找出合适的药物，或是发展出更为精准快速的诊断方法。

以蛋白质晶体的实验策略，可以观察肿瘤细胞内蛋白质网络的变化，通过分析比对，我们可以推论肿瘤的发生机制。当我们清楚肿瘤的发生机制后，就可以针对关键蛋白质设计药物或是建立更灵敏的诊断方式。

（三）蛋白质晶体的分析

蛋白质晶体学的技术涵盖很多层面，大致上包含三大部分，即纯化分离技术、生物质谱仪技术，以及后续计算机程序的蛋白质数据库和生物途径仿真等。

第一部分在纯化分离技术上，一般可区分成胶体分离技术 SDS-PAGE、等电点聚焦电泳或二维电泳等，和非胶体分离技术——液相层析系统。二维电泳是最被广泛使用的方法，通常最多每个细胞可分离出 1000~3000 个蛋白质。另一方面，液相层析结合在线二次质谱仪系统，先以酶使细胞中所有的蛋白质水解，再分析已水解的蛋白质片段，可解决二维电泳中的问题。

第二部分是蛋白质质谱仪技术。目前的质谱仪技术主要包含电喷雾电离法（ESI）、基质辅助激光解吸／电离（MALDI）。借由质谱仪的数据可得到多肽质量图谱。以胰蛋白酶或其他蛋白质水解酶得到蛋白质水解产物——多肽，再用基质辅助激光解吸／电离——飞行时间质谱仪得到质量质谱图，并比对仪器所附软件数据库的理论值与网络上蛋白质序列数据库，便可鉴定出蛋白质的身份。

第三部分是蛋白质数据库。在后基因组学时代，蛋白质分析鉴定工作不再遥不可及，主要原因是自 DNA 定序结果所推演建立的大量蛋白质序列数据库可供查询比对。网络数据库中有许多参数可供使用，包含蛋白质的分子量、等电点、电荷数、氨基酸组成、多肽片段分子量数据、N 端或 C 端的标签序列等。

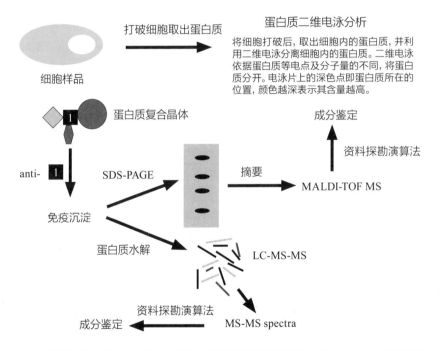

直接以质谱仪作为分析工具，提供了一种探测蛋白质复合体组成的新方法，下面是简单的流程图。1代表我们所感兴趣的蛋白质，与其他未知的蛋白质结合在一起形成复合晶体。将细胞萃取液以1的抗体作用，抓下蛋白质1，以及和它结合的物质（免疫沉淀），之后有两种方法可以分析它，一种是电泳SDS-PAGE，染色后挑出蛋白质色带，使用酶分解它，最后用MALDI-TOF MS分析；另外，也可将胶体色带中的peptide用LC-MS-MS得到MS-MS光谱（MS-MS spectra），比对数据库得到序列。

图10-13　蛋白质晶体的分析

 **蛋白质结构的预测**

（一）了解蛋白质的功能

蛋白质三维立体结构的决定，是未来新药开发的动力。蛋白质的立体结构，可以协助搜寻并快速决定小分子药物的构造，因此将会大幅降低新药开发所需的时间与投资成本。

蛋白质结构预测是生物信息学的重要应用。蛋白质的氨基酸序列（也称为一级结构）可以容易地由它的基因编码序列获得。

蛋白质的结构对于了解蛋白质的功能十分重要，这些结构信息通常被称为二级、三级、四级结构。同源性是生物信息学中的一个重要概念，在基因组的研究中，同源性被用以分析基因的功能：若两基因同源，则它们的功能可能相近。同源性被用于寻找在形成蛋白质结构和蛋白质反应中，具有关键作用的蛋白质片断。这些信息可与已知结构的蛋白质相比较，从而预测未知结构的蛋白质。目前为止，这是唯一可靠的预测蛋白质结构的方法。

人类血色素和鱼类血色素间的相似性就是利用以上方法的一个实例。两种血色素有相同的功能，均能够在各自的生物体内运输氧气。尽管它们的氨基酸序列大不相同，但是，它们的蛋白质结构几乎一样。

（二）结构的研究

不同数目的氨基酸、不同的组成与排列可生成不同的蛋白质，不同的蛋白质因构造不同而有不同的生物功能。

要取得蛋白质构造的大量资料，远比取得 DNA 序列定序资料困难得多，因为 DNA 只是由4个碱基对组成所产生的直线序列，而蛋白质则是由 20 种氨基酸组成，并在立体空间上折叠，产生复杂的螺旋、折叠和弯曲的次构造。如果想直接从 DNA 序列去预测蛋白质的立体构造，即使利用计算机辅助，就算只是一个最简单的蛋白质，也是一项相当艰难的工作。

由于蛋白质的三维空间立体结构如此不易决定，自 1957 年第一个蛋白质肌血红素的立体结构被确定以来，到现在为止也仅有约 12,000 个蛋白质的立体结构被确定，同时输入国际公开的蛋白质构造储存库中。

使用核磁共振（NMR）技术，或 X 射线晶体绕射技术，并将整个过程自动化，可以用来决定蛋白质的立体结构。

在采用 X 射线的过程中，蛋白质首先被纯化，然后使其产生结晶，结晶物被 X 射线照射而产生绕射图形，经繁复的计算机计算，进而推测出蛋白质内所有原子的立体结构模型。

 小博士解说

现行的相似性模拟技术在预测拥有极高序列相似性的蛋白质主轴构造，可以发挥良好的功能，但在预测蛋白质表面构造时，并不那么成功，而且没有普遍适用的演算方法可预测所有的蛋白质构造。

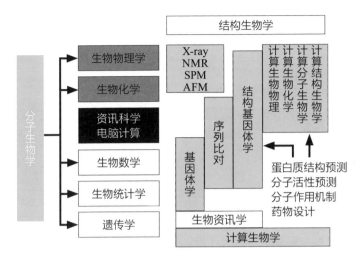

图10-14　蛋白质结构预测在分子生物学中的关系位置

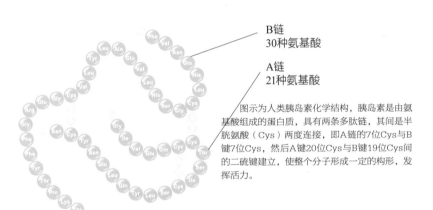

B链
30种氨基酸

A链
21种氨基酸

　　图示为人类胰岛素化学结构，胰岛素是由氨基酸组成的蛋白质，具有两条多肽链，其间是半胱氨酸（Cys）两度连接，即A链的7位Cys与B键7位Cys，然后A键20位Cys与B键19位Cys间的二硫键建立，使整个分子形成一定的构形，发挥活力。

图10-15　人类胰岛素

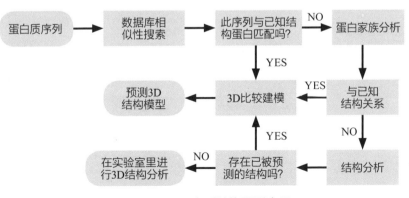

图10-16　蛋白质结构预测流程

微生物基因库

（一）多源基因组

顾名思义就是来自多种生物源的基因组。

在微生物多源基因库的建构过程中，不需要针对样品中的微生物进行培养与分离步骤，因此，可以把目前无法经人工培养的微生物基因组纳入基因库中，以增加基因库的多样性。

（二）微生物鉴定

微生物遍布整个生物圈，但绝大部分仍未被研究，因为传统的标准培养方式对大部分的微生物行不通，可被培养的仅占其中的1％而已，未知或不能培养的微生物占了99％。鉴之通常采用分子进化遗传法，而探讨微生物的标的物是小次单位核糖体基因，利用退化性通用引子，把经过聚合酶链式反应（PCR）增幅后的产物选殖于载体上，再进行脱氧核糖核酸（DNA）序列解析。

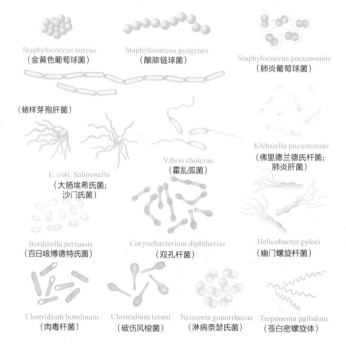

Staphylococcus aureus
（金黄色葡萄球菌）

Staphylococcus pyogenes
（酿脓链球菌）

Staphylococcus pneumoniae
（肺炎葡萄球菌）

（蜡样芽孢肝菌）

E. coli; Salmonella
（大肠埃希氏菌；
沙门氏菌）

Vibrio cholerae
（霍乱弧菌）

Klebsiella pneumoniae
（佛里德兰德氏杆菌；
肺炎肝菌）

Bordetella pertussis
（百日咳博德特氏菌）

Corynebacterium diphtheriae
（双孔杆菌）

Helicobacter pylori
（幽门螺旋杆菌）

Clostridium botulinum
（肉毒杆菌）

Clostridium tetani
（破伤风梭菌）

Neisseria gonorrhoeae
（淋病奈瑟氏菌）

Treponema pallidum
（苍白密螺旋体）

图10-17 不同形态的细菌

在无菌操作台内，利用在琼脂平板培养基上的顺序连续涂画的方式，就可分离出纯菌株。

不可思议的生物学：必须知道的106个生物常识

（三）多源基因库的建构

建构基因库的步骤是先把环境样品，如土壤、堆肥、活性污泥、厌气沉淀物或瘤胃（反刍动物的第一个胃）内容物，经由直接或间接的方式萃取其中微生物的 DNA。若以直接的方式萃取，可得到很多种微生物的 DNA，但 DNA 分子通常会小于 5 万碱基对。若以间接的方式萃取，则可得到分子量较大的 DNA，这种大片段的 DNA，最大可达 100 万碱基对，但微生物的多样性会降低。微生物 DNA 萃取出来后的下一个步骤，就是经由物理性或限制酶加以适当切割，再接合于载体上。载体的种类依能携带外源基因片段的大小可分成三类，第一类是质体，可携带的片段大小约为 1 万碱基对以下，第二类是噬菌体，可携带的片段大小约为 2 万～4 万碱基对之间，第三类是细菌人工染色体（bacterial artificial chromosome, BAC），可携带的片段大小可达 20 万碱基对。然后转殖于宿主细胞（通常是大肠杆菌）中，如此形成的基因库称为多源基因库。

一般而言，质体系统建构的基因库株系庞大，动辄数十万个，而 BAC 系统建构的基因库株系较小，约数万个，噬菌体系统建构的基因库株系，数目介于前二者之间。有了基因库后，最重要的目标就是筛选具有学术或产业价值的基因。

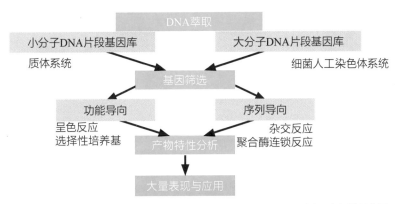

所建构的基因库包括小分子与大分子DNA片段基因库，两者并行可提高发现新颖基因的概率，并建构酶基因库，以供产业界使用。

图10-18 多源基因库的建构过程

✖ 小博士解说

　　小片段DNA基因库适合单一表现基因或小基因丛的筛选，而大片段DNA基因库则适合单一表现基因或大基因丛的筛选。至于筛选的方式目前也有两种，一种是功能导向的筛选方式，另一种是序列导向的筛选方式。所谓功能导向的筛选方式，是利用基因的表现会造成外观上的改变，来作为筛选的依据。

（一）生命条形码（barcode of life）的必要性

近300年来，物种的鉴定均需仰赖生物的形态特征，但不少特征会受到生物成长、性别、环境的影响而有个体的差异。不同生物类群的特征又不同，也无法做跨类群间的比较，但假如利用DNA来鉴定，这些问题即可迎刃而解。

生物学家估计，至今仍约有800万个物种未有详细的纪录，如果只拿一个标本和已知物种比对，看是否符合其特征再决定是否为某个物种，已经越来越难，而且动物在卵和幼体时期，不仅不易从外形分辨，其数量又远多于成熟个体，常需等幼体长大为成体，才有办法辨识。

"地球上究竟有多少物种？"这样的老问题，也可以提供一个较确切又很不一样的答案。譬如传统分类法应已完成所有的鸟类鉴种，但若经由DNA序列的协助，可再增加5％~10％的新种。体型小又难分辨的寄生性昆虫，例如哥斯达黎加某一地区的寄生蝇类，经DNA鉴别后，物种数甚至可增加到3倍以上。

条码或称条形码是将宽度不等的多个黑条和空白，按照一定的编码规则排列，用以表达一组资讯的图形识别元。如国际标准书号（International Standard Book Number, ISBN），是为图书出版、管理的需要，便于各国出版品的交流与统计所发展的一种国际统一的编号制度。

图10-19　各种条码

图10-20　选择线粒体中的CO1的基因序列作为生命条码

（二）生命条形码的选用

因为生命条形码便捷可行，且对基础和应用科学均可带来深远的影响，所以受到国际学界重视。生命条形码辨识系统，提供类似物品条形码或图书出版的 ISBN 全球通用码，让每个物种都有独特的身份证。统一使用线粒体中的某个基因，这个基因可制造出细胞色素 c 氧化酶次单元 1（CO1），这个 CO1 的基因序列（核酸碱基对）作为生命条形码，因为它的长度够短，以目前的技术能够一次就读取，虽然只是细胞内的一小段 DNA，其变化却足以区分多数物种。

以灵长类动物为例，每个细胞大约有 30 亿个碱基对，而 CO1 条形码的长度只有 648 个碱基对，不过，足以确认人类、黑猩猩和其他大型猿类取出的样本。在这个条形码区，人类之间的差异约 1～2 个碱基对，和黑猩猩的差异多达 60 个碱基对，和大猩猩的差异则有约 70 个。

选用线粒体 DNA 来鉴识是相当合适的，因为其 DNA 序列在物种间的差异远多于细胞核中的 DNA，此外，线粒体 DNA 的数量比细胞核中的 DNA 高出许多，也容易重新取得，尤其是取自少量或是部分分解的样本。

用来鉴定动物的基因条形码，并不适用于植物，因为植物基因组的演变和动物相当不同，而且不同种的动物在交配后产生的后代并不具生殖能力，所以可以视为不同物种；然而，许多植物物种却可以杂交，模糊了遗传上的界线。

植物的基因条形码，目前使用核糖体内转录间隔区间、叶绿体中的 rbcL 和 trnH-psbA 等片段进行植物类群的研究。

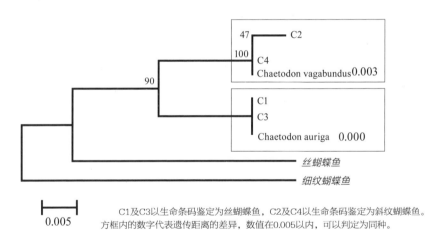

C1及C3以生命条码鉴定为丝蝴蝶鱼，C2及C4以生命条码鉴定为斜纹蝴蝶鱼。方框内的数字代表遗传距离的差异，数值在0.005以内，可以判定为同种。

图10-21　用生命条形码鉴定两种蝴蝶鱼

✖ 小博士解说

　　未来，小型手持式的条形码机或是大型的物种筛检仪将会问世。届时对入侵种防治、食品检验、非法贸易、水样中的生物监控、生态监测等管理工作，均会有革命性的突破和进展，鉴种工作即可因条形码的鉴别，既客观又快速且自动化地进行。

第十一章

现代生物技术

生物技术已成为人们研究的热门话题，
在相关领域中也成为应用技术的研究重点。
生物技术的发展，改变了我们对既有生命个
体界线的认知，生命调控的奥秘呼之欲出。
随着生物技术的广泛应用，大众对于生物技
术产品所衍生出来的环境、社会问题、价值
观等，有越来越多的疑虑。

生物科技的概念

（一）生物科技定义

生物科技并非单纯代表一种产业或商品，其所涵盖的学科包括生物学、生物化学与工程、化学工程、医学、医学工程、工业工程、机械与航空工程等，是跨领域而以生物为主体的科学。生物科技已是一个耳熟能详的名词，美国国家科技委员会将生物科技定义为："包含一系列的技术，它可利用生物体或细胞生产我们所需要的产物，这些新技术包括基因重组、细胞融合和一些生物制造程序等"。

人类利用生物体或细胞生产所需要产物的历史已经非常悠久，例如，在大约1万年前开始耕种和畜牧以提供稳定的粮食来源；大约6000年前利用发酵技术酿酒和做面包；大约2000年前利用霉菌来治疗伤口；1797年开始使用天花疫苗；1928年发现抗生素青霉素等。

（二）基因工程技术

从20世纪50年代开始，人类对构成生物体最小单位的细胞及控制细胞遗传特征的基因有了更深入的了解，以及20世纪70年代发展出基因重组和细胞融合技术。由于这两项技术可以更有效地让细胞或生物体生产人们所需要的物质，适合工业或农业量产，因此从20世纪80年代开始造就了新兴的生物科技产业。

生物科技产业从1980年发展至今，应用的范围包括生物医学制药、农业、环保、食品和特用化学品等产业。在生物医学制药方面，已经有数百种生物科技药品或疫苗被美国食品药物管理局批准上市，用来治疗糖尿病、心脏病、癌症和艾滋病等疾病。

在农业方面，已有基因重组植物如木瓜、西红柿、玉米和大豆等上市，这些基因重组植物的特点是抗病虫害能力强，可以使用较少的化学农药；在环保方面，已利用基因重组微生物分解一些有毒的工业废弃物和造成污染的原油；在食品方面，已利用发酵工程技术生产乳酸菌、灵芝、冬虫夏草等食品；在特用化学品方面，则已利用基因重组酶制造药物或纤维，或将其用在清洁剂中以分解污垢。

基因重组和细胞融合技术是近代生物科技的基石，近年来人类在这个基础上又开发出许多新技术及新的应用领域，例如，蛋白质工程技术可以用来改进蛋白质的结构和活性，生物纳米技术可以用来制造生物传感器、生物芯片和药物输送系统，组织工程技术可以利用干细胞修补受损的器官，以及动物克隆技术可以利用细胞核转移方法克隆动物等。

小博士解说

生物科技发展的目的在于治疗疾病，改善生活质量，提供食物及保护人类的居住环境，不过在这项高科技发展过程中如果不加以严格监控，也可能对人类或地球上的生态造成伤害。因此，在发展生物科技的过程中，也要同时注意它对人文、道德和生态的冲击。

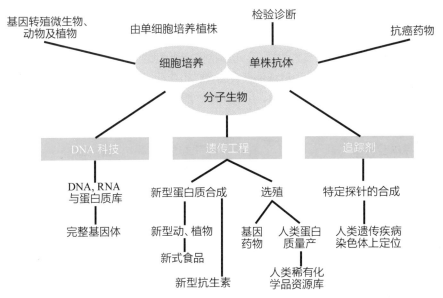

基因转殖微生物、
动物及植物
由单细胞培养植株
检验诊断
抗癌药物
细胞培养
单株抗体
分子生物
DNA 科技
遗传工程
追踪剂
DNA, RNA
与蛋白质库
完整基因体
新型蛋白质合成
新型动、植物
新式食品
新型抗生素
选殖
基因
药物
人类蛋白
质量产
人类稀有化
学品资源库
特定探针的合成
人类遗传疾病
染色体上定位

图11-1　生物科技的基础与应用

生命科学与技术
生物技术与工程
管理
生技公司
(获利模式)
很多很多
生技产业
成功要素
·技术
·市场
·资金
·人才
·法规

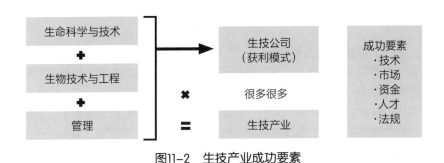

图11-2　生技产业成功要素

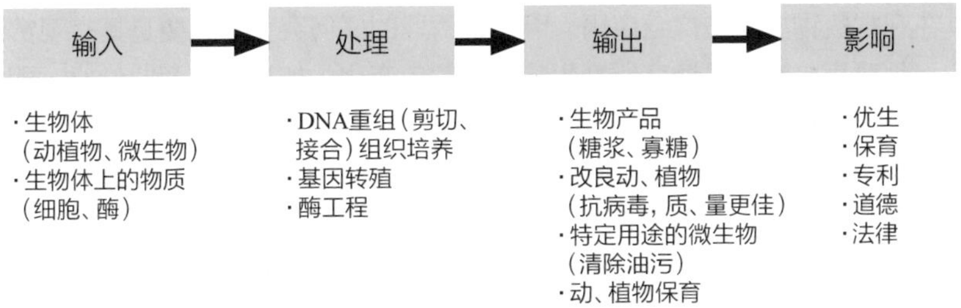

输入
处理
输出
影响
·生物体
(动植物、微生物)
·生物体上的物质
(细胞、酶)
·DNA重组(剪切、
接合)组织培养
·基因转殖
·酶工程
·生物产品
(糖浆、寡糖)
·改良动、植物
(抗病毒,质、量更佳)
·特定用途的微生物
(清除油污)
·动、植物保育
·优生
·保育
·专利
·道德
·法律

图11-3　生物科技系统模式

育种是特定目标改良方法之一，也是创造新品种的方法之一。亲本血缘愈远，其后裔变化愈大，多用途选种机会愈大，也包括了生物多样化的利用。如畜牧用途、绿色食材、生态环境、生物防治、能源与环保等。

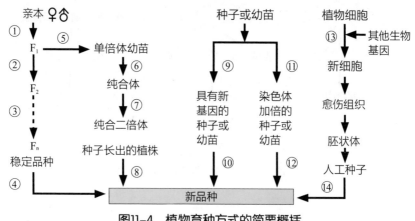

图11-4　植物育种方式的简要概括

（一）传统杂交育种

杂交育种是选取亲本杂交以组合不同基因型最基本的方法，也是使用最广泛的育种方法。杂交育种常需培育大量的后代，以增加获得结合双亲最优良性状后代的机会。自古以来，人们不断改良植物的品种，目前许多蔬菜、水果、园艺植物都是经过人工改良的品种。例如，水稻原属热带植物，但是现在连寒带地区也可栽种，这是由于长期品种改良的结果；然后再自其中选出耐寒、耐病害的品种，利用反复杂交，创造出新的品种。

（二）诱变育种

营养繁殖作物利用诱变，可增加体细胞遗传变异，具有改良品种的潜能，尤其在观赏植物上已被广泛应用。因为所诱导的任何突变，只要是具有观赏价值的，都可直接利用。诱变所产生的任何颜色变化，如果具有商业价值，即可无性繁殖加以利用。

诱变的主要优点是：能快速获得植物体细胞变异。虽然也可能造成其他性状突变，但是，针对育种者所期望的性状加以选拔，也可在短时间内获得目标品种。诱变成功的个体经由营养繁殖，可成为商品化的品种。较常使用的诱变方法为化学诱变剂处理，如 EMS、叠氮化钠（NaN_3），以及以物理方法的 Co60 γ 射线照射。诱变育种的缺点是无法预期结果，因此需要耗费较长的时间进行筛选。

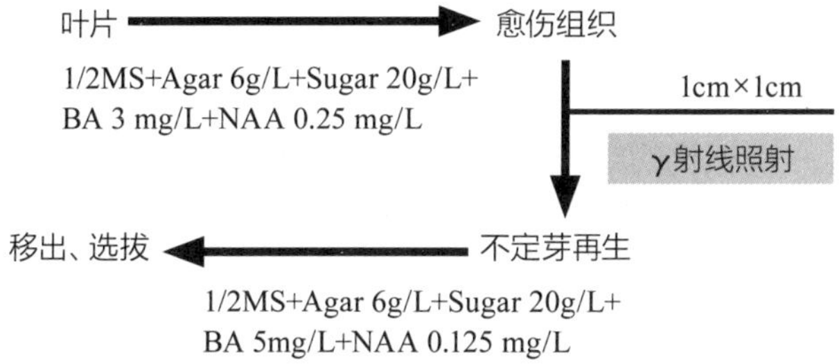

叶片 ➡️ 愈伤组织

1/2MS+Agar 6g/L+Sugar 20g/L+
BA 3 mg/L+NAA 0.25 mg/L

1cm×1cm

γ射线照射

移出、选拔 ⬅️ 不定芽再生

1/2MS+Agar 6g/L+Sugar 20g/L+
BA 5mg/L+NAA 0.125 mg/L

图11-5　花叶万年青愈伤组织照射γ射线

表11-1　花叶万年青叶片愈伤组织经γ射线照射后的变化

剂量	CK	1Gy	2.5Gy	5Gy
白化	0	225	0	1
圆叶	1	69	0	9
绿叶	0	21	0	5
分化植株总数	50	989	32	207
变异数	1	315	0	15
变异率(%)	2	31.85	0	7.25

　　组织培养是另一种产生变异的方式。以不同来源的组织或是器官在特殊的培养环境与培养基成分下进行繁殖时，皆会有不同程度的变异发生，借此可以选育外表性状发生变异的植株。

（三）细胞融合

　　生物技术之一的细胞融合可以使不同的植物进行杂交。细胞被细胞膜保护着，所以即使与其他细胞黏合，也不会互相融合，但是只要给予刺激，就可融合成一个细胞，这就是细胞融合。不过植物细胞因有细胞壁阻碍，所以先用酶除去细胞壁，除去细胞壁的植物细胞被称为原生质体。如何突破原生质体融合，尤其是不能杂交的植物，以及融合后核型的变化等，是当前原生质体培养研究的重点。

（四）转基因技术

　　转基因技术不但可以突破物种亲缘远近的限制，缩短育种年限，甚至可以利用不同物种的特殊性状基因进行育种，其应用范围包含改变作物株型、花型、花色、香味、延长瓶插寿命、抗虫、抗病、耐逆境等，甚至可以应用在生产二次代谢产物上，例如，在抗虫育种上，选植苏云金杆菌的毒蛋白基因，转殖到大豆、玉米、花椰菜等作物，以防御蛾类幼虫的侵害。

植物的组织培养

（一）植物的组织培养概念

植物生物技术可分为植物组织培养技术及转基因技术。

德国植物学家戈特莱布·哈伯兰在 1902 年时认为植物细胞具有分化成完整植株的能力，提出所谓的细胞全能性假说，虽然他并没有得到细胞全能性的成功例子，后来的学者仍推崇他为植物组织培养的启蒙者。

组织培养技术应用范围广泛，可用来生产无病种苗；采用悬浮方式大量培养细胞，作为抗病种的筛选材料；利用细胞融合方式，从事杂交育种工作，以节省传统育种过程所需耗费的土地、人力与时间；用来保存种原，增进生物的多样性，避免原生种因生态环境的人为破坏而灭绝；商业化大量繁殖、生产苗种；以及用来生产抗癌药物，如紫杉醇等医药品及工业原料。

（二）植物组织培养的原理

植物组织培养技术，主要是基于每一个植物细胞都有潜力进行复制、分化、发育成一株完整植株的特色。将割伤后的马铃薯伤口长出来的组织，称为愈伤组织，用以指一群未分化的细胞群，没有一定的生长方向，如动物的癌细胞一般，具有极强的增殖力。任何单细胞拥有与母本相同的遗传组成，具有发育成与母本相同性状的潜能，即为细胞全能性。植物体的各部位皆可作为组织培养的材料，而培养的部位与培养的目的有密切的关系。

不同植物种类具有不同再生能力，如非洲堇，通过叶插的方法可在切口处再生新的植株。如果再生的途径是经由根或芽等器官，称为器官发生；如果再生的途径是经由胚，称为体细胞胚胎发生。

（三）植物组织培养的方法

一般进行植物组织培养需要在无菌操作台上进行。并且所有的器具，如镊子和培养瓶，都需要经过杀菌或消毒，以免所要培养的组织受到细菌和真菌的感染，这些微生物的感染是最常见的培养失败原因。除了器材，如果所要培养的植物组织是来自室外种植的植株，那么这些植物组织也需要以消毒水消毒。操作中所使用的水，也是无菌水。有些组织培养只是简单地将植物的一部分取下，并分装到许多新的培养基中培养，有些则是必须采用特定组织或器官。还有一种培养方式是以各个单细胞分离并各自繁殖的方式进行。除了根、茎、叶，花药、种子与胚等部位也是常用的培养材料。

提供植物生长所需的培养基，通常含有糖类（如蔗糖）、维生素、植物激素（如细胞分裂素），以及一些大量元素与微量元素，某些培养基中也会加入活性炭。不同的培养需求会有不同的配方和比例，一般会使用琼脂或卡拉胶来固定上述内含物。

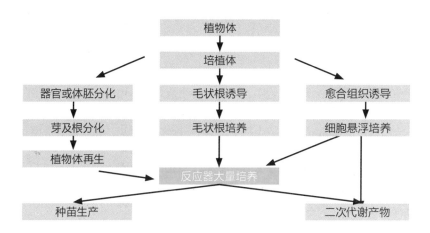

图11-6 植物的组织培养商业化应用

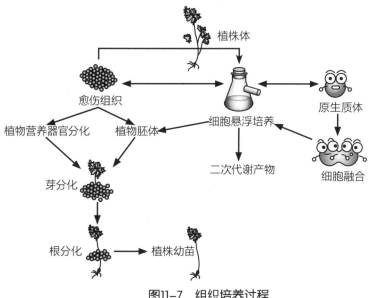

图11-7 组织培养过程

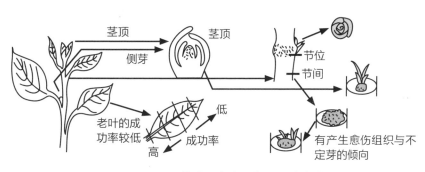

图11-8 茎叶可产生愈伤组织的部位

（一）基因工程育种

在孟德尔的豌豆遗传试验中，红花和白花杂交的后代里，只有红花和白花两种颜色的子代产生，并且以固定的遗传方式传递下去，除非有突变发生，否则不会有异于二亲本花色的子代产生。这个实验结果说明，花色是遗传控制的性状，除了突变，单靠杂交是无法产生新花色的。

利用遗传工程技术，自 A 个体（可为任何物种）分离特定基因，经基因工程改造使其能表现于目标植物，再利用基因转移技术，将其导入至缺乏此基因或特性的目标植物的育种方法。

事实上，基因工程育种是传统作物育种的延伸。基因工程育种法，是将特定基因嵌入，每次基因转移的步骤，是将一个或少数几个经基因工程改造或修饰过的基因，导入目标植物的染色体内，与传统杂交育种的整个基因组合并是不同的。利用基因工程育种法所育成的作物品种，统称为转基因作物或转基因植物。

理论上，自任何生物所选殖的基因，均可利用基因转移技术，转移至植物基因组，使其产生适当的表现，而创造生物的新特性。

（二）转基因生物

转基因生物，就是将原有的物种及其近缘种没有的基因，利用分子生物学的方式，将基因转入此生物体中，使生物表现原来没有的性状，如此产生的生物就是转基因生物。

转基因农作物的主要目的是抗病虫害、抗逆境、增加营养成分、增加贮运寿命、耐除草剂等，如转殖苏云金杆菌蛋白基因的棉花和玉米可以抗螟虫，以减少农药成本及农药残留问题；耐除草剂的大豆在美国等会大规模喷除草剂的国家，可以节省人工除草的成本。

（三）转基因动植物风险

基因植入对基因产物的直接影响，包括营养成分、毒性物质、过敏源等；基因植入引发的间接影响，植入基因引发突变或改变代谢途径，使最终产物可能含有新成分或改变现有成分；摄取转基因食品引发的基因转移，植入基因是否会转移到人类肠道的微生物；转基因微生物可能具有潜在性的健康危害。

確定目標 → 尋找適當基因 → 基因構築 → 基因轉殖 → 細胞培養與植株再生

商業生產 ← 安全性檢測 ← 田間繁殖與遺傳穩定性 ← 轉殖株確認 ← 轉殖株篩選

图11-9 植物转基因的研发和必须经过的流程

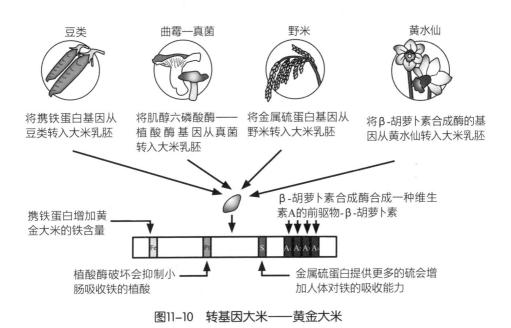

豆类
将携铁蛋白基因从豆类转入大米乳胚

曲霉一真菌
将肌醇六磷酸酶——植酸酶基因从真菌转入大米乳胚

野米
将金属硫蛋白基因从野米转入大米乳胚

黄水仙
将β-胡萝卜素合成酶的基因从黄水仙转入大米乳胚

β-胡萝卜素合成酶合成一种维生素A的前驱物-β-胡萝卜素

携铁蛋白增加黄金大米的铁含量

植酸酶破坏会抑制小肠吸收铁的植酸

金属硫蛋白提供更多的硫会增加人体对铁的吸收能力

图11-10 转基因大米——黄金大米

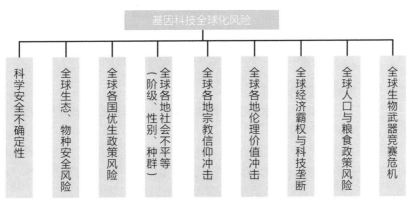

基因科技全球化风险

科学安全不确定性　全球生态、物种安全风险　全球各国优生政策风险　全球（阶级、性别、种群）不平等　全球各地宗教信仰冲击　全球各地伦理价值冲击　全球经济霸权与科技垄断　全球人口与粮食政策风险　全球生物武器竞赛危机

基因科技对全球社会平等、伦理与价值的冲击

图11-11 基因科技全球化风险

生质能源

（一）不虞匮乏的能源

地球上所有的元素都是有限的，但从太阳而来的能量几乎是无穷的。每小时太阳所照射到地球表面上的总能量，足够全人类消耗一年，我们的问题是如何有效地收集太阳能。

所有的能源，除了核能和地热之外，几乎都可说是广义的太阳能，都是源自太阳照射的能量。

生质能源就是利用生质物经转换所获得的电与热等能源。生质物则泛指由生物产生的有机物质，如木材与林业废弃的木屑等；农作物与农业废弃的黄豆荚、玉米穗轴、稻壳、蔗渣等；畜牧业废弃的动物尸体；废水处理所产生的沼气；都市垃圾、垃圾掩埋场与下水道污泥处理厂所产生的沼气；工业有机废弃物如有机污泥、废塑橡胶、废纸、造纸黑液等。

生质能源如生化柴油和酒精等，植物在生长的过程中吸收二氧化碳转化成生质能源，使用后所排放的二氧化碳不会超过植物生长时所吸收的二氧化碳。故使用生质能源的二氧化碳净排放量为零。

生质能源最大的优点是永不耗竭。

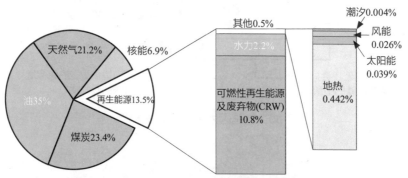

依据国际能源总署的定义，可燃性再生物质及废弃物（即一般所称的生质物）包括固态生质物、动物产出物、由生质物产出的气液态燃料、农工业废弃物与都市垃圾。

图11-12　2001年全球初级能源供应分布

（二）植物油脂的作用

植物油脂在人类生活中扮演相当重要的角色，不仅供给人类营养、改善膳食口感，更提供润滑效果。

油脂的主要成分是脂肪酸与甘油。黄豆、油棕榈、油菜籽、向日葵籽、棉花籽与花生等6种作物的产油脂能力都很高，产量占全世界植物油脂的84％。植物所产油脂约有90％是供人类食用，仅有约10％应用于其他方面。

虽然油脂作物含油脂量高，但由于可耕作土地及年收成次数有限，近年来纷纷改以微生物生产油脂。

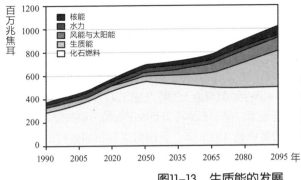

在大气中二氧化碳浓度稳定维持在550 ppmv的假设前提下，以生物科技发展的生质能到21世纪末会占能源消耗量的三分之一，而传统生质能会在2065年后，完全被利用生物技术发展的生质能取代。

图11-13　生质能的发展

（三）藻类的油脂生产

藻类是生态系统食物链的起始点，可以直接以太阳能作为能源，吸收环境中的碳源并释出氧气到水中。单细胞的藻类对太阳能的应用效率较其他谷类植物来得高，而且生长迅速。

绿藻具有使用太阳能及不与现有耕地竞争的优点，因此有学者提出以绿藻生产三酸甘油酯，作为生化柴油原料来源的构想。增加细胞累积三酸甘油酯程度的方法可以分为两大类，分别是以环境营养源短缺，造成藻类累积大量三酸甘油酯，及以基因调控方式，使藻类大量生产合成三酸甘油酯的酶，大量累积三酸甘油酯。

有别于其他菌体培养，培养藻类的反应器需要能提供充足的光线，该类反应器称为光反应器。

光反应器的设计着重在单位面积光反应强度的提升。由于绿藻培养至一定浓度之后，细胞会遮蔽光线进入培养液，而使内部新分裂的绿藻细胞无法顺利有效地利用光线。所以，增强光线强度与增加被光照面积是目前光反应器设计的主要方向。

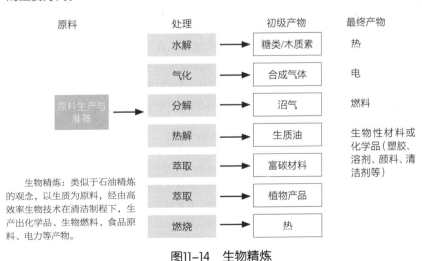

生物精炼：类似于石油精炼的观念，以生质为原料，经由高效率生物技术在清洁制程下，生产出化学品、生物燃料、食品原料、电力等产物。

图11-14　生物精炼

第十一章　现代生物技术

生物复育

（一）生物复育的概念

生物复育也被称为生物整治，主要是利用微生物的代谢活动来减少污染地区污染物的浓度，或降低其毒性。利用生物复育最大的特点是可以对大面积的环境污染进行整治复育，目前生物复育最常应用于石油污染及农田农药污染的整治上。

生物复育最著名的成功案例是 1989 年，美国爱克森石油公司的运油船在阿拉斯加搁浅，造成一千多万加仑石油外泄并污染海洋。爱克森公司使用微生物进行油污分解清除，使得环境免遭荼毒。

有些生物科技公司专门筛选以有毒污染物或重金属为食物的微生物，来解决农田或地下水污染的问题。如美国化学学会就提出利用细菌清除农田镉污染的方案，利用微生物把土壤中可溶性镉吸收转化为不可溶的沉淀物，如此就不会被农作物吸收，也可降低地下水的污染。针对废弃物对土壤生态环境的污染，许多专家致力寻找解决的方法，发展出各类化学、物理以及生物的方法以去除环境中有害因子或降低其毒性。

复育属污染防治技术之一，兼具恢复大地原貌的特色，生物复育则是一种利用天然微生物其分解者的角色降解或打断有害物，使其形成低毒性或无毒产物的处理方法。

微生物的作用就如人类吃食物消化有机物为营养及能量。某些微生物可消化对人类有害的有机物，如化石燃料及有机溶剂。这些微生物有能力将有机污染物分解产生无害的二氧化碳和水。一旦污染物大部分分解完，受到食物来源的限制，微生物族群数就减低，而残留死的微生物及残留的污染物风险远低于原污染物。

（二）生物复育原理

若要达到去除污染物的最佳效果，就要提供微生物最适宜的环境条件。特定的生物复育技术决定于以下几个因素：已存在的微生物、微生物能分解的污染物种类以及存活的环境状况。土生菌指的是可在原地找到已存在的微生物，如控制合适的土壤温度、氧气、营养物等条件可刺激土生菌的生长。而外来添加菌则是非原地生长的微生物经由测试知其对污染物具有降解能力者，可利用其生物活性降解特殊的污染物。不过新环境的土壤状态，需要大幅调整才能确保外来菌在此旺盛生长。

 小博士解说

　　生物复育技术可在好氧及厌氧状态下进行，好氧下是微生物以空气中的氧做反应，用足够的氧供应微生物，将有机污染物转换成二氧化碳及水；无氧状态可提供厌氧微生物生存条件，微生物的作用主要以打断化学键以放出它们所需的能量加以生长利用。有时在好氧或厌氧下处理有机污染物，其产物的毒性可能比原本的毒性还要高，这点应特别注意。

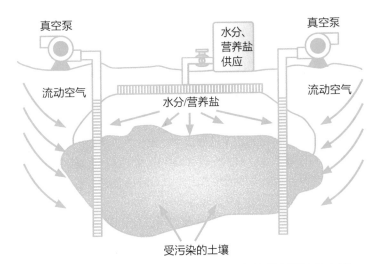

图11-15 物气提法以氧气为电子接受者处理受污染的土壤

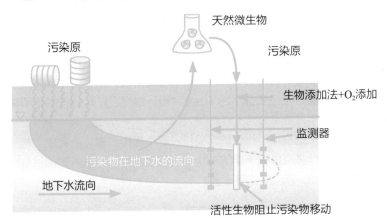

图11-16 原处生物复育法

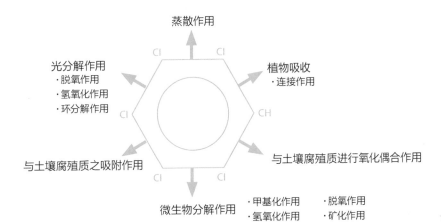

图11-17 氯酚化合物在环境中的宿命

基因芯片是基因组计划完成后衍生出来的产品，成本相当低，但效用无穷，是目前所有生物芯片中应用最广的，也是最有成效的生物技术。

（一）第一代生物芯片

一般而言，基因芯片是利用微处理技术，先把人类所有的基因分别固着在长3 cm、宽2 cm的玻璃片上，成为一个同时可以处理4万个基因的点渍片。然后，平行地、大量地、全面性地侦测基因体中mRNA的量，也就是侦测基因的表现。

基因芯片依照材质可分为玻璃芯片及塑料芯片，DNA附着方式分为打点及光罩合成，mRNA标定的方法则分为荧光、放射线及免疫大肠杆菌内保存显色。目前应用最广泛的基因芯片，是把DNA以打点方式附着在玻璃芯片上，再用荧光侦测进行分析，此法称为互补DNA微数组。

DNA微数组芯片即一般所称的生物芯片对生化分析造成了革命性的影响。DNA微数组芯片是利用微机电技术，将不同序列且已预为标记的核苷酸片段，分别植入芯片中数以万计小至微米见方的格子内，再与待检测的核苷酸片段进行杂交配对。利用各碱基之间的特定对应关系，借由显微镜成像技术观察，即可从探针上已知排序的DNA片段，推测已成功接合的待测核苷酸片段的排序。

利用DNA的检测工作，通常需经过数个操作步骤才能完成。传统的数组式仪器，需借助具有机械手臂的模块操作微量滴管，并在不同的试剂或样品容器之间来回移动，以完成检测步骤。

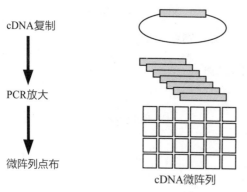

cDNA复制

↓

PCR放大

↓

微阵列点布

cDNA微阵列

微阵列晶片制作分3个步骤，首先以复制方式将人类基因分离纯化，再接合到个别传染媒介上，如在大肠杆菌内增殖制成基因库。借此方法可将人类基因在大肠杆菌内保存，且能无限制地繁衍复制。其次，利用PCR方式，从个别细菌质体中，放大各个基因，经浓缩纯化后放在96孔盘中。再以自动化人工手臂配合金属探针，将96孔盘内已纯化的基因点在玻璃或塑胶上，待干燥后再以紫外线照射，DNA便和玻璃或塑胶表面的氨基形成共价键。

图11-18　微阵列晶片制作步骤

（二）第二代生物芯片

为了简化操作程序，于是开发出了微流体芯片。微流体芯片的特点是将检测程序中所需要利用的种种组件，如混合反应槽、加热反应槽、分离管道，侦测容槽等，都集中在同一芯片上制作，再借由外加电压所产生的电渗流，或利

用微小化帮浦或离心力等方式，驱动样品或试剂在各组件间相连的微管道中移动，以完成检测。这种一体成型的多功能芯片，也称之为实验室平台芯片。

（三）蛋白质芯片

利用微数组芯片检测 DNA 片段的观念，亦可应用于蛋白质的检测。因此，蛋白质微数组芯片的设计与制作，与 DNA 芯片颇为类似。先将成千上万种蛋白质植入固定在数微米方的格子中，检测样品中的各种蛋白质，会与固定在微数组的特定蛋白质反应。如同 DNA 微数组的侦测方法，样品中的蛋白质已事先以荧光官能基标签以便呈色。再使用显微镜放大成像，完成侦测。蛋白质之间的反应，通常是利用抗体与抗原之间特殊的辨认机制来完成。

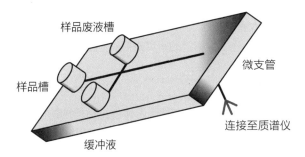

图11-19　利用纳米微支管外接于微晶片电泳管道

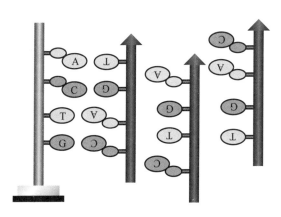

图11-20　基因检测

将单股DNA固定在玻璃上，在适当条件下，它只会在众多DNA中挑出序列互补的DNA结合来形成双螺旋结构。反转酶是RNA病毒的特殊酶，它可利用mRNA合成单股DNA（cDNA）。若加入绿色荧光核酸，则所有cDNA都有荧光，将荧光cDNA和固定在玻璃上的单股胰岛素基因结合，若细胞中胰岛素基因有表现的话，产生的荧光胰岛素cDNA会和玻片上的单股胰岛素基因，因序列互补结合而在玻片上产生荧光。荧光强度和原来细胞胰岛素基因的mRNA量，即基因活性，成正比。由mRNA浓度变化可判定基因表现是否产生变化，亦可探知基因功能的改变。基因活性增加，mRNA浓度增加，基因活性降低，mRNA浓度降低。

到目前为止，对于所有关于疾病发生与进展的蛋白质，其抗原对抗体的辨识反应并非都已充分了解。此外，这些抗体的合成与纯化技术，也并非完全纯熟。因此，必须等到抗原蛋白质研究与抗体制备技术获得突破性进展后，微数组蛋白质芯片的技术才会广泛应用于多种新药的研究上。

聚合酶链式反应

（一）大量复制 DNA

早期的遗传学、分子生物学研究基因时，要得到大量的 DNA 片段，只能利用活体细胞系统进行大量生产，而无法于活体外复制 DNA。这是一个费时耗力的流程，首先，需要将 DNA 片段经限制酶剪裁，再利用接合酶作用而加到载体中，然后，利用瞬间电击或是热休克的方式将此载体运送到大肠杆菌细胞中进行大量繁殖培养，最后，过繁复的分离纯化过程，时间通常需要 3—5 天，才能得到大量复制的 DNA。

凯利·穆利斯在 1983 年开发出聚合酶链式反应的（PCR）方法，让极微量的 DNA 可以在两小时内大量复制几十亿倍，才大幅减少 DNA 复制所需耗费的时间，此技术对后期基因、分子生物学的研究进展有划时代的贡献，因此他在 1993 年获得诺贝尔化学奖。

（二）PCR 的原理

简单地说，PCR 就是利用酶对特定基因做体外或试管内的大量合成。基本上它是用 DNA 聚合酶进行专一性的链锁复制。目前常用的技术，可以将一段基因复制为原来的一百亿至一千亿倍。

基本上 PCR 需具备四要素：1. 要被复制的 DNA 模板；2. 界定复制范围两端的引物；3. DNA 聚合酶；4. 合成的原料及缓冲液。

PCR 的反应包括三个主要步骤，分别是变性、引物的黏合、引物的延长。

变性是将 DNA 加热变性，使双股变为单股，作为复制的模板。典型的变性条件是 95 ℃ 30 秒或是 97 ℃ 15 秒，对于 G+C 较多的目标产物则需较高的变性温度。黏合则是令引物于一定的温度下附着于模板 DNA 两端，引物黏合所需的时间和温度决定于引物的组成、长度和浓度，较适合的黏合温度为低于引物 Tm 值 5℃。最后则是延长，在 DNA 聚合酶的作用下进行引物的延长及另一股的合成。

在经过一次的 PCR 循环后可以得到两倍的产物，所以在经过 N 次的循环就可得到 2^N 倍的目标产物。至于需经过几次的循环则视原始的目标 DNA 的浓度而定。

（三）PCR 的临床应用

PCR 可直接用来鉴定特定基因的存在与否，也可以用来侦测基因是否有异常。如在医学上对遗传疾病或肿瘤癌症的诊断及预后的评估。

在感染性的疾病上，某些病毒、细菌、寄生虫、霉菌可以用 PCR 诊断，从临床检体，血液、尿液、脊髓液、体液，都可以快速地侦测到病原体的存在。

生物标本及法医学上的样本鉴定，从单一毛发、一个精子或一滴血液、唾液来找出凶手。也可以做 DNA 指纹比对帮助亲子关系的鉴定。近来，在生物医学的研究上，特别是细胞间信息的传递分子，如介白质及各种生长因子基因的表现都可用 PCR 来进行质与量的分析。

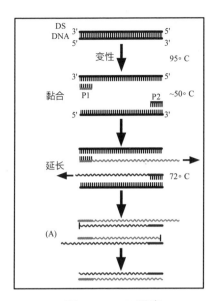

图11-21　PCR程序

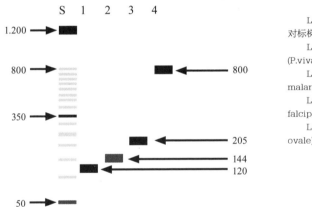

Lane S：标准分子碱基
对标梯 (50-碱基对标梯)
　Lane 1：间日疟原虫
(P.vivax) – 120 bp
　Lane 2：三日疟原虫(P.
malariae) – 144 bp
　Lane 3：热带疟原虫(P.
falciparum) – 205 bp
　Lane 4：形疟原虫(P.
ovale) – 800 bp

图11-22　疟疾在血液抹片的鉴别诊断

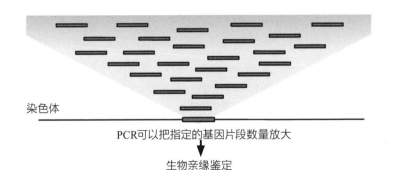

PCR可以把指定的基因片段数量放大

生物亲缘鉴定

图11-23　PCR基因放大链式反应

# 克隆技术

（一）克隆的分类

前文讲过，克隆指的就是无性生殖，或称单源，亦可称为无精生殖。无性生殖是指来自同一亲代，具有相同遗传形质的群体，也就是不靠生殖细胞的精卵结合，而遗传全由提供细胞核的一方来承担，并没有经过基因重组的过程。

因此，所衍生出来的子代会与原本提供细胞核的母体，不论是基因结构还是外显特征均完全相同。自然界的单细胞生物如细菌、珊瑚，便是如此。由于在克隆过程中，所使用的细胞不同，可将克隆分为以下几种：

1. 胚胎克隆：利用功能尚未确定。

2. 成体复制：利用一些特殊的技术打破进化不可逆的定律，让这个细胞打开一些已呈封闭的基因功能，回到原始状态，可分裂出各种功能的细胞，进而成功地发育成一个个体。

3. 治疗性克隆与生殖性克隆：现行的克隆技术主要是使用细胞核转移技术。研究人员先把卵子的细胞核取出，然后把体细胞的细胞核放入这个卵子中。在这个新建构的卵子中，只有来自前述体细胞的染色体，而没有原卵子的染色体。换句话说，新卵子中仅含有提供体细胞者的基因组，所以我们称之为克隆。

4. 干细胞：干细胞是一群尚未完全分化的细胞，同时具有分裂增殖成另一个与本身完全相同的细胞，以及分化成为多种特定功能的体细胞两种特性。

（二）克隆哺乳动物的途径

核转移是克隆成年动物的一种主要技术，但只能用于生物体细胞能明显区分的情况。核转移需要两个细胞：捐赠细胞和卵细胞。研究证明其中的卵细胞最好是未受精卵，它更能接受捐赠细胞，此外，卵细胞必须去掉细胞核。

经由细胞合并或移植的方法将捐赠细胞的细胞核植入卵细胞中，由它决定主要遗传信息。在卵细胞快速形成胚胎后，将胚胎植入代理母体体内。如果这些程序都正确操作的话，就会生育出一个完美的克隆子体。

小博士解说

1998年来自夏威夷大学的几位科学家宣布，他们研制出3只克隆鼠。由于受精卵分裂速度极快，老鼠一度被认为是最难克隆的动物之一。在该实验中，未受精的老鼠卵细胞用作捐赠细胞的受体。在去掉卵细胞的细胞核后，迅速将捐赠细胞的细胞核植入卵细胞中，全过程只需几分钟。1小时后卵细胞就接受了新的细胞核。5小时后将卵细胞置于营养液中，开始生长形成胚胎。最后将胚胎植入代理母亲（鼠）体内，由它孕育子体。

不可思议的生物学：必须知道的106个生物常识

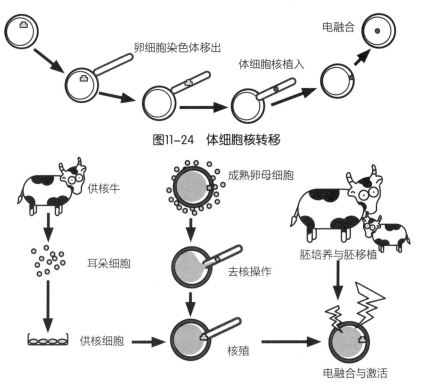

图11-24　体细胞核转移

利用核转殖技术产制克隆牛的过程以牛耳细胞为供核源，以显微操作将成熟的牛卵细胞去核，并置入供核细胞，再以电击处理，促使供－受核细胞相互融合，此胚经体外培养到囊胚期，再移植到代理母亲体内。

图11-25　核转殖技术

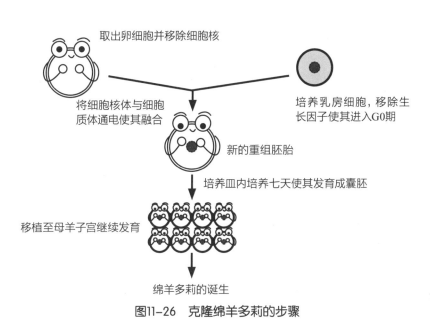

图11-26　克隆绵羊多莉的步骤

长寿基因

（一）老化

压力和自由基（容易起化学反应的活性氧，是代谢过程中正常的副产物）造成机体老化，这是 50 年来老化科学领域的主流观点。科学家研究线虫，发现它如果减少暴露于活性氧物质中，能增长寿命；而寿命较长的线虫，通常也更能抵抗压力。然而，很少有研究能证明氧化损伤与细胞功能改变之间的关联。

最新的证据显示，老化可能是起因于生物发育的遗传程序发生错误，而不是经由日积月累的基因与细胞损伤所造成的。

从进化观点看老化，可以预测绝不会有什么老化基因；老化是身体长期累积损伤的后果，与长寿有关的基因，都与修补机制有关。任何与老化有关的基因，往往是在身体年轻时有用的基因。

（二）寿命决定基因

有一群特别的基因，在生物体处于艰困的时期，会协助身体的防卫，这群基因能够增进个体的健康和寿命。如果想要延年益寿、减少老年病痛，关键就在于解开这群基因作用的奥秘。

科学家一度认为老化不只是身体的磨损，基因驱动也是原因之一：一旦个体成熟了，老化基因就会开始带动身体走向坟墓。不过这个观念已经被推翻了，因为按照进化自然选择的原理，没有理由留下已超过繁殖年龄的生物体。

有一群基因与个体应付环境压力（像是酷热天气，或食物、饮水稀少）有关。它们可以维持个体自我保护和修复细胞损伤，不论年龄。这些基因强化了生物的生存功能，使得个体度过危机的机会增加；当这些基因长期保持活性，也能有效保持个体的健康和延长个体寿命。

影响个体寿命长短的基因非常多，而且它们极可能皆可调控或参与一个以上的生物过程；某些不同的长寿或老化基因还牵涉到同样的生物过程。

科学家发现了许多基因（它们名字像是密码一般）：daf-2、pit-1、Amp-1、clk-1和p66Shc，它们会影响实验动物的抗压能力和寿命，显示可能与生物体在逆境下生存的基本机制有关。

（三）*SIR2* 基因

SIR2 是一个长寿基因，从酵母菌到人类，都有各式版本的 *SIR2* 基因，哺乳动物中类似 *SIR2* 的基因，叫作 *SIRT1*，它所制造的蛋白质 *SIRT1* 和酵母菌的 *SIR2* 有着相同的酶活性，但它能去除乙酰基的目标更广泛，散布在细胞核和细胞质中，其中部分鉴定出来的目标蛋白质，控制了细胞的一些关键机制，包括凋亡、防卫和代谢。

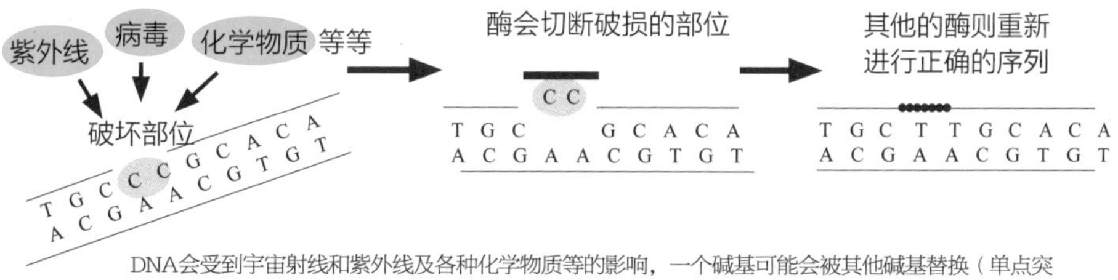

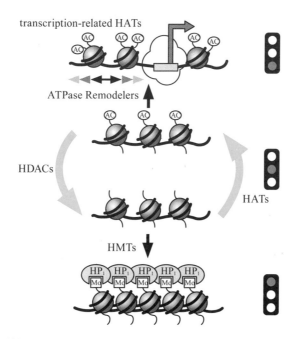

紫外线
病毒
化学物质
等等
破坏部位
T G C C C G C A C A
A C G A A C G T G T
酶会切断破损的部位
C C
T G C G C A C A
A C G A A C G T G T
其他的酶则重新进行正确的序列
T G C T T G C A C A
A C G A A C G T G T

DNA会受到宇宙射线和紫外线及各种化学物质等的影响，一个碱基可能会被其他碱基替换（单点突变），或DNA的一部分被切割（欠缺）、剪接之后反向相连（逆座）、剪接之后进入其他场所（转座），剪接部分出现重叠等，发生序列出错的情形。即使生物具备修复DNA损伤的机能，有时也无法应付这些情况。

图11-27　DNA损伤

表11-2　几种长寿基因作用途径

基因或作用物 [人类相对应的基因]	生物种类/ 延长生命比率	增加或减 少是有益	主要影响效应
SIR2 [*SIRT1*]	酵母菌、线虫、果蝇/30%	增加	细胞生存、代谢和压力反应
TDR [*TDR*]	酵母菌、线虫、果蝇/30%~250%	减少	细胞生长和感应养分
Amp-1 [*AMPK*]	线虫/10%	增加	代谢和压力反应
p66Shc [*p66Shc*]	小鼠/27%	减少	制造自由基

transcription-related HATs
AC
ATPase Remodelers
HDACs
HATs
HMTs
HP1
Me

目前确认的长寿基因之一是SIR2基因。SIR2基因所编码的蛋白质是一种具有全新活性的酶。细胞中DNA为组蛋白所包裹，这些组蛋白具有不同的化学标记（如乙酰基），而这些标记则决定了组蛋白对DNA的包裹程度。除去乙酰基的组蛋白会使DNA被包裹得更紧。由于基因组中的这段去乙酰基DNA所包含的任何基因都不能被启动，这段区域也被称为沉默区。

图11-28　*SIR2*基因

（一）生物剽窃

生物科技带来前所未有的突破，给人类生活提供了极大的便利性，甚至延长了人类的寿命。但是生物科技存在一些潜在的社会与伦理问题。尚未解决与达成共识的问题如生物剽窃，一些生物科技大厂利用国家人民的无知，以非常廉价的金钱取得罕见疾病的人体样本，进而去做研究，最后取得专利权，并且回头向该国人民收取高额的药物费用。这种行为目前已经造成许多的诉讼纷争，同样的问题也发生在具有特殊医疗效果的植物上，一些发达国家去其他国家私自取用传统动植物资源，分析其成分，制作成药物，并取得专利权以获取高额利润，这是一种极为不公平的行为。

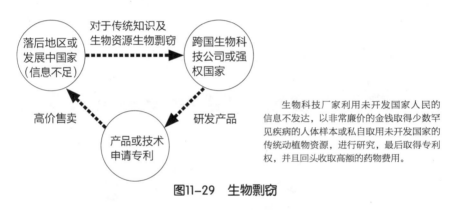

图11-29　生物剽窃

（二）基因歧视

目前基因检测的技术突飞猛进，也许不久就可以精确地检测每个人的基因。借由每个人的基因排列不同，可以预测此人容易得什么样的病，进而及早预防。除此之外，受检人的性格、是否有犯罪倾向等资料，都会呈现在报告中。但是，这可能会造成学校入学考试的差别待遇与求职过程中的歧视，更有可能因而遭到保险公司拒绝其投保。

基因歧视是指单独基于个人基因构造与正常基因组的差异，而歧视该个人或其家族成员，如果不是根据基因，而是针对个体已发病才遭歧视，就不是基因歧视。基因歧视是指某人带有跟正常人不同的基因，无论是否会发病，都可能遭受歧视，而且如果家族中有一人带有变异基因，由于同一家族的成员带有类似基因，导致其他家族成员也遭受歧视。

（三）基因科技的价值冲突

基因科技不同于其他改变基因物质的传统方法，可以说在于基因科技的有计划性、有目的性、高度的人为操控可能性以及可预见性。由于其并非属于随机性的自然发展，因此运用基因科技的结果，无疑将使得人类有能力改变"造物主"对环境生态以及人类生命的安排，一定程度上可以说是提升人类生存条件与质量的一大利器。从这一角度而言，基因科技代表了促进经济发展、提升人类生活质量的一种手段。

另一方面，随着基因科技运用范畴日益广泛，人类生活与生态环境所面临的威胁也日益扩大。经基因改造的食物或药品，往往隐含着使人体吸收不明的病毒、抗生素或过敏源等潜在危险性，甚至可能引起人类基因改变的后果。即使基因科技产品非直接供人类食用，也具有难以评估的对生态系统的严重威胁性。

尤其是转基因技术多以动物或微生物来进行，转基因技术若运用不当，势将破坏生态的结构与稳定性。若考虑到这些伴随着基因科技的发展所带来的种种危险，则基因科技可以说是一种新兴的"生态环境危险源"。

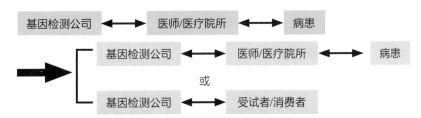

商业应用下的基因检测：传统上基因检测是由医疗院所的遗传门诊执行，部分医院会委托检测公司处理，如今已经出现一些跳过医师与病患的关系，直接由检测公司对受试者或消费者提供服务的机构。

图11-30　基因检测

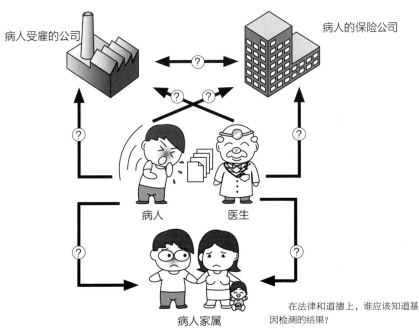

在法律和道德上，谁应该知道基因检测的结果？

图11-31　基因科技的冲突

生物防治

（一）农药对环境的影响

自第二次世界大战后，农药被广泛应用在害虫、杂草和植物病原菌的防治上。可是长期使用之后，不但衍生土地污染和残毒等问题，农药衍生物也可能产生致癌物质，甚至引发生物突变，造成作物药害和授粉性昆虫天敌及非标的昆虫大量死亡。此外，有害生物也会产生抗药性，造成主要害虫再度猖獗、次要害虫崛起等负面问题。

环境中的有毒物质，经过食物链的取食与被取食关系，而会在食物营养层的生物体中浓缩及放大，如海水中 DDT 的含量只有 0.00, 005 ppm，但到达食物链顶端的鸟类，其体内 DDT 的浓度已高达 75.5 ppm，其有毒物质的浓度足足放大了 150 万倍。

（二）"一物降一物"

在公元 304 年，广东和福建一带的农民，就懂得利用黄猄蚁来防治柑橘害虫。

生物防治是利用自然界中的捕食性、寄生性、病原菌等天敌，把有害生物的族群压制到较低的密度，使这些有害生物不致造成危害；是利用生态系统食物链中"一物降一物"的自然现象，其实也是一种古老的生物防治法。

有害生物的天敌涵盖捕食性、寄生性的生物和病原微生物。在捕食性的生物中，包括脊椎动物、无脊椎动物和食虫性植物，寄生性生物则包括昆虫类中的寄生蜂、寄生蝇、少数甲虫和捻翅目昆虫。至于病原微生物，则包括细菌、真菌、病毒、立克次氏体、线虫、原生动物等。

食虫性脊椎动物虽然具有捕食害虫的能力，却难以借人工繁殖的方式释放于田间，来防治害虫和其他有害生物。只能借着倡导的方式保护这些对人类有用的克虫天敌，让它们在自然界中发挥抑制害虫的功能。瓢虫、草蛉和食虫蠕象都已发展出大量繁殖的方法，可直接应用在有害生物的防治上。至于捕食昆虫能力也相当强的蜘蛛和蝎子类，由于前者难以大量群体饲养，后者又具有毒性，因此也只能借由倡导方式加以保护。此外，小型容易饲养的叶螨类，在国外甚至已有商品化的种类。

在寄生性天敌方面，以昆虫类中的寄生蜂和寄生蝇最为人所称道，尤其是寄生蜂，目前已开发出多种可供农业上应用的种类。寄生性线虫，除了应用在蚊虫孑孓的 DD-136 外，其他较著名的，有防治日本丽金龟的格氏线虫、防治苹果蠹蛾和烟草蠹蛾的斯氏线虫，还有防治褐飞虱和梨小食心虫的两索线虫。而原生动物在应用上发展较慢，较受瞩目的有微孢子虫，可应用在欧洲玉米螟的防治上。

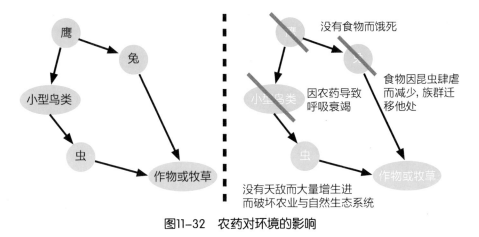

正常的生态系统　　　　　　　　因施用农药而遭到破坏的生态系统

鹰

兔

小型鸟类

虫

作物或牧草

没有食物而饿死

因农药导致
呼吸衰竭

食物因昆虫肆虐
而减少，族群迁
移他处

没有天敌而大量增生进
而破坏农业与自然生态系统

图11-32　农药对环境的影响

表11-3　生物防治的种类

天敌的利用	捕食性昆虫	蜻蜓、螳螂、蝽象、草蛉、食虫虻、食蚜蝇、瓢虫、蚁、胡蜂
	寄生性昆虫	寄生蜂、赤眼卵蜂、寄生蝇
	鸟类	红尾伯劳、啄木鸟
	两栖类	蛙类、蟾蜍、山椒鱼类
	鱼类	大肚鱼、盖斑斗鱼
	爬虫类	蜥蜴类、盲蛇类
	哺乳类	针鼹、有袋类、食蚁兽、穿山甲、食虫蝙蝠
微生物防治	杀虫微生物	苏云金杆菌、白僵菌、黑僵菌
昆虫性费洛蒙	诱捕斜纹夜蛾和甜菜夜蛾；干扰杨桃花姬卷叶蛾之交配	

表11-4　国际上登记使用的虫生线虫商品

虫生线虫	昆虫寄主	国家
小卷蛾斯氏线虫	土栖昆虫	日本、美国、英国
夜蛾斯氏线虫	菇蚋和葡萄象鼻虫	美国、英国、荷兰
格氏斯氏线虫	蛴螬	日本、美国
Steinernema riobrave	蝼蛄、柑橘象鼻虫	美国
蝼蛄斯氏线虫	蝼蛄	美国
嗜菌异小杆线虫	日本弧丽金龟和葡萄象鼻虫	美国
大异小杆线虫	黑葡萄喙耳象	美国、荷兰、瑞士、英国、德国、瑞典

第十二章

生物学研究方法

科学需通过调查与观察，直接从自然观察中获得经验，以逻辑的方法收集、组织并解释资料，阿解研究对重要谜题最言坐技以分的领域，去了解自然，透视自然环境的所有目目。

（一）推理的限度与危险

在生物学和医学中，推理的过程超越事实而不误入歧途是极罕见的事。法国哲学家笛卡儿使人们认识到推理能导致无穷的谬误。他的金科玉律是："除非其真实性显而易见、毋庸置疑，否则，绝不可绝对赞同任何主张。"

推理不能推导出新发现。推理在研究工作中不是做出事实性或理论性的发现，而是证实、解释并发展它们，形成一个具有普遍性的理论体系。绝大多数的生物学事实和理论仅在一定条件下成立，而限于我们知识的不足，我们至多只能根据很可能发生和有可能发生的概率进行推论。

培根对科学的发展有很大的影响，他证明了绝大多数的新发现是凭经验，而不是通过运用演绎逻辑做出的。1605年他说："人类主要凭借机遇或其他，而不是逻辑，创造了艺术和科学。"1620年，他又说："现存的逻辑方法仅有助于证实并确立那些建立在庸俗观念基础上的谬误，而对于探求真理无补，因而弊多利少。"

哲学家席勒对于逻辑在科学中的运用有过精辟的评论，他说："对科学行动步骤进行逻辑分析，实在是科学发展的一大障碍。逻辑分析没有去描述科学实际发展所凭借的方法，并且没有得出可用以调整科学发展的规则，而是任意按照自己的偏见，重新安排了实际的行动步骤，用求证的过程代替发现的过程。"

图12-1

（二）运用推理注意事项

首先应检查推理出发的基础，包括尽可能确认我们所用术语的含义，并且检查我们的前提。有些前提可能是已成立的事实或定律，但有一些可能纯粹是假设，常常要暂时承认某些尚未确立的假定。

未经证实的假定常由"显然""当然""无疑"等词句引入，很容易潜入

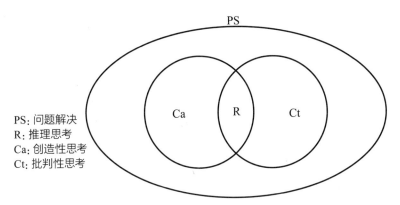

PS: 问题解决
R: 推理思考
Ca: 创造性思考
Ct: 批判性思考

推理思考兼具批判性思考和创造性思考的思考模式，其中批判思考属于分析性质，而创造思考则偏重发散歧异性。

图12-2　推理与批判性和创造性思考的关系

推理。对推理出发的基础有了明确的认识以后，在推理中，每前进一步都必须停下来想一想：一切可以想象到的对象是否都考虑到了。一般来说，每前进一步，不确定的程度即假想的程度也就越大。

绝对不能把事实与对事实的解释混为一谈，也就是说，必须区别数据与事实。事实就是所观察到的，关系到过去或现在的具体数据。

我们必须根据过去的实验和观察所得的数据进行推理，并要为未来做出相应的安排。就生物学而言，因为知识不足，我们很难确定将来的环境变化不会对结果发生影响。

（三）推理在研究中的作用

虽然新发现大多来自意想不到的实验结果或者直觉，很少直接从逻辑思维产生，但是，推理在科学研究的许多方面还是很重要的，而且是我们大多数行动的指南。在形成假说时、在判断由想象或直觉而猜出的想法是否正确时、在部署实验并决定作何种观察时、在评定佐证的价值并解释新的事实时、在做出概括定律时以及最后在找出新发现的拓广和应用时，推理都是主要的手段。

研究工作中，发现与求证在方法和功能上是不同的，如法庭上侦探和法官的不同。研究人员追踪线索时，是扮演侦探的角色，一旦抓到了证据，他就变成了法官，根据逻辑方法安排的佐证来审理案件。两种职能都是必要的，不过作用是不同的。

假设

（一）假设的重要性

假设是研究工作者最重要的思想方法，其主要作用是提出新实验或新观测。确实，绝大多数的实验和观测，都是以验证假设为目的来进行的。

假设的另一作用是帮助人们看清一个事物或事件的重要意义，若无假设则这一事物或事件就不足以说明问题。假设应该作为工具来揭示新的事件，而不应将其视为终结的目的。

正确的猜测比错误的猜测更容易收到成效；但是，错误的猜测有时候也会有用处，并不能减损力求正确解释的重要性。

当第一次实验或第一组观测的结果符合预期结果时，实验人员通常还需进一步从实验上搜寻证明，方能确信自己的想法。即使假设被一些实验所证实，它也只能被看作是在实验的特定条件下才是正确的。

如果假设适用于各种情况，则可升格到理论范畴；如果深度够，甚至可升格为"定律"。但是，在实验中如果假设能经得起关键性的检验，特别是如果这种假设符合一般科学理论的话，它就会被接受。

（二）假设激发动力

一句有趣的话："除了它的创始人，谁也不相信假设；除了实验者，人人

哥伦布航行的故事，它具有科学上第一流发现者的很多特征。哥伦布专注考虑一个想法：既然世界是圆的，他就能向西航行到达东方。

图12-3　哥伦布的帆船

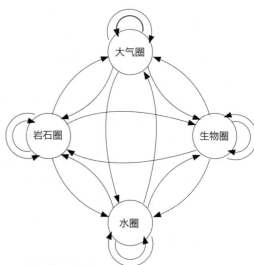

这项理论是假设由于生命的存在，才使得地球表面的物理与化学环境（大气层与海洋），变成使生命舒适的稳定状态。这与传统知识相反，传统知识认为生命是在适应地球的环境，然后生命与环境分别进化。

图12-4　盖娅[1]假说

[1] 盖亚是希腊神话中的大地神也是众神之母。

都相信实验。"对于以实验为根据的东西，多数人都乐于信赖，唯有实验者知道许多在实验中可能出错的小事。因此，一件新事实的发现者往往不像别人那样相信它。另一方面，人们通常总是挑剔一个假设，而其提出者却支持它，甚至为之献身。

假设是一件个人性质很强的事情，由此可以得出一个结论：科学家研究自己的想法，通常比研究别人的想法效果更好。当想法被证明是正确的时候，即使实验并非亲自做的，提出者不但获得了心理上的满足，又荣膺了主要的功劳。

研究他人假设的人常常在一两次失败以后就放弃了，因为他欠缺那种想要证实它的强烈愿望；而我们所需要的正是这种强烈愿望，以驱使他做彻底的试验，并想出各种可能的方法来变化实验的条件。

（三）运用假设须知

不要抱着已被证明无用的想法不放：当证明假设与事实不符的时候，就须立即放弃或修改它。想法服从事实要记住：必须经常警惕这样的危险——一旦假设形成，偏爱可能影响观察、解释以及判断，培养一种使自己的意见和愿望服从客观证据的思想习惯，并培养自己对事物本来面目的尊重。

对想法进行批判的审查：即使作为一个试验性的假设，也要经过仔细推敲才能接受，因为意识一旦形成，想要再设计出其他可供选择的方案就不容易了。

对错误的观念退避三舍：有些假设尽管错误，却可能得出成果。然而，虽然如此，绝大部分无用的假设必须被摒弃。更为严重的是一些幸存的错误假设和概念，不但不能带来收获，还会阻碍科学的发展。

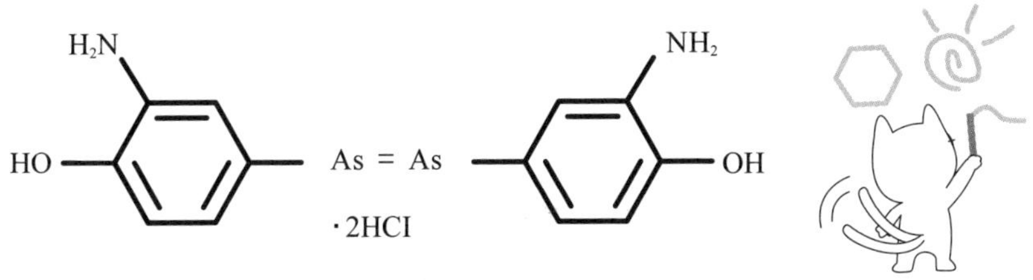

欧立希的想法奠定了化学疗法的基础。他的想法是：由于某些染剂能有选择地给细菌和原生动物染色，所以就有可能找到某种只能被寄生虫所吸收的物质，而且可杀死寄生虫而不损伤宿主。尽管他的研究长期不断受挫，一再失败，他还是坚持下去，后来制成了606（如图12-5所示），对梅毒很有疗效，是砷的第606种化合物。这或许是疾病研究史上，假设的信心终于战胜了看来似乎是不可克服的困难的最好例子。

图12-5　606（化学药品）

重复验证

（一）科学方法

通常我们认为科学方法是用可重复验证的方式来解释自然现象，并据此做出有用的预测。达成方式有观察自然发生的现象，以及用实验在控制条件下产生自然发生的现象。用这种方式定义的科学方法，能够帮助我们厘清科学的定义。从这个定义来看，任何一门科学所使用的科学方法，目的是可以重复验证、做预测；达成的方式则包含观察自然发生的现象与利用实验在控制条件下产生自然发生的现象。

（二）科学性的知识

相对于系统性的知识，早期人类的知识依赖经验；而经验的内容只是人类相信而已，不一定经得起验证。如长辈告诫孩子，如果用手指着月亮，月亮会割掉他的耳朵，所以不能用手指着天上的月亮。虽然无法证明是否如此，但这一说法却代代传承。前人在生活中所累积的经验，从社会的角度而言，可以让人感到安心，但不一定是可以重复验证的科学性知识。

科学的目的在于描述、解释、预测与控制。人类的知识起源于生活经验的累积，为了更有效地解决面临的问题，发展了自然科学可以重复验证的方法，在可以量化、统计检证的考验的过程，使得科学性的知识变得更为系统；在自然科学形成的知识，可以描述自然界看到的现象。

以闽南地区的俗语"天黑黑欲落雨"为例，可以说明天变黑通常是会下雨的自然现象，此为描述的科学目的。至于解释的目的为科学家说明下雨产生的原因，那是因为水被蒸发成水分子，在空中遇到冷空气后，当水分子聚集时会形成厚云层，冷却凝聚成水滴而掉下来形成降雨，借此作为"天黑黑欲落雨"

在科学社群知识活动中，除了方法以外，还有两个非常重要的组成元素，即信任与判断。

图12-6

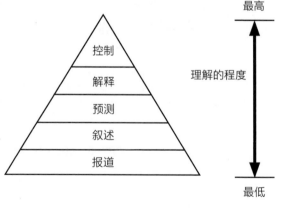

图12-7　科学的努力程度

不可思议的生物学：必须知道的106个生物常识

的解释。

（三）科学的组成元素

在科学兴起的初期，追求可靠的方法的确是一项重要的任务，如笛卡儿与培根的演绎与归纳，即是这一脉络下的产物。但是，科学的方法也常常在科学争议出现时，成为科学家们追究的重点。而关于科学研究可被重复（因而验证）这一特征，并非所有科学都是如此，至少达尔文的进化论就难以符合这一特征。

在知识建构的过程中，一个核心的条件是在科学社群内建立的信任，而这要建立在 17 世纪的英国绅士文化中，与绅士的行为规范密不可分，绅士的信用与人品是科学知识的重要基础。

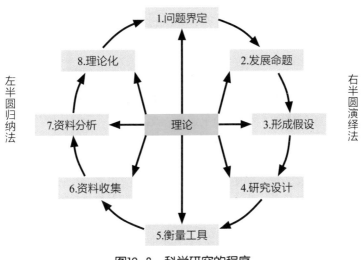

图12-8　科学研究的程序

（一）决定研究的题目

在开始进行科学研究的时候，首先要决定研究的题目。有时科学家不得不就某一特定题目进行研究，这种情况常见于应用研究。在这种时候，只要对问题考虑充分，就不难找到有真正价值的问题。甚至可以这样说，大多数题目都是科学家自己创造出来的。

美国细菌学家史密斯说他总是着手处理眼前摆着的问题，主要因为这样容易得到资料，在没有资料的情况下，研究工作会寸步难行。

题目选定以后，下一步就要确定知道在这方面别人已经做过哪些研究。作为研究的起点，教科书往往很有用处，一篇新近出版的评论文章则更佳，因为二者都对现有的知识做了全面的总结，并提供了主要的参考数据。然而，教科书只是作者撰书时期重要的事实和假设的汇编资料，为了使全书连贯一致，可能去掉了衔接不顺和有矛盾的地方。

细菌科学主要起源于巴斯德对啤酒酒业、葡萄酒酿造业和蚕丝业中实际问题的研究。通常，应用研究比纯理论研究更难获得成果。

图12-9

最好在研究工作开始初期，对全部有关文献做充分的研究，因为即使只漏了一篇重要论文，也可能使我们浪费很多精力。再者，在研究的过程中，要留意有关课题的新论文，广泛浏览各种数据，注意有无可利用的新原理、新技术，这些对研究都是非常有益的。

研究医学和生物学的一般程序：1.批判性地审阅有关文献；2.详尽搜集现场资源，或进行同等的观察调查，必要时辅以实验室标本检验；3.整理资料并把其中有关联的资料联系起来，规定课题，并将课题分成若干具体问题；4.对各问题的答案做出猜测，并尽量提出假设；5.设计实验时，应首先检验较具关键性问题的假设。

（二）不同类型的研究

科学研究一般分为应用研究和纯理论研究两种，这种分类颇为主观且不严谨。通常，所谓应用研究是指对具有实际意义的问题进行有目的的研究，而纯理论研究则完全是为了取得知识而研究的。可以这样说，一个搞纯理论研究的科学家具有一种信念，认为任何科学知识本身都是值得追求的，追问原因的时候他会说，总有一天会有用的。

绝大多数最伟大的发现，如电、X射线、钴和原子能，都是起源于纯理论研究。在进行这种研究时，研究人员追踪有趣的意外发现，并不考虑它是否具有任何实际价值。在应用研究上，所支持的是研究计划，而在纯理论研究方

表12-1 研究程序的概念

	程序	说明
1	研究主题	依照归纳法或演绎法，形成问题意识
2	研究假设	提出可研究的问题
3	研究对象	规划抽样方法／设计。包括母群与样本的选择。包括范围、抽样架构、抽样方法、样本大小、抽样误差
4	研究方法	测量方法的规划与说明。需说明如何实行资料收集
5	研究工具	测量工具的规划。需针对工具的安排与编制做出说明
6	资料分析	量化研究需交代统计分析的方法与结果。质性应有效地概念化经验现象
7	结论与建议	回顾研究，与既有理论与未来方向对话

面，人们支持的是科学家。

然而，二者之间的区别有时失之肤浅，因为衡量的标准可能仅仅在于研究的项目有无实际价值。如研究池水中原生动物的生命周期是纯理论研究，但如果该原生动物是人体或家畜身上的寄生虫，则这项研究就可称为应用研究。

还有一个基本方法，可用来大体区分应用研究和纯理论研究，即在前者是先有目标，而后寻求达到目标的方法；在后者是先做出发现，然后寻求用途。

跨领域研究是一种在两门不同学科领域内进行的研究。科学家如有广泛的科学基础，能运用并联系两种学科中的知识，则很容易获得成果。甲学科中一项普通的事实、原理或技术，应用于乙学科时，可能会非常新奇且有效。

表12-2 研究性质的类型

类型	说明
探索型	质性为主。着重于自经验现象中发展新的概念
描述型	将既有理论套用至经验现象上
解释型	量化为主。以经验现象的因果关系连接概念

表12-3 研究时序的类型

类型	说明	
横断式	截取同样时间点，探讨（不同）群体的差异	
描述型	在时间上具有阶段顺序，强调在时间变化上，研究对象的差别	
	趋势研究	相同主题，在不同时间点上的表现
	世代研究	锁定特定世代（时间），在不同时间点上的发展
	固定连续样本研究	锁定相同群体，追踪发展
近似纵贯研究	在形式上是属于横断性研究，但是却可以达到纵贯性研究的效果和功能	

（一）直觉

直觉一词有几种略微不同的用法，必须指出：直觉用在这里是指对某种情况突如其来的领悟或理解，也就是人们在不自觉地想看某一题目时，虽不一定但却常常跃入意识而使问题得到澄清的一种思想。

灵感、启示和预感这些词也是用来形容这种现象的，但这几个词常常还有别的意思。当人们不自觉地想着某一问题时，戏剧性地出现的思想就是直觉最突出的例子。但是，在自觉地思考问题时，突如其来的思想也是直觉。在我们初得数据时，这种直觉往往并不明显。

据说爱迪生习惯于记下想到的每一个点子，不管这个思想当时似乎多么微不足道。许多诗人和音乐家也用这个方法，如达·芬奇的笔记就是范例。睡眠中出现的想法特别难于记忆，有些心理学家和科学家手边总带着纸笔，这对于捕捉出现在睡前醒后的意念也是有用的。

图12-10　爱迪生发明的锡箔留声机

（二）直觉的心理学

产生直觉最典型的条件是对问题进行了一段时间的专注的研究，伴之而来的是渴求解决的方法；放下工作或转而考虑其他；然后，一个想法戏剧性地突然到来，常常有一种肯定的感觉，人们经常为先前竟然不曾想到这个念头而感到狂喜或甚至惊奇。

这种现象的心理作用现在仍未被充分了解。大致上，一般人认为直觉产生于头脑的下意识活动，这时，大脑也许已经不再自觉地思考这个问题了，然而，却通过下意识活动思考它。

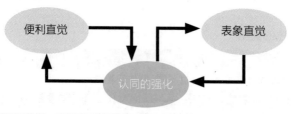

决策就是选择，需要仔细思考和大量资讯，但是完全的资讯会造成资讯超载，为避免资讯超载，有赖直觉。直觉是判断的捷径，两种类型：

1. 便利直觉：决策者倾向于以其方便获得的资讯来做判断，诉诸强烈情绪的事件、生动活泼的创意想象、刚发生的事件，都让人留下深刻印象，而忽略了特殊事件的发生概率。

2. 表象直觉：决策者以类比的方式来评估事件发生的可能性。

3. 认同的强化：不管负面的反应，依然增强对先前决策的认同。

图12-11　直觉的类型

许多人在获得新发现或得到一种出色的直觉时，感受到巨大的感情刺激。这种感情的反应可能与对问题所付出的感情与思维活动量有关。与此同时，由有关该问题的工作所引起的一切烦恼沮丧，也顿时烟消云散。情感上的敏感或许是科学家应该具有的一种可贵特质。无论如何，一个伟大的科学家应被看作是一个创造性的艺术家，把他看成是一个仅仅按照逻辑规则和实验规章办事的人是非常错误的。

（三）捕获直觉的方法

最有利于产生直觉的条件如下：

1. 必须对问题有持续自觉的思考，为直觉的产生做准备。

2. 使注意力分散的其他兴趣或烦恼。

3. 尽量使思维不受中断和干扰。

4. 直觉经常出现在不研究问题的时候。

5. 通过诸如讨论、批判的阅读或写作等与他人进行思想沟通，对直觉有积极的促进作用。

6. 直觉来无影去无踪，必须即时用笔记下。

7. 脑力和体力的疲劳、对问题的研究过度、琐事的刺激以及噪音的干扰也会影响直觉。

多数人发现，在紧张工作一段时间以后，悠游闲适和暂时放下工作的期间，更容易产生直觉。有些人认为直觉最经常发生在从事不费脑力的轻松活动中，如乡间漫步、沐浴、剃胡须、上下班，或许因为这时我们的思维不受干扰，不被中断。

阿基米德之所以在沐浴时发现浮力，是因为浴盆里条件最好，而不是因为他注意到了身体在水中的浮力。躺在床上或浴盆中之所以效果好，也许是由于完全不受其他干扰，还由于各种条件催化。

图12-12

小博士解说

自觉地思考不会有紧张感，故不会压制下意识思想中产生的有趣想法。有些人觉得躺在床上的时候最有利，有些人有意在睡前回忆一遍问题，有些则在早上起身之前；有些人认为音乐具有有益的影响，但值得一提的是：认为自己受益于吸烟、喝咖啡或饮酒者寥寥无几。一种乐观的精神状态可能对直觉的产生是有帮助的。

观察

观察是借助一种或多种感官和仪器从环境中获得信息的历程。各种问题都来自观察，观察的结果可能是定性的或定量的，定性的观察不包含数字，定量的观察则包含数字与单位。

（一）观察的原则

观察者不仅经常错过似乎显而易见的事物，而且更为严重的是，他们常常臆造出虚假的现象。虚假的观察可能由错觉造成，出现错觉可能是感官使头脑得出错误的印象，也可能是头脑本身滋生了谬误。

在记载和报告观察到的现象时，产生的第二种谬误是头脑本身滋生的。许多这类错误之所以出现，是由于头脑容易无意识地根据过去的经历、知识和自觉的意愿去习惯性地臆想。德国作家歌德曾说："我们见到的只是我们知道的。"

俗话说："我们容易看到眼睛后面，而不是眼睛前面的东西。"众所周知，不同的人在观察同一现象时，各人会根据自己的兴趣所在而注意到不同的事物。

必须懂得所谓观察不仅止于看见事物，其中还包括思维过程在内。一切观察都含有两个因素：

1.感官知觉因素（通常是视觉）；

2.思维因素，这一因素如上所述，可能是半自觉的。当知觉因素处于次要地位时，往往很难区分观察到的现象和普通的直觉。

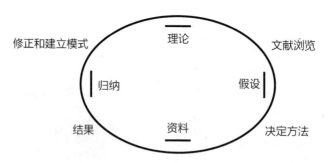

图12-13　科学之轮：理论——假设——观察——经验通则

（二）科学地观察

科学实验在于挑选出某些事物，借助适当的方法和工具进行观察。这些方法和工具一般误差较小，得出的结果比较能够再现，且能符合科学知识的普遍观念。观察被分为两种类型：

1.自发观察或被动观察，即意想不到的观察；

2. 诱发观察或主动观察，即有意安排的，通常是根据假设而安排的观察。此处我们所关心的主要是前一种类型。

进行有效的自发观察，首先必须注意到某个事物或现象。观察者自觉或不自觉地，将观察到的事物与过去经验中的有关知识连起来，或在思考这一事物的过程中提出了某种假设，这时，观察到的事物才有意义。人们不可能对所有的事物都作密切的观察，因而，必须加以区别，选其重要者。在从事某一学科方面的工作时，有训练的观察者总是根据自己的知识搜寻自己认为有价值的具体事物。

（三）观察的训练

培养以积极探究的态度注视事物的习惯，有助于观察力的发展。在研究工作中养成良好的观察习惯比拥有丰富知识更重要。在现代文明中，我们的观察器官逐渐退化，而我们原始时代的祖先却非常发达。科学家需要有意识地发展这种能力，而实验室和临床的实际工作应做这方面的训练。

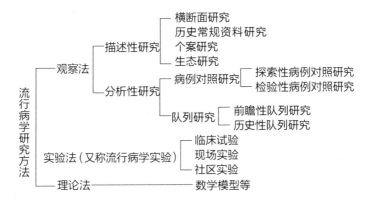

观察法是指研究者根据一定的研究目的、研究提纲或观察表，用自己的感官和辅助工具去直接观察被研究物件，从而获得资料的一种方法。科学的观察具有目的性、计划性、系统性和可重复性。常见的观察方法有：核对清单法；级别量表法；记叙性描述。观察一般利用眼睛、耳朵等感觉器官去感知观察物件。由于人的感觉器官具有一定的局限性，观察者往往要借助各种现代化的仪器和手段，如照相机、显微镜、显微录影机等来辅助观察。

图12-14　流行病学研究方法

（一）科学是一种信仰

20世纪波普哲学认为，在科学中没有所谓真正能够被验证的任何真理存在。因为上百万个观察，不能够证明一个科学结论为"真"，而单一个观察，却能够证明一个科学结论为"伪"。每当新证据、新想法、新诠释，把旧有的伪的命题从科学中排除以后，真相依然在遥不可及的天边，正等待着人类去追寻。

波普哲学指出了科学工作者的艰辛与无奈。脆弱的人性，仍然需要一份坚定的信仰支撑，才有勇气克服挫折，勇往直前。

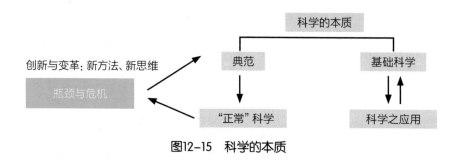

图12-15　科学的本质

（二）跨越生物与人造物之间的界线

20世纪的实验科学进展神速，令人惊讶甚至害怕。因为实验科学不再只能拓展感官视野或合成新元素，科学操作的对象逐渐涉入原本属于自然的生命本身。

不断挑战人类、动物、植物，甚至与机械之间界线的，如将狒狒肾脏移植到人体的异种器官移植、把比目鱼抗冻基因转殖到马铃薯中或人工智能与机器人等。这些实验的特质，在于产出生命体与人造技术物的混合体。简单说，新生命科学实验有能力跨越原有自然与技术物（文化产物）的界线，"创造"出大自然中未曾存在的事物。

面对跨界与混合应有的新伦理的重点，应该是重新检视生态与有机的生活条件（如天然的最好，天然的程度是什么？）、了解自我（如人类可容许多少的人造部分，是否容许增加器官能力的技术），以及了解他者，包括自身与他者的关系。

科学研究的过程本身如果已经干涉了生命本身，研究者当然得对自己的行动有责任感。这样的反省其实毫不新鲜，1818年英国作家玛丽·雪莱在自己的著作《弗兰肯斯坦》又译《科学怪物》中已经提醒人类对人造物的责任问题。只是过去科学成果辉煌，要求责任的说法似乎显得比较不受重视。可是只要科学一直认为理智足以让自身合法，科学就永远无法负起应负的责任。

（三）美丽新世界

DNA 作为火车头启动的分子生物学许诺的未来如此诱人，谁能怀疑新生命科技的好意与潜能？加上生物技术产业一再被各国在政策上视为信息科技之后的经济主体，各国都不想失去先机。因此可以看到生物系所改名、推展疫苗产业、建置人体基因数据库等各种事件。不过，如果新生命科学的确具有创造混合物的技术，松动传统认识框架的潜力，以及强烈的产业化倾向，那么，传统框架下产生的学科势必无法面对不确定的新世界。这时候，互相尊重以及实质跨领域的思考与研究便非常重要。

至少，科学技术不再只是科技专家的领域，而必须同时成为人文或文化学科的重要研究议题。

表12-4　3个领域必须了解的内涵

领域	内涵
科学世界观	(1) 自然界是可理解的。 (2) 科学知识是可改变的。 (3) 科学知识并非很容易就可推翻。 (4) 科学并非万灵丹，它不能解决所有问题
科学探究	(1) 证据对科学而言是重要的。 (2) 科学是逻辑与想象的合成体。 (3) 科学知识除了能说明自然界的现象，也具有预测的功能。 (4) 科学家会试着验证理论及尽量避免误差。 (5) 既定的科学知识并不具有永久的权威地位，常态科学会影响科学的研究方向，但必要时仍会产生科学革命
科学事业	(1) 科学是许多不同科学领域的集合。 (2) 科学的事业由许多机构来进行，例如大学、工业界、政府。 (3) 各种领域的科学家在世界各地活动。 (4) 科学活动受到社会价值观的影响。 (5) 科学知识因资讯传播发达而促使科学的进步。 (6) 从事科学工作必须考虑伦理的原则。 (7) 科学家兼具有科学专业及公民的身份，科学家利用科学思考的特性来解决公众事务

1989年出版的《全民科学》（*Science for all American*）一书中，将科学本质分成3个领域，并指出各领域必须了解的内涵。

科学素养最早是由美国学者赫德于1958年提出，他提醒美国人应重视科学教育问题。科学素养一词用来说明人们对科学的相关了解，以及将其应用于社会经验中的状态。

（一）科学素养的内涵

科学素养的内涵，包括：

1. 能够提出具有证据导向的结论，并说明它的原因，也就是所谓的科学举证能力。

2. 在解决日常生活困扰的过程中，能够提出一些问题，然后通过科学探究的方式，搜集证据进行研究来解决困扰，也就是所谓的形成科学议题的能力。

3. 能够充分运用所了解的科学概念和知识，对自然界发生的现象加以解释，也就是所谓的解释科学现象的能力。

科学素养为一般民众生存于当代科技社会中，不可或缺的基本知识与能力。素养是一种社会活动，在不同的文化或是历史阶段，会有不同的素养面向产生；而素养不仅由宏观的视野来观察整个社会的需求，也可在不同的微小环境中看出其情境化的现象；素养也形成了一个通用的符号系统，可供这群人进行沟通与分享；人们对于素养具有觉知、态度及价值的判断。

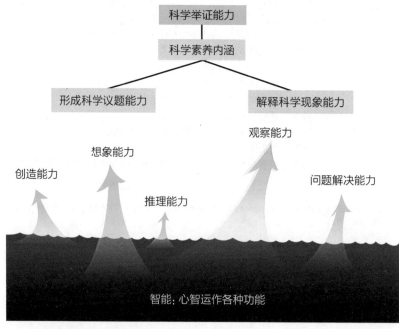

当人们遇到特殊的问题、特殊的情境和特殊的心理状态时，会产生特殊的反应行为来处理问题，此心智运作称之为能力。能力因问题的性质或产生的效果被赋予不同的名称，如创造能力、想象能力、推理能力、观察能力等。

图12-16　科学素养包含的能力

（二）智能与能力

人的能力都是经由他处理问题、解决问题的过程中展现出来的。如在处理问题的过程中运用观察、察觉、比较、模拟、批判思考、抉择、推断、分析、创造、统整、归纳、推理、解析、协调、仲裁、沟通、表达等心智活动，都可称之为观察能力、推理能力等。由于所遭遇的问题有大的也有小的、有复杂的也有简单的、有困难的也有容易的，还有各种不同性质的问题。要处理所有的、各色的问题，就需要（且也因此展现）所有各种的能力。

科学素养是人的智能的一部分，科学素养是人们学习科学之后，可获得能增进的智能，智能是各项能力的合集，而各项能力之间常有相互依存或包容的关系。

（三）未来公民所需的科学素养

一个具有科学素养的个体应具备以下6个维度的思考角度：

1. 科学与社会间的相互关系；

2. 科学家的研究伦理；

3. 科学本质；

4. 基本科学概念；

5. 科学与技术间的差异；

6. 科学和人文间的相互关系。

未来公民所需的科学素养意指民众应具备以下的能力：

1. 对自然世界的了解；

2. 认识自然界的歧异与一致性；

3. 了解重要的科学概念与原则；

4. 明了科学、数学及技学之间相互依存的方式；

5. 知道科学、数学及技学是人类活动的一环，对人类有其正面影响，也有其弱点；

6. 具备科学性思考的能力；

7. 运用科学知识及思考方式于个人或社会的目的。

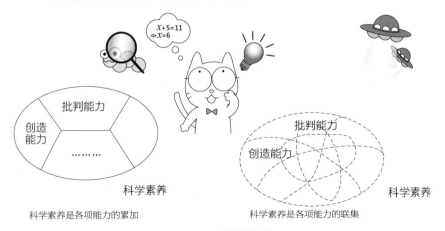

科学素养是各项能力的累加 科学素养是各项能力的联集

图12-17 科学素养

模式生物是人类对抗疾病的先驱，也是生物多样性及保育生物学的研究材料，更是现代科学发展的幕后英雄。

（一）模式生物的选择

在众多模式生物中，对我们来说最好用且最常用的有以下8种生物。首先是肠道细菌中的大肠杆菌，它是细菌中被研究得较清楚的生物，也是分子生物学的必修细菌。其次是面包酵母和啤酒酵母，它们是单细胞真核生物。而小的土壤生物线虫、遗传学上贡献良多的果蝇、水族界中具有知名度的斑马鱼、在植物界中不受欢迎的杂草鼠耳芥，和每年约有两亿美元产值但不太起眼的小鼠。

被选中的小动物，必须具备以下属性和特性：首先必须实用性高，成本便宜，而且供应量大；其次必须容易安置，最好只需要一个小而单纯的空间；其三必须可以直接繁殖后代，而且世代间隔短，能生产大量子代；最后必须在实验室中容易操作处理，倘若又具有小量且不复杂的基因组，则情况更佳。

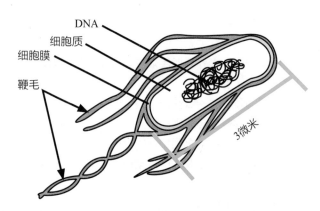

大肠杆菌，通常简写为 E.coli，是人体和其他恒温动物肠道中最主要的革兰阴性菌，也是现代生物学研究最多的原核生物。

图12-18　大肠杆菌

（二）线虫——超级模式生物

线虫是一种富有特色的生物，虽然它的体积小而透明，但却包含了完整的分化组织及一个有脑的神经系统，这些特色可协助研究人员进行线虫是否具有学习行为的研究。

线虫生活在土壤间水层，成虫体全长只有 0.1 cm，因为以细菌为食物，所以在实验室中极易培养。因为全身透明，研究时不需染色，即可在显微镜下看到线虫体内的器官，如肠道、生殖腺等；若使用高倍相位差显微镜，还可达到单一细胞的分辨率。因此，线虫是研究细胞分裂、分化、死亡等的好生物，又因为线虫仅有1000多个体细胞，所以它的所有细胞都可以被彻底地观察研究。

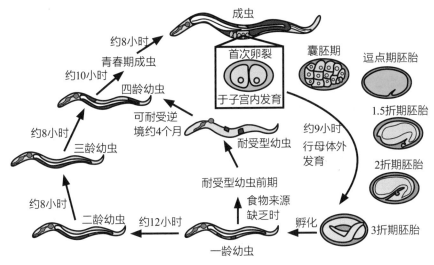

成虫

约8小时 → 青春期成虫

约10小时 → 四龄幼虫

首次卵裂 于子宫内发育

囊胚期

逗点期胚胎

可耐受逆境约4个月

约8小时

三龄幼虫

耐受型幼虫

约9小时 行母体外发育

1.5折期胚胎

2折期胚胎

耐受型幼虫前期

约8小时

二龄幼虫 ← 约12小时 ← 一龄幼虫 ← 孵化 ← 3折期胚胎

食物来源缺乏时

由受精卵经过 L1、L2、L3 和 L4 等 4 期幼虫，发育成具有生殖能力的成虫只需3.5天。

图12-19　线虫生活史

（三）果蝇

果蝇属双翅目昆虫，居住空间不大，只需要一个小小的封闭瓶子，一般研究人员多以实验室里的玉米粉基本培养基喂养它们。果蝇的生活史很短，大概两周到一个月完成一个世代。一旦成虫交尾产下卵以后，从卵发育到幼虫需要一天时间，这些幼虫会像我们过年时更换新衣一样，在 22℃~25℃的温度中，约1周时间内历经3次不同龄期的蜕皮，然后化成蛹，再约1周即羽化成虫。

做科学实验，有时候需要很多的观察数据，果蝇除了容易饲养、费用便宜、生活史短、污染很低等好处，还有一个优点是若有充分的营养，一次可产下上百只，甚至上千只后代，这些优点也非常适合拿它们来做遗传上的研究。

果蝇是研究遗传学和分子发育生物学的最佳实验体，图中左侧为雌性，右侧为雄性。

图12-20　果蝇

显微镜

（一）显微镜的历史

显微镜的基本功能是放大影像及解析影像，光学显微镜可解析 0.2 μm 大小之物（在 1000 倍放大倍率时），可清楚看见线虫内外部构造、真菌形态及细菌的概略外形，而病毒颗粒则无法观察到（但可看见病毒团），观察病毒需要用到电子显微镜。

各种形式的显微镜均由一组镜片所组成，其主要差异在于所使用的光源种类、波长、镜片系统的特性与排列，以及观察影像所使用的方法。

显微镜的发明年代无法确定了，比较明确的记录是 17 世纪末列文虎克与胡克两位学者的使用记录，当时列文虎克所使用的显微镜只是单一镜片组，而胡克所使用的却已是数片镜片组成的复式显微镜。

1970 年以后显微镜工业进步飞快，除了镜头更加精良，共聚焦显微镜与扫描探针显微镜的发明，使观察的标本影像，得以由原本的平面变为立体的影像。

（二）显微镜的种类

一般而言，用来观察生物的显微镜依照光源和透镜系统的不同而区分，利用一般光线经过透镜聚焦后，使物体形成物像以便观察。目前有体视显微镜及光学显微镜两种。

体视显微镜（实体显微镜）：体视显微镜主要是用来观察不透明的物体或生物标本外部形态，或用在工业和部分生物医学技术上。此种显微镜受光源、景深和其他成像因子的影响，解像效果较佳。

表12-5　显微镜特色说明

显微镜	特色说明
位相差显微镜	位相差观察法常被用来提高显微镜影像的对比度，可将样品所造成的细微光程差转变成明显的光强度对比，清楚观察到在明视野下薄而透明的样品，而且不会像暗视野观察法一样减低影像的解析度。位相差观察法在生物学上都有广泛的应用
暗视野显微镜	暗视野观察法常用来观察未染色的透明样品，这些样品因为具有和周围环境相似的折射率（如培养液中富含水分的组织、细胞），不易在一般明视野之下看得清楚，于是利用暗视野提高样品本身与背景之间的对比。其他像是硅藻、原生生物、昆虫、硬骨和毛发等的表面纹路，也可以用暗视野来观察
荧光显微镜	在荧光显微镜上，必须在标本的照明光中，选择出特定波长的激发光，以产生荧光，然后必须在激发光和荧光混合的光线中，单把荧光分离出来以供观察。因此，在选择特定波长中，滤光镜系统，成为极其重要的角色。光源辐射出各种波长的光（从紫外至红外）。 应用荧光观察法，可以让显微镜有效地捕捉细小的荧光影像。无论是具有自体荧光的物质，或是经过外加荧光处理的样品，都是荧光显微镜观察的对象

光学显微镜：两组透镜及显微镜机械本体组成，主要是用来观察生物体的器官组织结构或生物细胞的内部构造。此种显微镜的两组透镜，一组是接近观察标本的透镜，称为接物镜或简称为物镜，另一组是靠近眼睛，称为接目镜或简称目镜。物镜位于物体标本上方而由上往下观察的为正立光学显微镜；物镜位于物体标本下方而由下往上观察的为倒立光学显微镜。一般所观察的成像方式为明视野，但因所要观察物特性或欲成像的不同，有特别的附属呈像系统。

（三）解像力

解像力意指一个镜头能清晰辨别两相近物体的能力。如一个镜头无法区别两物体时，此镜头即失去解像力。增加放大倍数并不能矫正失去的解像力，反而使物体模糊。镜头的解像力依所用光的波长与镜口率而定。

镜口率是指物镜直径为其焦距的函数。波长越短，镜头的解像度则越大。解像力仅能因镜口率的增加而增加。聚光器可使镜口率增加 2 倍，以倾斜或直接通过标本的光线明照物体，因此镜口率越大，解像度也越高。解像力也依折射率而定。所谓折射率是指光线自玻璃面经空气而进入物镜的弯曲度，当光线通过玻璃进入空气时，光线即弯曲或折射，以致不能进入物镜。结果引起光线的丧失，减小镜口率，降低物镜的解像力。

表12-6　解像力比较

	肉眼	光学显微镜	电子显微镜
解像力	100μm	0.2μm	2 nm

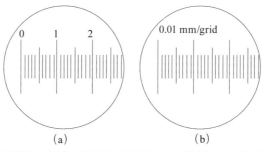

（a）　　　　　　　　（b）

要想知道所观察物体实际大小，首先在目镜内加放一个目镜测微器（圆玻璃片中央刻有100小格的格线），每一小格之长度为未知（a）。再在载物台上置一个载物台测微器，为一长形玻片，上刻100小格，每一小格长度为0.01 mm（10μm）之直线。（b）先求出目镜测微器每一小格的长度，方法如下：移动载物台测微器，使两测微器的一端刻度重叠成一线，再检视另一端刻度重叠处，则目镜测微器每一小格间的长度即可由下列公式求出：

$$10\mu m \times \frac{载物台测微器的格数}{目镜测微器的格数} = 目镜测微器每一小格的长度$$

若以10×目镜，40×物镜检视，则两测微器重叠时，目镜测微器50小格相当于载物台测微器68小格，可知目镜测微器每一小格的长度等于

$$10\mu m \times 68/50=13.6\mu m$$

*(10-8cm=1Å，10-3 mm=1μm)

图12-21　显微镜的解像力

（一）人眼的解像力

自从光学显微镜发明之后，透镜的不断改进以及光学显微镜技术的发展奠定了细胞学的基础。20世纪人类发明了电子显微镜，并且应用在生物学研究之后，把生物学的领域更加扩大，而在生物学发展史上又添加了新的一页。

人的肉眼的解像力只有 0.1mm，也就是说人的肉眼无法分辨出距离小于 0.1mm 的两点。普通光学显微镜的解像力可达到 0.2 μm（1mm=1000 μm），为肉眼的 500 倍；而电子显微镜的解像力几乎可达到肉眼的 50 万倍。

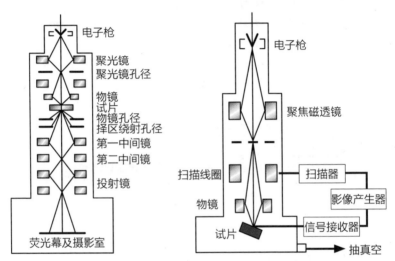

图12-22　穿透式电子显微镜（左）和扫描式电子显微镜（右）结构

（二）电子显微镜的特性

光学显微镜与电子显微镜的解像力都可依照物理公式来推算，其定理是：仪器能分辨的两点距离（即解像力）与波长成正比。电子具有光波的性质，其波长短于可见光光子运动的波长，故有较好的解像力，但其照明度比光子差。电子运动的波长又决定于电压的大小，电压愈高产生电子波长愈短，也就是解像力愈强。

理论上电子显微镜的解像力可达到少于 0.1 nm（1 μm=1000 nm），比氢原子的直径还小，但由于技术上制造的困难，最好的电子显微镜也只能达到 0.3 nm 的解像力。

电子显微镜的构造与光学显微镜的构造其原理是相似的，只是电子显微镜除了本体外还有真空抽气装置以及电气系统。电子显微镜本体有一电子束源，就如光学显微镜有一光源，光的聚焦靠透镜，而电子束的聚焦则靠磁场线圈。磁场线圈依功能分成三组，第一组是集结线圈：将电子束聚焦在标本上；第二组是物镜线

表12-7 电子显微镜与光学显微镜比较

项目	穿透式电子显微镜	光学显微镜
光源	电子束（高压放出的热电子）	可见光（阳光或灯光）
介质	高度真空（10至6 Torr[1]）	空气和玻璃
影像放大	物镜、目镜固定、中间镜调整	物镜与目镜的配合
透镜	电磁透镜	玻璃透镜
放大作用	电磁场的透镜效应	玻璃透镜作用
影像观察	投影于荧光幕上再观察	眼睛直接于目镜上观察
直接倍率	可放大至50万倍	极限值为2500倍
解像能	约2Å[2]	约2000Å（极限值）

圈：形成标本的初级影像；第三组是投射线圈：将初级影像再放大，然后再成像在荧光板上。这一类的电子显微镜称作穿透式电子显微镜，另一种电子显微镜其影像是收集打到标本后分散的二级电子束成像在荧光幕上，称作扫描电子显微镜。

（三）标本准备

由于扫描电子显微镜的影像是收集由标本反射的二级电子束所形成的，故其解像力不如穿透式电子显微镜，但也就是这种特性，可以观察到穿透式电子显微镜所无法观察到的生物体或细胞表面构造。其标本准备过程较为简单，只需将标本固定、脱水、干燥、外层镀上一层薄金属就可以观察了。

穿透式电子显微镜的影像来自穿透标本的电子束，由于生物标本对电子的吸附和反射差异不大，所以产生的影像对比不强，因此标本的处理过程中需经重金属染色，如锇酸、铅、铀、铁、钨等的盐类，以增强影像对比，而且太厚的标本也需要切成薄片才能观察。一般常应用于穿透式电子显微镜的标本准备法，因所要观察的标本来源及性质不同，方法也不同，大约分成下列5种：超薄切片法、冷冻断裂及蚀刻法、整体标本法、负染色法、金属投影法。

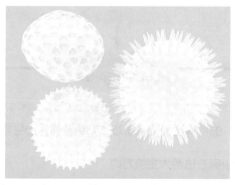

图12-23 扫描式电子显微镜下花粉呈圆球形，无明显的发芽孔

[1] 托，压强单位。

[2] 长度符号，读"换"。1Å=10⁻¹⁰ 平方米。

　　尽管实验对于大多数学科都很重要，却并非适用于所有科学研究。如在描写生物学、观察生态学或者各种类型的医学临床研究中，都用不着实验。即便如此，后一类型的研究也利用了很多同样的原则，其主要不同点在于假设的检验是从自然发生的现象中收集资料，而不是从人为的实验条件下发生的现象中收集资料。

（一）科学方法

1. 观察：常用的科学方法的第一步骤是要对事物做周详的观察。

2. 提出问题：或确立问题。

3. 提出假说以推测可能的答案：提出问题以后，针对问题推测可能的答案，此过程为推论。这种经观察并综合各种所得数据后，再利用逻辑思考方式对问题提出可能的解释，叫作假说。

4. 实验求证实验假说的正确性：假说是否正确，还要用实验加以求证。实验的设计，必须相当严谨，并且必须可重复地操作。

5. 学说：假说经过其他科学家广泛的实验，证明无误后，就可能被接受而成为学说。但是，这一过程通常要经过多年的时间，也可能要经由不同国家的多位科学家共同努力才能成立。学说即使已被大家所接受，仍必须不断地接受试验与修正，有时由于有新的观察或实验数据的出现，有些学说甚至会被完全摒弃。

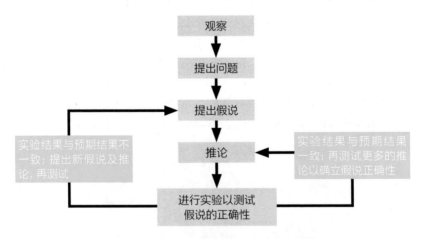

生物学概念有助于我们了解生命现象，以及生物间的相互关系。

图12-24　生物科学利用科学方法归纳及演绎出生物学概念

表12-8　生物科学研究方法两大主流方向

	分类	说明
生物科学研究方法	探索生物科学	提出重复性观察与测量数据诠释自然现象
	由假说推动的科学	对一个问题提出可能的答案（假说），再设计实验以测试假说的正确性

（二）对照实验

"对照实验"是生物学实验中最重要的概念之一。在对照实验中有两个或两个以上的相似组群（除了一切生物体所固有的变异性外，其余的条件完全相同）：一个是对照组，作为比较的标准；另一个是试验组，要通过某种实验步骤，以便人们确定它对试验的影响。人们通常使用随意抽取样品的方法来编组，即用抽签或排除人为挑选的方法，把样品分别编入甲组或乙组。按照传统的实验方法，除要研究的那一个变量外，各组其他一切条件都应相同。一次变化一个因素，把全部情况记录下来。

（三）初步实验

在研究工作的开头应该尽可能进行一项关键性的简单实验，以判断所考虑的主要假设是否成立。在对各部分做实验之前先对整体做实验，往往是明智的。如在实验化学分馏物的毒性、抗原性及其他影响前，先实验其原始提取物。这一原则看来简单、明显，但常被忽视，经常会浪费许多时间。

在生物学上，开始的时候进行一种小规模的初步实验往往是一种好方法。除了经济上的考虑，在最初阶段就进行复杂的实验，试图对所有的问题做出全面的回答，往往很难得出理想的结果。不如让研究工作分阶段逐步进展，因为后面的实验可能要根据前面实验的结果加以修订。

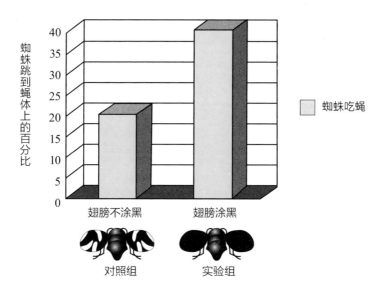

雪莓蛾遇见斑马蜘蛛时，摆动翅膀、摇动脚的行为是为了逃避天敌，减低被捕食的风险。所以翅膀的斑点有可能具有极大的意义。以科学方法验证的步骤：
先提出假说，翅膀的花色及摇摆翅膀的行为会增加生存机会。
而后以实验来证实或否定。实验设计：把实验组的雪莓蛾的翅膀全染黑。

图12-25　对照实验